全国中等职业学校机械类专业行动导向教材

铣工工艺与技能训练

（第二版）

人力资源社会保障部教材办公室组织编写

中国劳动社会保障出版社

简 介

本书主要内容包括铣床及其基本操作，工件的切断和连接面的铣削，台阶、沟槽和轴上键槽的铣削，特形沟槽的铣削，利用分度头铣削多边形、圆周刻线、铣削牙嵌式离合器和花键轴，特形面和球面的铣削，孔加工，螺旋槽和凸轮的铣削，齿轮和齿条的铣削，刀具齿槽的铣削，铣床的常规调整和一级保养等。

本书由孙喜兵任主编，徐小燕任副主编，谢光伟、黄科峰、陈惠忠、何子卿、罗永东参加编写，李爱玲主审。

图书在版编目（CIP）数据

铣工工艺与技能训练/人力资源社会保障部教材办公室组织编写.--2版.--北京：中国劳动社会保障出版社，2023

全国中等职业学校机械类专业行动导向教材

ISBN 978-7-5167-5874-8

Ⅰ.①铣…　Ⅱ.①人…　Ⅲ.①铣削-中等专业学校-教学参考资料　Ⅳ.①TG54

中国国家版本馆 CIP 数据核字（2023）第 113312 号

中国劳动社会保障出版社出版发行

（北京市惠新东街 1 号　邮政编码：100029）

*

北京谊兴印刷有限公司印刷装订　新华书店经销

787 毫米×1092 毫米　16 开本　17.25 印张　405 千字

2023 年 7 月第 2 版　2023 年 7 月第 1 次印刷

定价：34.00 元

营销中心电话：400-606-6496

出版社网址：http://www.class.com.cn

http://jg.class.com.cn

前　言

为了更好地适应全国中等职业学校机械类专业的教学要求，全面提升教学质量，人力资源社会保障部教材办公室组织有关学校的一线教师和行业、企业专家，在充分调研企业生产和学校教学情况、广泛听取教师对教材使用反馈意见的基础上，对全国中等职业学校机械类专业行动导向教材进行了修订。本次修订的教材包括《机械制图与技术测量（第二版）》《车工工艺与技能训练（第二版）》《钳工工艺与技能训练（第二版）》《铣工工艺与技能训练（第二版）》《焊工工艺与技能训练（第二版）》等。

本次教材修订工作的重点主要体现在以下几个方面：

第一，更新教材内容，体现时代发展。

根据机械类专业毕业生所从事岗位的实际需要和教学实际情况的变化，合理确定学生应具备的能力与知识结构，对部分教材内容及其深度、难度做了适当调整。

第二，反映技术发展，涵盖职业技能标准。

根据相关职业及专业领域的最新发展，在教材中充实新知识、新技术、新设备、新材料等方面的内容，体现教材的先进性。教材编写以国家职业技能标准《车工（2018 年版）》《钳工（2020 年版）》《铣工（2018 年版）》《焊工（2018 年版）》等为依据，涵盖国家职业技能标准（中级）的知识和技能要求。

第三，精心设计教材形式，激发学生学习兴趣。

在教材内容的呈现形式上，尽可能使用图片、实物照片和表格等形式将知识点生动地展示出来，力求让学生更直观地理解及掌握所学内容。针对不同的知识点，设计了许多贴近实际的互动栏目，在激发学生学习兴趣和自主学习积极性的同时，使教材"易教易学，易懂易用"。

第四，开发配套资源，提供教学服务。

本套教材配有习题册和方便教师上课使用的多媒体电子课件，可以通过技工教育网（http://jg.class.com.cn）下载。

本次教材的修订工作得到了河北、辽宁、江苏、山东等省人力资源和社会保障厅及有关学校的大力支持，在此我们表示诚挚的谢意。

人力资源社会保障部教材办公室

2022 年 11 月

目　录

课题一　铣床及其基本操作

§1-1　认识铣削加工和铣床

◎ **工作任务——认识铣削加工和铣床**

1. 了解铣削加工的特点和生产发展。
2. 掌握常用铣床的种类和型号。
3. 掌握典型铣床的结构和主要技术参数。

一、铣削加工的特点

参观生产车间，我们可以看到很多不同的机械加工方法。如图1-1所示的切削加工方法就是铣削。铣削是用旋转的铣刀在工件上切削各种表面或沟槽的加工方法。铣削加工具有以下特点。

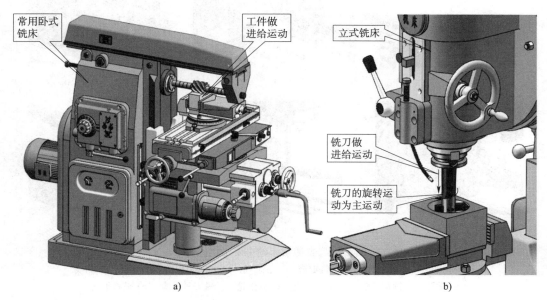

图1-1　铣削加工

1. 采用多刃刀具加工，切削刃轮替切削，刀具冷却效果好，耐用度高。
2. 铣削加工生产效率高、加工范围广。在普通铣床上使用不同类型的铣刀，可以完成加工平面（平行面、垂直面、斜面）、台阶、沟槽（直角沟槽、V形槽、T形槽、燕尾槽等）、特形面等加工任务；配合运用分度头等铣床附件，还可以完成花键轴、螺旋槽、齿式离合器等的铣削。普通铣床的主要工作内容如图 1-2 所示。

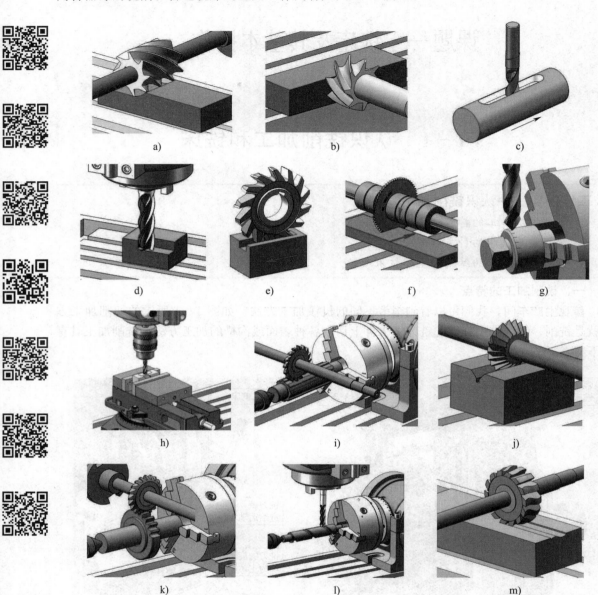

图 1-2　普通铣床的主要工作内容

a）周铣平面　b）端铣平面　c）铣键槽　d）铣台阶　e）铣直角沟槽　f）切断　g）刻线
h）钻孔　i）铣花键轴　j）铣 V 形槽　k）铣齿轮　l）铣刀具齿槽　m）铣特形面

3. 铣削加工具有较高的加工精度。其经济加工精度一般为 IT9～IT7，表面粗糙度 Ra 值一般为 12.5～1.6 μm。精细铣削精度可达 IT5，表面粗糙度 Ra 值可达到 0.20 μm。

正因为铣削加工具有以上特点，它特别适合模具等形状复杂的组合体零件的加工，在模具制造等行业中占有非常重要的地位。随着数控技术的快速发展，铣削加工在机械加工中的作用越来越重要，尤其是在各种特形曲面的加工中，有着其他加工方法无法比拟的优势。目前在五坐标数控铣削加工中心上，可以高效率地连续完成整件艺术品的复制加工。

二、识读铣床型号

铣床是以铣刀的旋转为主运动，以工件或铣刀做进给运动的一种金属切削机床。为了适应不同类型零件的加工特点，铣床的种类与型号很多。目前生产中数控铣床和铣削加工中心的使用已非常广泛，例如虚拟轴铣床可使主轴部件做任意轨迹的运动，从而使铣刀在工件上加工出复杂的三维曲面。要认识铣床，首先要从识读机床的型号入手。图 1-3 所示是铣床上的标牌，它标明了机床的型号。

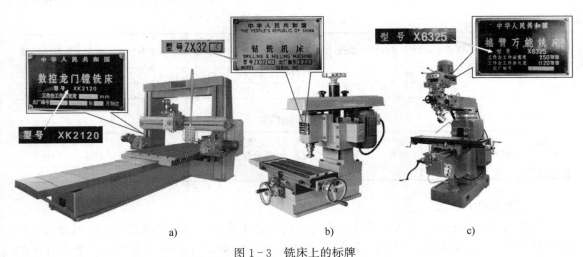

图 1-3 铣床上的标牌

1. 通用机床的型号表示方法

机床的型号是机床产品的代号，用以简明地表示机床的类别、结构特性等。根据 GB/T 15375—2008《金属切削机床 型号编制方法》的规定，我国将通用机床按工作原理划分为 11 类。通用机床的型号表示方法如下：

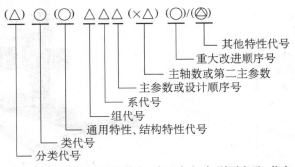

注：①有"( )"的代号或数字，当无内容时，则不表示。若有内容则不带括号。
②有"○"符号者，为大写的汉语拼音字母。
③有"△"符号者，为阿拉伯数字。
④有"◇"符号者，为大写的汉语拼音字母，或阿拉伯数字；或两者兼有之。

2. 铣床的型号

（1）铣床的类代号

机床的类代号用大写的汉语拼音字母表示。铣床的类代号是"X"，读作"铣"。所以当我们看到机床标牌上的第一位字母为"X"时，即可知道该机床为铣床。

（2）机床的通用特性、结构特性代号

机床标牌的第二位字母反映机床的通用特性及结构上的特点。通用特性代号有着统一固定的含义，它在各类机床的型号中表示的意义相同，见表1-1。

（3）铣床的组、系代号

铣床分为10个组，每组又分为10个系（系列）。铣床的组代号见表1-2。

表1-1　　　　　　　　　　　机床的通用特性代号

通用特性	高精度	精密	自动	半自动	数控	加工中心（自动换刀）	仿形	轻型	加重型	柔性加工单元	数显	高速
代号	G	M	Z	B	K	H	F	Q	C	R	X	S
读音	高	密	自	半	控	换	仿	轻	重	柔	显	速

表1-2　　　　　　　　　　　铣床的组代号

组别名称	仪表铣床	悬臂及滑枕铣床	龙门铣床	平面铣床	仿形铣床	立式升降台铣床	卧式升降台铣床	床身铣床	工具铣床	其他铣床
组别代号	0	1	2	3	4	5	6	7	8	9

（4）铣床的主参数

铣床型号中的主参数通常用工作台面宽度的折算值表示，当折算值大于1时取整数，前面不加"0"；当折算值小于1时，则取小数点后第一位数，并在前面加"0"。常用铣床的组、系划分及型号中主参数表示方法和典型铣床示例见表1-3。

表1-3　　　　　　　　　　　常用铣床类型及其主参数

组		系		主参数		典型铣床及特点
代号	名称	代号	名称	折算系数	名称	
2	龙门铣床	0 1 2 3 4 5 6 7 8 9	龙门铣床 龙门镗铣床 龙门磨铣床 定梁龙门铣床 定梁龙门镗铣床 高架式横梁移动龙门镗铣床 龙门移动铣床 定梁龙门移动铣床 龙门移动镗铣床	1/100	工作台面宽度	 X2010 床身呈水平布置，其两侧的立柱和连接梁构成门架，铣头装在横梁上，可沿其导轨移动；附加的水平铣头可装在立柱上。通常横梁可沿立柱导轨垂向移动，工作台可沿床身导轨纵向移动。用于大件加工

组		系		主参数		典型铣床及特点
代号	名称	代号	名称	折算系数	名称	
5	立式升降台铣床	0 1 2 3 4 5 6 7 8 9	立式升降台铣床 立式升降台镗铣床 摇臂铣床 万能摇臂铣床 摇臂镗铣床 转塔升降台铣床 立式滑枕升降台铣床 万能滑枕升降台铣床 圆弧铣床	1/10	工作台面宽度	X5032　　X5325 主轴立式布置，与工作台面垂直，具有可沿床身导轨垂直移动的升降台，通常安装在升降台上的工作台和滑鞍可分别做纵向、横向移动
6	卧式升降台铣床	0 1 2 3 4 5 6 7 8 9	卧式升降台铣床 万能升降台铣床 万能回转头铣床 万能摇臂铣床 卧式回转头铣床 卧式滑枕升降台铣床	1/10	工作台面宽度	X6132　　X6325 主轴水平布置，与工作台面平行，具有可沿床身导轨垂直移动的升降台，通常安装在升降台上的工作台和滑鞍可分别做纵向、横向移动
8	工具铣床	0 1 2 3 - 4 5 6 7 8 9	万能工具铣床 钻头铣床 立铣刀槽铣床	1/10 1 1	工作台面宽度 最大钻头直径 最大铣刀直径	X8126C　　X8130 用于铣削工具、模具的铣床，配有立铣头、万能角度工作台和插头等多种附件，还可进行钻削、镗削和插削等加工，加工精度高，加工形状复杂

三、认识典型铣床

1. X6132 型卧式万能升降台铣床

X6132 型卧式万能升降台铣床是目前我国企业中应用较为普遍的一种铣床，如图 1-4 所示。其结构、性能、功用等诸多方面均非常有代表性，具有功率大，转速高，变速范围大，操作方便、灵活，通用性强等特点。它还可以安装万能立铣头（见图 1-5），使铣刀偏转任意角度，完成立式铣床的工作。下面就以 X6132 型铣床为例，认识铣床的组成和结构特点。其主要部件的功用及结构特点、主要技术参数见表 1-4。

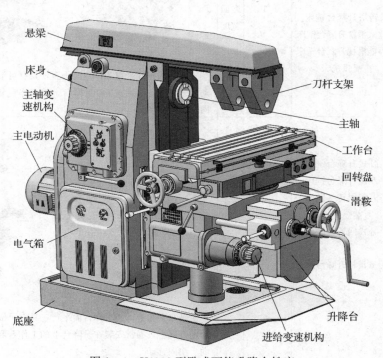

图 1-4 X6132 型卧式万能升降台铣床

图 1-5 万能立铣头及其应用

表 1－4		X6132 型铣床主要部件的功用及结构特点、主要技术参数
部件名称	功用及结构特点	主要技术参数
底座	用来支承床身,承受铣床全部重量,盛储切削液	
床身	机床的主体,用来安装和连接机床其他部件。床身正面有垂直导轨,可引导升降台上、下移动。床身顶部有燕尾形水平导轨,用以安装悬梁并按需要引导悬梁水平移动。床身内部装有主轴和主轴变速机构	1. 工作台面尺寸(宽×长):320 mm× 1 250 mm 2. 工作台最大行程 纵向(手动/机动):700 mm/680 mm 横向(手动/机动):255 mm/240 mm 垂向(手动/机动):320 mm/300 mm 3. 工作台进给速度(18 级) 纵向、横向:12～960 mm/min 垂向:4～320 mm/min 4. 工作台快速移动速度 纵向、横向:2 300 mm/min 垂向:770 mm/min 5. 工作台最大回转角度:±45° 6. 主轴锥孔锥度:7:24 7. 主轴转速(18 级):30～1 500 r/min 8. 主电动机功率:7.5 kW 9. 机床工作精度 平面度:0.02 mm 平行度:0.03 mm 垂直度:0.02 mm/100 mm 表面粗糙度 Ra 值:1.6 μm
悬梁与刀杆支架	悬梁可沿床身顶部燕尾形导轨移动,并可按需要调节其伸出床身的长度。悬梁上可安装刀杆支架,用以支承刀杆的外端,增强刀杆的刚度	
主轴	为前端带锥孔的空心轴,锥孔的锥度为7:24,用来安装铣刀刀杆和铣刀。主电动机输出的回转运动,经主轴变速机构驱动主轴连同铣刀一起回转,实现主运动	
主轴变速机构	主轴变速机构安装于床身内,其操作机构位于床身左侧。其功用是将主电动机的额定转速(1 450 r/min)通过齿轮变速,转换成30～1 500 r/min的18种主轴转速,以适应不同铣削速度的需要	
进给变速机构	用来调整和变换工作台的进给速度,以适应铣削的需要	
工作台	用以安装需用的铣床夹具和工件,铣削时带动工件实现纵向进给运动	
滑鞍	铣削时用来带动工作台实现横向进给运动。在滑鞍与工作台之间设有回转盘,可以使工作台在水平面内做±45°范围内的偏转	
升降台	用来支承滑鞍和工作台,带动工作台上、下移动。升降台内部装有进给电动机和进给变速机构	

X6132 型卧式万能升降台铣床在结构上具有下列特点:

(1)机床工作台的机动进给操纵手柄在操作时所指示的方向就是工作台进给运动的方向,使操作不易产生错误。

(2)机床的前面和左侧各有一组按钮和手柄的复式操作装置,便于操作者在不同位置上进行操作。

（3）机床采用速度预选机构来改变主轴转速和工作台的进给速度，使操作简便、明确。

（4）机床工作台的纵向传动丝杠上有双螺母间隙调整机构，所以机床既可进行逆铣，又能进行顺铣。

（5）机床工作台可以在水平面内做±45°范围内偏转，因而可进行各种螺旋槽的铣削。

（6）机床采用转速控制继电器（或电磁离合器）进行制动，能使主轴迅速停止旋转。

（7）机床工作台有快速进给运动装置，用按钮操作方便省时。

2. X5032 型立式升降台铣床

X5032 型立式升降台铣床（见图 1-6）也是生产中应用极为广泛的一种铣床，其规格、操纵机构、传动变速等与 X6132 型铣床基本相同，主要不同点是：

（1）X5032 型铣床的主轴立式布置，与工作台面垂直，安装在可以偏转的铣头壳体内，主轴可在正垂面内做±45°范围内偏转，以调整铣床主轴轴线与工作台面间的相对位置。

（2）X5032 型铣床的工作台与滑鞍连接处没有回转盘，所以工作台在水平面内不能扳转角度。

（3）X5032 型铣床的主轴带有套筒伸缩装置，主轴可沿自身轴线在 0～70 mm 范围做手动进给。

（4）X5032 型铣床的正面增设了一个纵向进给手柄，使铣床的操作更加方便。

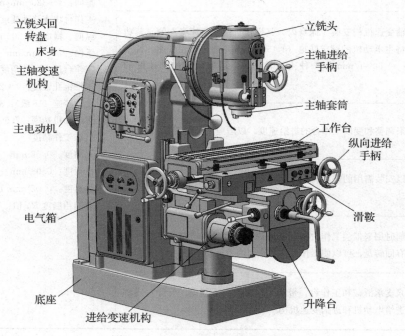

图 1-6　X5032 型立式升降台铣床

◎ **观察与记录**

想一想，通过参观生产车间，你对铣床和铣削加工有了哪些认识？按参观记录表（见表 1-5）的要求对参观内容加以总结。

表 1－5　　　　　　　　　　　　　参观记录表

参观单位	主要产品	铣床型号	铣床名称	铣削的工作内容
观后感				

§1－2　X6132 型铣床的基本操作

◎ 工作任务——掌握 X6132 型铣床的基本操作

1. 熟悉铣床操作规程。
2. 掌握工作台的手动操作。
3. 掌握铣床主轴变速操作和进给变速操作。
4. 掌握工作台的机动进给操作。
5. 熟悉铣床的润滑方法。

一、铣床操作规程，安全、文明生产

在开始铣削操作前，首先要熟悉铣床操作规程的相关内容，养成安全、文明生产的良好习惯。

安全、文明生产是搞好生产经营管理的重要内容之一，是有效防止人员或设备事故的根本保障。安全、文明生产直接关系到人身安全、产品质量、经济成本和生产效率，影响到设备和工具、夹具、量具的使用寿命，以及生产工人技术水平的正常发挥。所以我们在学习操作技能的同时，必须养成良好的安全、文明生产习惯，为将来走向生产岗位打下良好的基础。

1. 安全、文明生产

（1）工作时应穿好工作服。长发同志应戴工作帽，并将长发盘起塞入帽内。

（2）禁止穿背心、裙子、短裤，戴围巾，穿拖鞋或高跟鞋进入生产车间。

（3）遵守劳动纪律，团结互助，不准在车间内追逐、嬉闹。

（4）严格遵守生产操作规程，避免出现人身或设备事故。

（5）注意防火，安全用电。一旦出现电气故障，应立即切断电源，报告相关人员，不得擅自进行处理。

（6）正确使用量具、工具和刀具，放置稳妥、整齐、合理，有固定位置，便于操作时取用，用后放回原位。

（7）工具箱内的物件应分类、合理地摆放。

（8）保持量具的清洁，使用时应轻拿轻放，使用后应擦净、涂油、放入盒内，并及时归还。使用的量具必须定期检验。

（9）爱护机床和车间其他设施，不准在工作台面和导轨面上放置毛坯工件或工具，更不允许在上面敲击工件。

（10）装卸较重的机床附件时必须有他人协助。安装前，应先擦净机床工作台面和附件的基准面。

（11）图样、工艺卡片应放置在便于阅读的位置，并注意保持清洁和完整。

（12）毛坯、半成品和成品应分开放置，并排放整齐。半成品和成品应轻拿轻放，不得碰伤工件。

（13）工作场地应保持清洁、整齐，避免杂物堆放，经常清扫。工作结束后，应认真擦拭机床、工具、量具和其他附件，使各物归位，然后切断电源。

2. 铣床操作规程

（1）开始生产之前，应对机床进行以下检查工作：

1）各手柄的位置是否正常。

2）手摇进给手柄，检查进给运动和进给方向是否正常。

3）各机动进给的限位挡铁是否在限位范围内，是否紧固。

4）进行机床主轴和进给系统的变速检查，检查主轴和工作台由低速到高速运动是否正常。

5）启动机床使主轴回转，检查油窗是否上油。

6）各项检查完毕，若无异常，对机床各部位注油润滑。

（2）不准戴手套操作机床。

（3）装卸工件、刀具，变换转速和进给速度，测量工件，配置交换齿轮等，必须在停车状态下进行。

（4）铣削时严禁离开岗位，不准做与操作内容无关的事情。

（5）工作台机动进给时，应脱开手动进给离合器，以防手柄随轴转动伤人。

（6）不准同时启动两个进给方向上的机动进给。

（7）高速铣削或刃磨刀具时，必须戴好防护眼镜。

（8）切削过程中不准测量工件，不准用手触摸工件。

（9）操作中出现异常现象应及时停车检查，出现故障、事故应立即切断电源，第一时间上报，请专业人员检修，未经修复不得使用。

（10）机床不使用时，各手柄应置于空挡位置，各进给方向的紧固手柄应松开，工作台应处于各进给方向的中间位置，导轨面应适当涂抹润滑油。

二、工作台纵向、横向和垂向的手动操作

要掌握铣床的操作，先要了解各手柄的名称、工作位置及作用，并熟悉它们的使用方法和操作步骤。图1-7所示为X6132型铣床的各手动手柄。在进行工作台纵向、横向和垂向的手动操作练习前，应先关闭机床电源开关（见图1-7）、检查各向紧固手柄是否松开（见图1-8），再分别进行各向进给的手动练习。

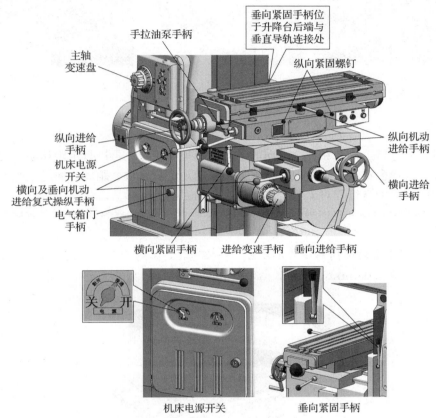

图1-7　X6132型铣床手动手柄及电气箱

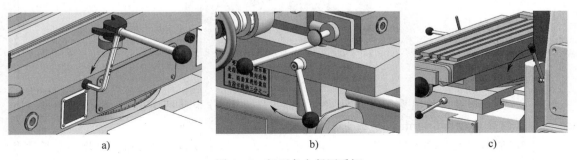

图1-8　松开各向紧固手柄

a）逆时针松开纵向紧固螺钉　　b）向里推松开横向紧固手柄　　c）向外拉松开垂向紧固手柄

如图 1-9 所示，将某一方向的手动操作手轮或手柄插入，接通该向手动进给离合器。摇动进给手柄，就能带动工作台做相应方向上的手动进给运动。顺时针摇动手柄，可使工作台前进（或上升）；逆时针摇动手柄，则工作台后退（或下降）。

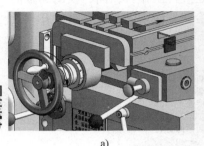
a)

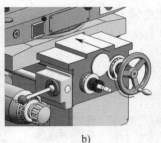
b)

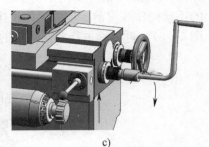
c)

图 1-9　进给操作
a) 纵向进给　b) 横向进给　c) 垂向进给

练习时，先进行工作台在各个方向的手动匀速进给练习，再进行定距移动练习。定距移动练习即练习工作台在纵向、横向和垂直方向移动规定的格数、距离，通过该练习可掌握消除因丝杠间隙形成的空行程对工作台移动的影响的方法。

操作提示

1. 纵向刻度盘的圆周刻线为 120 格，每摇一转，工作台移动 6 mm，所以每摇过一格，工作台移动 0.05 mm，如图 1-10 所示。

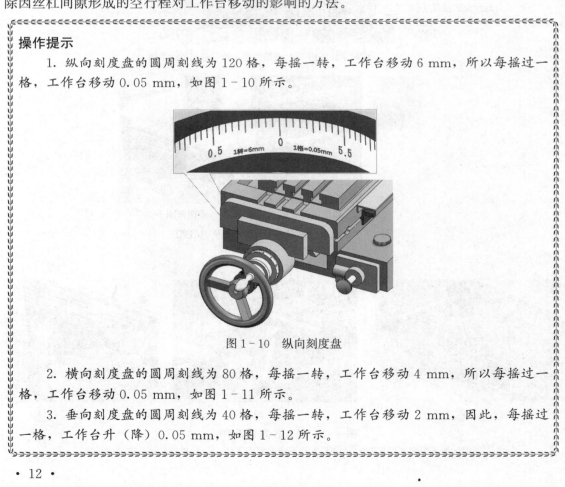

图 1-10　纵向刻度盘

2. 横向刻度盘的圆周刻线为 80 格，每摇一转，工作台移动 4 mm，所以每摇过一格，工作台移动 0.05 mm，如图 1-11 所示。

3. 垂向刻度盘的圆周刻线为 40 格，每摇一转，工作台移动 2 mm，因此，每摇过一格，工作台升（降）0.05 mm，如图 1-12 所示。

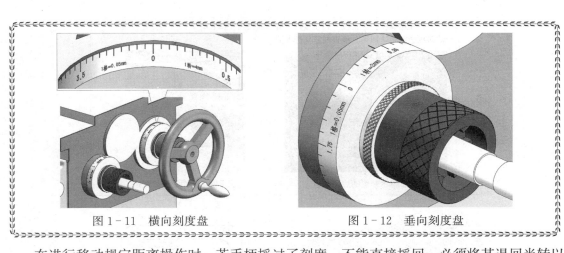

图 1-11　横向刻度盘　　　　　　　　　图 1-12　垂向刻度盘

在进行移动规定距离操作时，若手柄摇过了刻度，不能直接摇回，必须将其退回半转以上消除间隙后，再重新摇到要求的刻度位置。另外，不使用手动进给时，必须将各向手柄与离合器脱开，以免机动进给时旋转伤人。

具体练习内容如下。

纵向：进 30 mm→退 32 mm→进 100 mm→退 1.5 mm→进 1 mm→退 0.5 mm。

横向：进 32 mm→退 30 mm→进 10 mm→退 1.5 mm→进 1 mm→退 0.5 mm。

垂向：升 3 mm→降 2.3 mm→升 1.35 mm→降 0.5 mm→升 1 mm→降 0.15 mm。

三、主轴变速操作

变换主轴转速时，必须先接通电源，停车后再按以下步骤进行操作。

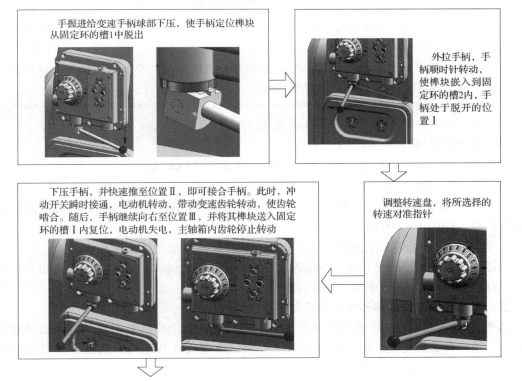

手握进给变速手柄球部下压，使手柄定位榫块从固定环的槽1中脱出

外拉手柄，手柄顺时针转动，使榫块嵌入到固定环的槽2内，手柄处于脱开的位置 I

下压手柄，并快速推至位置 II，即可接合手柄。此时，冲动开关瞬时接通，电动机转动，带动变速齿轮转动，使齿轮啮合。随后，手柄继续向右至位置 III，并将其榫块送入固定环的槽 I 内复位，电动机失电，主轴箱内齿轮停止转动

调整转速盘，将所选择的转速对准指针

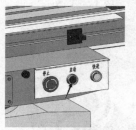

主轴变速操作完毕，按下启动按钮（铣床前面与左侧各有一套控制按钮），主轴即按选定转速回转。检查油窗是否上油

位于铣床左侧的启动按钮　　　　　　　位于铣床前面的启动按钮

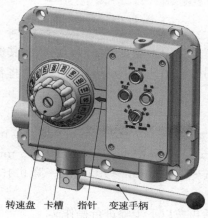
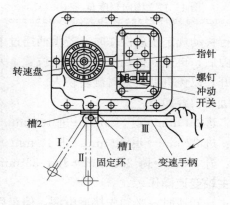

转速盘　卡槽　指针　变速手柄

图 1 - 13　主轴变速操作

特别提示

由于电动机启动电流很大，因此连续变速不应超过三次，否则易烧毁电动机保护电路。若必须变速，中间的间隔时间应不少于 5 min。

具体练习内容：将主轴转速分别变换为 30 r/min、300 r/min 和 1 500 r/min。

四、进给变速操作

铣床上的进给变速操作需在停止机动进给的情况下进行，操作步骤如下。

1. 向外拉出进给变速手柄，如图 1 - 14a 所示。

2. 转动进给变速手柄，带动进给速度盘转动，将进给速度盘上选择好的进给速度值对准指针位置，如图 1 - 14b 所示。

3. 如图 1 - 14c 所示，将进给变速手柄推回原位，即完成进给变速操作。

具体练习内容：将进给速度分别变换为 23.5 mm/min、300 mm/min 和 1 180 mm/min（或按机床标牌选择最低、中间、最高进给速度）。

五、工作台纵向、横向和垂向的机动进给操作

如图 1 - 7 所示，X6132 型铣床在各个方向的机动进给手柄都有两副，是联动的复式操纵机构，使操作更加便利。进行机动进给练习前，应先检查各手动手柄是否与离合器脱开（特别是垂向进给手柄），以免手柄转动伤人。

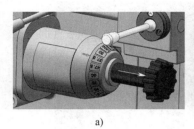
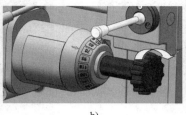
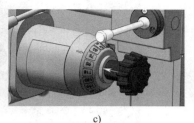

a) b) c)

图 1-14　进给变速操作

打开电源开关，将进给速度变换为 118 mm/min，按下面步骤进行各向机动进给练习。

1. 检查各限位挡块是否安全、紧固。三个进给方向的安全工作范围各由两块限位挡块实现安全限位，如图 1-15 所示。若非工作需要，不得将其随意拆除。

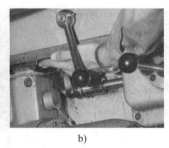
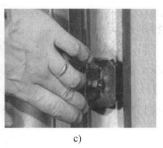

a) b) c)

图 1-15　检查各限位挡块位置
a）纵向进给方向　b）横向进给方向　c）垂向进给方向

2. 按所需进给的方向扳动相应手柄，工作台即按所需方向移动。纵向机动进给手柄有三个位置，即向左进给、向右进给和停止，如图 1-16 所示；横向和垂向机动进给手柄有五个位置，即向里进给、向外进给、向上进给、向下进给和停止，如图 1-17 所示。

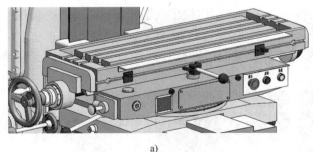
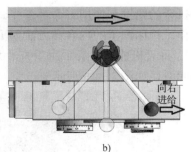

a) b)

图 1-16　纵向机动进给手柄的三个位置

机动进给手柄的设置，使操作非常形象化。当机动进给手柄与进给方向处于垂直状态时，机动进给是停止的；当机动进给手柄处于倾斜状态时，机动进给被接通。在主轴转动时，手柄向哪个方向倾斜，即向哪个方向进行机动进给；如果同时按下快速移动按钮，工作台即向该进给方向进行快速移动。

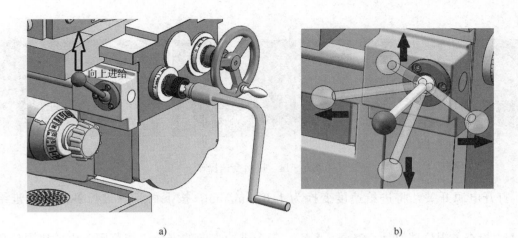

a)   b)

图 1-17 横向和垂向机动进给手柄的五个位置

特别提示

    在 X6132 型铣床的床身左侧和工作台正面各有一套控制按钮，红色为"停止"，绿色为"启动"，黑色为"快速进给"，左侧控制板上还有主轴制动开关（见图 1-18）。

图 1-18 铣床控制按钮

六、铣床润滑

    润滑油是机床的"血液"。没有了润滑油的冷却、润滑，机床内部的零件就无法正常工作，机床的精度和使用寿命都会受到很大的影响，所以铣床润滑是操作者每天必做的一项重要工作。铣床润滑的内容和方法如下。

    1. 每天班前、班后采用手拉油泵对工作台纵向传动丝杠和螺母、导轨面、滑鞍导轨等注油润滑，如图 1-19 所示。

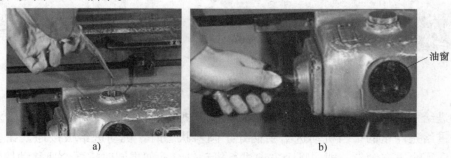

a)   b)

图 1-19 采用手拉油泵润滑

a) 向油泵加注润滑油 b) 手拉油泵泵油润滑

2. 机床启动后，应检查油窗是否上油（见图 1-20）。铣床的主轴变速箱和进给变速箱均采用自动润滑，即在流油指示器（油窗或油标）显示润滑情况。若油位显示缺油，应立即加油。

图 1-20　铣床油窗

3. 工作结束后擦净机床，然后对工作台纵向传动丝杠两端轴承、垂直导轨面、刀杆支架轴承等用油枪注油润滑，如图 1-21 所示。

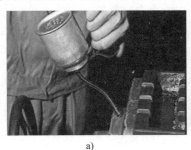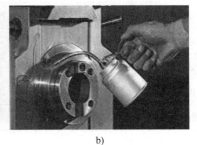

a)　　　　　　　　　　　　b)

图 1-21　油枪注油润滑

X6132 型铣床润滑要求如图 1-22 所示。

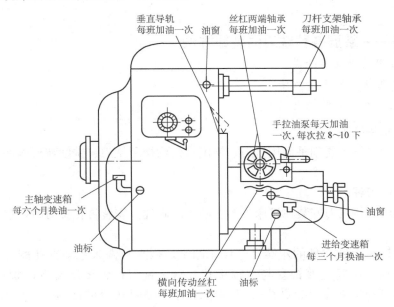

图 1-22　X6132 型铣床润滑要求

操作提示

1. 严格遵守安全操作规程。

2. 必须按照规定步骤和要求进行操作，不得频繁启动主轴。

3. 机动进给练习时，不得同时接通两个方向的进给。

4. 练习完毕认真擦拭机床，使工作台处于各进给方向中间位置，各手柄恢复原来位置，关闭机床电源开关。

◎ 操作记录

根据铣床基本操作练习情况，填写表 1－6。

表 1－6　　基本操作练习记录

操作项目	具体内容	完成情况	存在问题
手动进给			
主轴变速			
进给变速			
机动进给			
润滑操作			

§1－3　常用铣刀及其装卸

◎ 工作任务——掌握各种铣刀的装卸方法

1. 了解常用铣刀及其分类。
2. 掌握常用铣刀的装卸方法。
3. 了解铣刀安装后的检查内容。

一、认识常用铣刀

铣刀按用途可分为铣削平面用铣刀、铣削直角沟槽用铣刀、铣削特形沟槽用铣刀等，见表 1－7。

二、安装铣刀杆

铣刀杆是用来将铣刀安装在铣床主轴上的铣床附件。安装带孔铣刀时，首先要选择和安装相应的铣刀杆。

X6132 型铣床上铣刀杆的左端是 7∶24 圆锥，用来与铣床主轴锥孔配合。若为莫氏 4 号圆锥，则需通过中间过渡锥套与主轴锥孔配合。铣刀杆锥体尾端有内螺纹孔，通过拉紧螺杆将铣刀杆拉紧在主轴锥孔内。锥体前端有一带两缺口的凸缘，与主轴轴端的凸键配合。

分类	图例及说明		
铣削平面用铣刀			
	圆柱形铣刀	套式面铣刀	可转位刀片面铣刀
	铣削平面用铣刀主要有圆柱形铣刀和面铣刀。圆柱形铣刀主要分为粗齿和细齿两种，用于粗铣和半精铣平面。面铣刀有整体式、镶嵌式和机械夹紧式三种		

铣削直角沟槽用铣刀：

锥柄立铣刀　直柄立铣刀　直齿三面刃铣刀　错齿三面刃铣刀　镶齿三面刃铣刀　键槽铣刀　锯片铣刀

立铣刀的用途较为广泛，可以用来铣削各种形状的沟槽和孔，铣削台阶平面和侧面，铣削各种盘形凸轮与圆柱凸轮，铣削内、外曲面。三面刃铣刀分直齿、错齿和镶齿等几种，用于铣削直槽、台阶平面、工件的侧面及凸台平面。键槽铣刀主要用于铣削键槽。锯片铣刀用于铣削各种窄槽，以及对板料或型材进行切断

铣削特形沟槽用铣刀：

燕尾槽铣刀　T形槽铣刀　单角度铣刀　对称双角铣刀　不对称双角铣刀

分类	图例及说明				
铣削成形面用铣刀	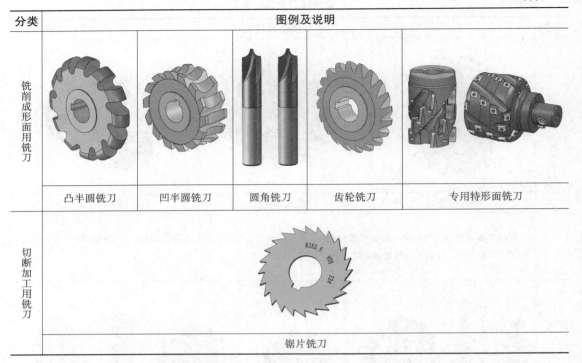				
	凸半圆铣刀	凹半圆铣刀	圆角铣刀	齿轮铣刀	专用特形面铣刀
切断加工用铣刀					
	锯片铣刀				

由于铣刀种类不同，铣刀杆上装夹铣刀的部分结构种类很多，如图 1-23 所示。普通铣刀杆中部是长度为 l 的光轴，用来安装铣刀和垫圈；光轴上有键槽，可以安装定位键，将转矩传给铣刀。较长的铣刀杆的端部除螺纹外还有支承轴颈。螺纹用来安装紧刀螺母，紧固铣刀；支承轴颈用来与刀杆支架轴承孔配合，支承铣刀杆。

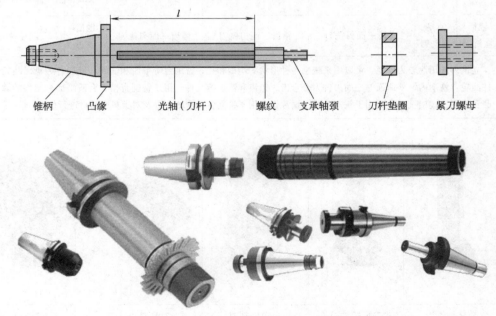

锥柄　　凸缘　　光轴（刀杆）　　螺纹　　支承轴颈　　刀杆垫圈　　紧刀螺母

图 1-23　铣刀杆

铣刀杆光轴的直径与带孔铣刀的孔径相对应，常用的规格有 22 mm、27 mm 和 32 mm 三种，应根据所选铣刀的孔径选用。铣刀杆的光轴长度 l 也有多种规格，可按工作需要选用。

铣刀杆的安装按以下步骤进行。

1. 将主轴转速调整到最低，或将主轴锁紧
2. 根据铣刀孔径选择相应直径的铣刀杆。铣刀杆长度在满足安装铣刀后不影响正常铣削的前提下，尽量选择短一些，以增大铣刀的刚度

擦净铣床主轴锥孔和铣刀杆的锥柄，以免脏物影响铣刀杆的安装精度

松开铣床悬梁的紧固螺母，适当调整悬梁的伸出长度，使其与铣刀杆长度相适应，然后将悬梁紧固

安装铣刀杆。右手将铣刀杆的锥柄装入主轴锥孔。此时铣刀杆凸缘上的缺口（槽）应对准主轴端部的凸键

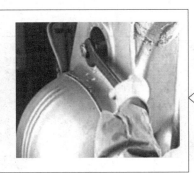

用扳手旋紧拉紧螺杆上的背紧螺母，将铣刀杆拉紧在主轴锥孔内

左手转动主轴孔中的拉紧螺杆，使其前端的螺纹部分旋入铣刀杆螺纹孔6~7圈

三、装卸铣刀

1. 装卸带孔的铣刀

圆柱形铣刀、三面刃铣刀、锯片铣刀等带孔铣刀是借助普通铣刀杆安装在铣床主轴上的。安装带孔铣刀的步骤如下。

擦净铣刀杆、垫圈和铣刀，确定铣刀在铣刀杆上的位置

将垫圈和铣刀装入铣刀杆，并用适当分布的垫圈确定铣刀在铣刀杆上的位置，再用手旋入紧刀螺母

适当调整刀杆支架轴承孔与铣刀杆支承轴颈的间隙

擦净刀杆支架轴承孔和铣刀杆支承轴颈，将刀杆支架装在悬梁导轨上，注入适量的润滑油

用扳手将刀杆支架紧固

将铣床主轴锁紧，然后用扳手将铣刀杆紧刀螺母旋紧，使铣刀被夹紧在铣刀杆上

拆卸铣刀和铣刀杆的步骤如下。

将铣床主轴转速调整到最低，或将主轴锁紧

用扳手反向旋转铣刀杆上的紧刀螺母，松开铣刀

旋下紧刀螺母，取下垫圈和铣刀

将刀杆支架轴承间隙调大，然后松开并取下刀杆支架

用扳手松开拉紧螺杆上的背紧螺母，再将其旋出一圈。用锤子轻轻敲击拉紧螺杆的端部，使铣刀杆锥柄从主轴锥孔中松脱。右手握铣刀杆，左手旋出拉紧螺杆，取下铣刀杆

将铣刀杆擦净、涂油，垂直放置在专用的支架上

2. 安装套式面铣刀

套式面铣刀有内孔带键槽和端面带槽两种结构形式，安装时分别采用带纵键的铣刀杆和带端键的铣刀杆，铣刀杆的安装方法与前面相同。

安装铣刀时，先擦净铣刀内孔、端面和铣刀杆圆柱面，然后按下面的方法进行安装。

（1）安装内孔带键槽铣刀。将铣刀内孔的键槽对准铣刀杆上的键，装入铣刀，然后旋入紧刀螺钉，用叉形扳手将铣刀紧固。图1-24所示为内孔带键槽铣刀安装分解图。

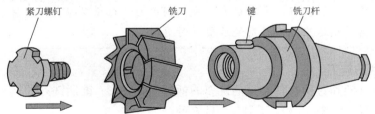

图1-24　内孔带键槽铣刀安装分解图

（2）安装端面带槽铣刀。将铣刀端面上的槽对准铣刀杆上凸缘端面上的凸键，装入铣刀，然后旋入紧刀螺钉，用叉形扳手将铣刀紧固。图1-25所示为端面带槽铣刀安装分解图。

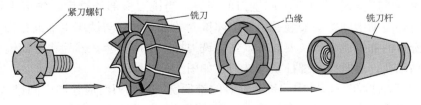

图1-25　端面带槽铣刀安装分解图

安装机夹式不重磨铣刀的刀片

图1-26所示机夹式不重磨铣刀，不需要操作者刃磨，若铣削中刀片的切削刃用钝，只要用内六角扳手旋松双头螺柱，就可以松开刀片夹紧块，取出刀片，把用钝的刀片转换一个位置（等多边形刀片的每一个切削刃都用钝后更换新刀片），然后将刀片紧固即可。

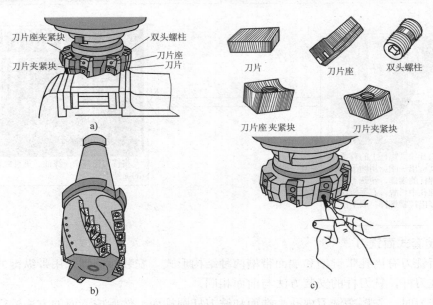

图1-26 机夹式不重磨铣刀及其刀片安装
a）端铣 b）周铣 c）更换刀片

使用机夹式不重磨铣刀，要求机床、夹具刚度好，机床功率大，工件装夹牢固，刀片牌号与工件材料相适应，刀片用钝后要及时更换。

3. 安装带柄的铣刀

带柄铣刀有锥柄和直柄两种。直柄铣刀的柄部为圆柱形；锥柄铣刀的柄部一般采用莫氏锥度，有莫氏1号、2号、3号、4号、5号五种。

（1）锥柄铣刀的装卸

1）柄部锥度与主轴锥孔锥度相同铣刀的安装。擦净铣刀，将锥柄直接放入主轴锥孔中，然后旋入拉紧螺杆，用专用的拉杆扳手将其旋紧，如图1-27所示。

2）柄部锥度与主轴锥孔锥度不同铣刀的安装。当铣刀柄部的锥度与铣床主轴锥孔的锥度不同时，需要借助中间锥套安装铣刀。中间锥套的外圆锥度与铣床主轴锥孔锥度相同，而内孔锥度与铣刀柄部锥度一致。安装时，先将铣刀插入中间锥套，然后将中间锥套连同铣刀一起放入主轴锥孔，旋紧拉紧螺杆紧固铣刀，如图1-28所示。

3）锥柄铣刀的拆卸。借助中间锥套安装的锥柄铣刀，卸刀时应连同中间锥套一并卸下。若铣刀落入中间锥套内，可用短螺杆旋入几圈后用锤子敲下铣刀，如图1-29所示。

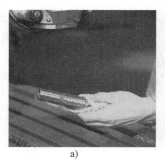

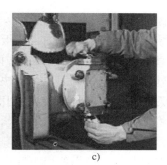

a)   b)   c)

图 1-27 柄部锥度与主轴锥孔锥度相同铣刀的安装

图 1-28 柄部锥度与主轴锥孔锥度
不同铣刀的安装

图 1-29 拆卸借助中间锥套安装的
锥柄铣刀

在万能铣头上拆卸锥柄铣刀时，先将主轴转速调到最低或将主轴锁紧，然后用拉杆扳手旋松拉紧螺杆，继续旋转拉紧螺杆，在背紧螺母限位的情形下，利用拉紧螺杆向下的推力直接卸下铣刀，如图 1-30 所示。

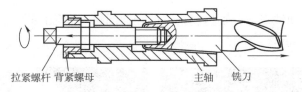

拉紧螺杆 背紧螺母   主轴   铣刀

图 1-30 在万能铣头上拆卸锥柄铣刀

（2）直柄铣刀的安装。直柄铣刀一般用专用夹头刀杆，通过钻夹头或弹簧夹头安装在主轴锥孔内，如图 1-31 所示。

弹簧夹头

C形扳手

夹簧

钻夹头

专用扳手

图 1-31 直柄铣刀的安装

用弹簧夹头安装直柄铣刀时，应按铣刀柄直径选择夹簧的内径，将铣刀柄插入夹簧内，再一起装入弹簧夹头的孔内，用扳手将夹头锁紧螺母旋紧，即可将铣刀紧固。用钻夹头装夹时，将直柄铣刀直接插入钻夹头内，再用专用扳手将铣刀夹紧。

另外，目前锥柄铣刀也可用快速安装刀杆安装，方法与用弹簧夹头安装基本相同。先将锥柄铣刀装在相应的过渡套内并用短螺栓拉紧，然后插入快速安装刀杆的锥孔内，再用 C 形扳手将刀杆端面的锁紧螺母旋紧即可。

四、铣刀安装后的检查

铣刀安装后，应做好以下几个方面的检查。

1. 检查铣刀装夹是否牢固，铣刀旋转方向是否正确。铣刀应向着刀齿前面的方向旋转，如图 1-32 所示。

2. 检查刀杆支架轴承孔与铣刀杆支承轴颈的配合间隙是否合适，如图 1-33 所示。间隙过大，铣削时会发生振动；间隙过小，则铣削时刀杆支架轴承会发热。

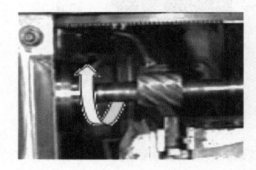

图 1-32　检查铣刀旋转方向　　　　　图 1-33　检查刀杆支架轴承孔与铣刀杆
　　　　　　　　　　　　　　　　　　　　　　　　　　支承轴颈的配合间隙

3. 用扳手反向转动铣刀，分别检测铣刀的径向圆跳动和轴向圆跳动，如图 1-34 所示。跳动量应不超过 0.06 mm。

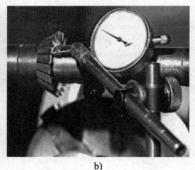

a)　　　　　　　　　　　　b)

图 1-34　铣刀跳动量的检测
a) 检测径向圆跳动　b) 检测轴向圆跳动

操作提示

1. 在铣刀杆上安装带孔铣刀时，一般应先紧固支架，再紧固铣刀。拆卸铣刀时应先松开铣刀，再松开支架。

2. 支架轴承孔与铣刀杆支承轴颈应保证足够的配合长度，并保证良好的润滑。

3. 拉紧螺杆的螺纹应与铣刀的螺纹孔有足够的旋合长度。

4. 装卸铣刀时，圆柱形铣刀应以手持两端面，立铣刀应垫棉纱后手握圆周面，以防铣刀切削刃划伤手。

5. 安装铣刀前，应先擦净各接合表面，防止附有脏物而影响铣刀的安装精度。

◎ 操作记录

根据铣刀装卸练习情况，填写表 1－8。

表 1－8　　铣刀装卸练习记录

练习项目	安装铣刀或铣刀杆的规格	练习中遇到的问题

§1－4　工件的装夹

◎ 工作任务——掌握工件常用的装夹方法

1. 了解平口钳的结构，掌握平口钳的安装、校正方法。
2. 掌握用平口钳装夹工件的方法。
3. 掌握用压板装夹工件的方法。

在铣床上装夹工件时，最常用的两种方法是用平口钳装夹工件和用压板装夹工件。对于小型工件一般采用平口钳装夹，对大、中型工件则多在铣床工作台上用压板装夹。

一、用平口钳装夹工件

1. 认识平口钳

平口钳是铣床上常用的机床附件。常用的平口钳主要有固定型和回转型两种，如图 1－35 所示。回转型平口钳主要由固定钳口、活动钳口、底座等组成。固定型平口钳与回转型平口钳的结构基本相同，只是底座没有回转盘，钳体不能回转，但刚度好。回转型平口钳可以扳转任意角度，故适应性很强。

平口钳的规格以钳口宽度来表示，常用的有 100 mm、125 mm、136 mm、160 mm、200 mm、250 mm 六种。

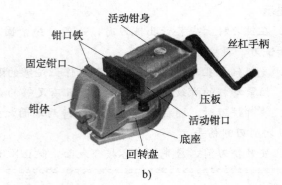

活动钳身
钳口铁
固定钳口
丝杠手柄
压板
钳体
活动钳口
底座
回转盘

a)   b)

图1-35　平口钳
a) 固定型　b) 回转型

2. 安装和校正平口钳

（1）平口钳的安装

平口钳的安装非常方便，先擦净平口钳底座底面和铣床工作台表面，然后将底座上的定位键放入工作台的中央T形槽内，即可对平口钳进行固定。

（2）平口钳的校正

若加工相对位置精度要求较高的工件，如钳口平面与铣床主轴轴线有较高的垂直度或平行度要求时，应对固定钳口面进行校正。校正时，应先松开平口钳的紧固螺母，校正后再将紧固螺母旋紧。校正固定钳口面常用的方法有用划针校正、用直角尺校正和用百分表校正三种。

1）用划针校正。如图1-36所示，将划针夹持在铣刀杆垫圈间，调整工作台使划针靠近固定钳口面，纵向移动工作台，观察并调整钳口面与划针尖的距离大小均匀，并在钳口全长范围内一致。此法常用于精度较低的粗校正。

2）用直角尺校正。如图1-37所示，将直角尺的尺座底面紧靠在床身的垂直导轨面上，调整钳体使固定钳口面与直角尺尺苗的外测量面密合，然后紧固钳体，并进行复验，以免紧固钳体时发生偏转。

图1-36　用划针校正

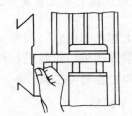

图1-37　用直角尺校正

3）用百分表校正。将磁性表座吸在铣床悬梁导轨面上，安装百分表，将测头与固定钳口面接触，并使活动测杆压缩1 mm左右。移动工作台，参照百分表读数调整固定钳口面。在钳口全长范围内，百分表读数的差值应在0.03 mm以内。此法用于加工较高精度的工件时对固定钳口面的精确校正，如图1-38所示。

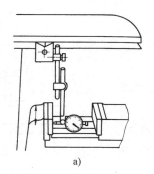
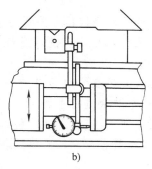

图 1-38　用百分表校正

a) 校正固定钳口与主轴轴线垂直　b) 校正固定钳口与主轴轴线平行

3. 用平口钳装夹工件的操作方法

铣削一般长方体工件的平面、斜面、台阶或轴类工件的键槽时，都可以用平口钳进行装夹。用平口钳装夹工件的操作方法如下。

（1）选择毛坯件上一个大而平整的毛坯面作为粗基准，将其靠在固定钳口面上。在钳口与工件之间应垫上铜皮，以防损伤钳口。用划线盘校正毛坯上平面位置，符合要求后夹紧工件，如图 1-39 所示。校正时，工件不宜夹得太紧。

（2）以平口钳固定钳口面作为定位基准时，将工件的基准面靠向固定钳口面，并在活动钳口与工件间放置一根圆棒。圆棒要与钳口的上平面平行，其位置应在工件被夹持部分高度的中间偏上。通过圆棒夹紧工件，能保证工件基准面与固定钳口面密合，如图 1-40 所示。

（3）以钳体导轨平面作为定位基准时，将工件的基准面靠向钳体导轨面。在工件与导轨面之间要加垫平行垫铁。为了使工件基准面与导轨面平行，工件夹紧后，可用铝棒或紫铜棒轻击工件上平面，并用手试移垫铁，当垫铁不再松动时，表明垫铁与工件、垫铁与水平导轨面密合较好。敲击工件时用力要适当，并逐渐减小，用力过大会因产生反作用力而影响平行垫铁的密合，如图 1-41 所示。

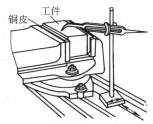

图 1-39　毛坯件的装夹

图 1-40　通过圆棒夹紧工件

图 1-41　用铝棒或紫铜棒敲击工件

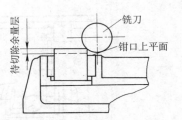

图1-42 工件的装夹高度

二、用压板装夹工件

外形尺寸较大或不便用平口钳装夹的工件，常用压板将其压紧在铣床工作台面上进行装夹，如图1-43所示。使用压板装夹工件时，应选择两块以上压板。压板的一端搭在垫铁上，另一端搭在工件上。垫铁的高度应等于或略高于工件被压紧部位的高度。T形螺栓略接近于工件位置。在螺母与压板之间必须加垫垫圈。

图1-43 用压板装夹工件

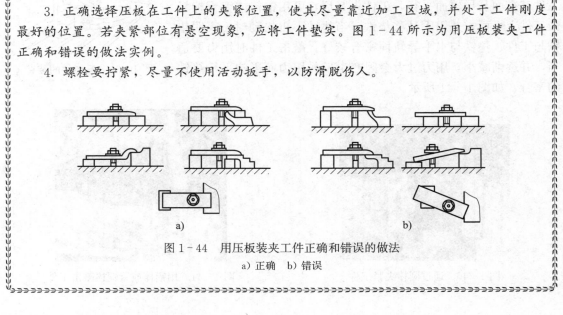

a)   b)

图1-44 用压板装夹工件正确和错误的做法

a) 正确　b) 错误

◎ **操作记录**

将平口钳固定钳口的校正情况填写在表 1-9 中。

表 1-9　　　　　　　　　　　　　　平口钳校正记录表

校正方法	使用工具	校正前后精度情况		校正用时情况
		校正前	校正后	
用划针校正				
用直角尺校正				
用百分表校正				

§1-5　铣削方法和铣床"零位"的校正

◎ **工作任务——认识铣削方法，校正铣床"零位"**

1. 了解铣削方法及不同铣削方法的特点。

2. 掌握顺铣与逆铣的定义，了解不同铣削方式的特点。

3. 掌握铣床"零位"的校正方法，了解"零位"不准对铣削质量的影响。

一、铣削方法

在铣床上铣削工件时，由于铣刀的结构不同，工件上所加工的部位不同，因此具体的切削方式、方法也不一样。根据铣刀在切削时切削刃与工件接触的位置不同，铣削方法可分为周边铣削、端面铣削以及周边和端面同时铣削的周边—端面铣削。

1. 周边铣削

周边铣削（简称周铣）是用铣刀周边齿刃进行的铣削。周铣时，铣刀的回转轴线与工件被加工表面相平行。图 1-45 所示分别为在卧式铣床和立式铣床上进行的周铣。

2. 端面铣削

端面铣削（简称端铣）是用铣刀端面齿刃进行的铣削。端铣时，铣刀的回转轴线与工件被加工表面相垂直。图 1-46 所示分别为在卧式铣床和立式铣床上进行的端铣。

a)　　　　　　　　b)　　　　　　　　　　a)　　　　　　　　b)

图 1-45　周边铣削　　　　　　　　　图 1-46　端面铣削

3. 周边—端面铣削

周边—端面铣削（简称混合铣）是用铣刀周边齿刃和端面齿刃同时进行的铣削。混合铣时，工件上会同时形成两个或两个以上的已加工表面。图1-47所示分别为在卧式铣床和立式铣床上进行的混合铣。

通过观看教师的铣削演示，仔细观察三种不同的铣削方法，然后在石蜡工件上进行荒铣练习（不规定尺寸）。体会和观察三种铣削方法的不同之处，将观察到的相关情况填写在表1-10中。

a)   b)

图1-47　周边—端面铣削

表1-10　　　　　　　　　　　　　　铣削方法特点对比

对比内容	铣刀受力部位与方向	铣削时的振动	切屑厚度变化	同时参与切削的齿数	铣削效率	工件表面质量
周铣						
端铣						
混合铣						

特别提示

三种铣削方法的特点

1. 端铣时铣刀所受铣削抗力主要为轴向力，加之面铣刀刀杆较短，刚度好，同时参与切削的齿数多，因此铣削时振动小，铣削平稳，效率高。

2. 面铣刀的直径可以做得很大，能一次铣出较大的表面而不用接刀。周铣时工件加工表面的宽度受圆周刃宽度的限制，不能太宽。

3. 面铣刀的刀片装夹方便、刚度好，适宜进行高速铣削和强力铣削，可大大提高生产效率和减小表面粗糙度值。

4. 面铣刀每个刀齿所切下的切屑厚度变化较小，因此端铣时铣削力变化小。

5. 周铣时能一次切除较大的铣削层深度。

6. 混合铣时，由于铣削速度受到周铣的限制，因此混合铣时周铣加工出的表面粗糙度值比端铣加工出的表面粗糙度值小。

7. 由于端铣具有较多的优点，因此在单一平面的铣削中大多采用端铣。

二、铣削用量

在铣削过程中所选用的切削用量称为铣削用量。

铣削用量的要素主要有铣削速度 v_c、进给量 f、铣削深度 a_p 和铣削宽度 a_e。

1. 铣削速度 v_c

铣削速度指铣削时切削刃上选定点在主运动中的线速度，即切削刃上离铣刀轴线距离最大的点在1 min内所经过的路程。铣削速度与铣刀直径、铣刀转速有关，计算公式为：

$$v_c = \frac{\pi dn}{1\ 000}$$

式中　v_c——铣削速度，m/min；

　　　d——铣刀直径，mm；

　　　n——铣刀或铣床主轴转速，r/min。

铣削时，根据工件材料、铣刀切削部分材料、加工阶段的性质等因素，确定铣削速度，然后根据所用铣刀规格（直径）按下式计算并确定铣床主轴转速。

$$n = \frac{1\ 000 v_c}{\pi d}$$

2. 进给量 f

进给量指铣刀在进给运动方向上相对工件的单位位移量。铣削中的进给量根据具体情况有以下三种表述和度量的方法。

（1）每转进给量 f

铣刀每回转一周在进给运动方向上相对工件的位移量，单位为 mm/r。

（2）每齿进给量 f_z

铣刀每转中每一刀齿在进给运动方向上相对工件的位移量，单位为 mm/z。

（3）每分钟进给量（即进给速度）v_f

铣刀每回转 1 min，在进给运动方向上相对工件的位移量，单位为 mm/min。

三种进给量的关系为：

$$v_f = fn = f_z zn$$

式中　n——铣刀或铣床主轴转速，r/min；

　　　z——铣刀齿数。

3. 铣削深度 a_p

铣削深度指在平行于铣刀轴线方向上测得的铣削层尺寸，单位为 mm。

4. 铣削宽度 a_e

铣削宽度指在垂直于铣刀轴线方向、工件进给方向上测得的铣削层尺寸，单位为 mm。

周铣与端铣时的铣削用量如图 1-48 所示。

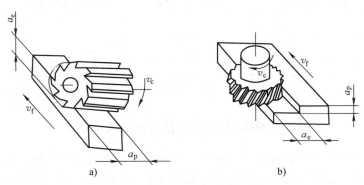

图 1-48　周铣与端铣时的铣削用量

a）周铣　b）端铣

三、顺铣与逆铣

　　根据铣刀切削部位产生的切削力与进给方向间的关系，铣削方式可分为顺铣和逆铣。

1. 周铣时的顺铣与逆铣

　　顺铣——铣削时，在铣刀与工件已加工面的切点处，铣刀切削刃的旋转运动方向与工件进给方向相同的铣削，如图1-49a所示。

　　逆铣——铣削时，在铣刀与工件已加工面的切点处，铣刀切削刃的旋转运动方向与工件进给方向相反的铣削，如图1-49b所示。

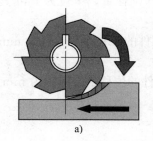 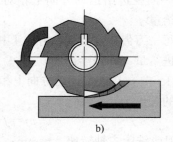

a)　　　　　　　　　　　　　b)

图1-49　周铣时的顺铣与逆铣

a) 顺铣　　b) 逆铣

　　在立式铣床上，采用立铣刀圆周刃对石蜡工件进行荒铣练习。通过铣刀在工件不同部位、不同方向的手动进给操控，观察体会铣削力的方向、切屑厚度、切入切出位置及已加工表面质量等方面的变化，将观察到的相关情况填写在表1-11中。

表1-11　　　　　　　　　　　周铣时顺铣与逆铣的对比

对比内容	铣削力的方向	铣削时的振动	切屑厚度	工件表面质量
顺铣				
逆铣				

两条螺旋面紧密贴合在一起；在其另一侧，丝杠与螺母的两条螺旋面存在着间隙。也就是说，工作台的进给运动是工作台丝杠与螺母在其接合面实现运动传递，进给的作用力来自工作台丝杠。同时螺母也受到了铣刀在水平方向的铣削分力 F_f 的作用（见图1-50）。根据对传动结构的分析可知：当铣削分力 F_f 的方向与工作台移动的方向相反时，工作台不会被推动；而铣削分力 F_f 的方向与工作台移动的方向一致时，工作台就会被拉动（或推动）。

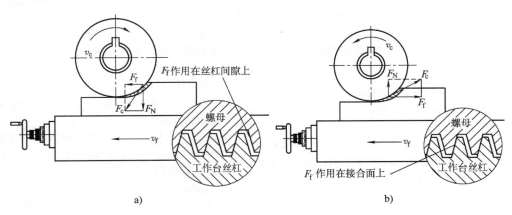

图1-50　周铣时的切削力对工作台的影响
a) 顺铣　b) 逆铣

顺铣时，工作台进给方向 v_f 与其水平方向的铣削分力 F_f 方向相同，F_f 作用在丝杠和丝杠螺母的间隙上。当 F_f 大于工作台滑动的摩擦力时，F_f 将工作台推动一段距离，使工作台发生间歇性窜动，导致啃伤工件，损坏刀具，甚至损坏机床。逆铣时的工作台进给方向 v_f 与其水平方向上的铣削分力 F_f 方向相反，两种作用力同时作用在丝杠与丝杠螺母的接合面上，工作台在进给运动中绝不会发生窜动现象，即水平方向上的铣削分力 F_f 不会拉动工作台。所以在一般情况下都采用逆铣。

操作提示

1. 在立式铣床上周铣时，铣刀相对工件的位置不同，则铣削方式也不同；当进给方向转换时，往往会出现铣削方式的突然转换（如由逆铣变为顺铣），这是铣削过程中最常见的打刀原因之一。所以掌握铣削方式的控制非常重要。

2. 本练习可用石蜡或肥皂作为铣削材料，目的是使学生既能获得铣削的真实体验，又避免因操作不熟练而造成的打刀。

3. 练习时，采用 $\phi16 \sim \phi20$ mm立铣刀，铣削深度控制在 $1 \sim 3$ mm，主轴转速可取 $375 \sim 475$ r/min。

4. 养成切削前对铣削方式进行判断的良好习惯，避免因铣削方式错误而引起铣刀折损和工件报废。

通过对观察情况的对比分析，不难发现周铣时顺铣与逆铣具有以下特点，见表1-12。

表1-12　　　　　　　　　　　周铣时顺铣与逆铣的特点

方式	优　点	缺　点
顺铣	1. 铣刀对工件的作用力 F_c 在垂直方向的分力 F_N 始终指向工件，对工件起压紧作用。因此铣削平稳，对不易夹紧的工件及细长的薄板形工件铣削尤为合适 2. 铣刀切削刃切入工件时的切屑厚度最大，并逐渐减小到为零，切削刃切入容易，故工件的加工表面质量较高 3. 在进给运动方面消耗的功率较小	1. 铣刀对工件的作用力 F_c 在水平方向上的分力 F_f 作用在工作台丝杠及其螺母的间隙上，会拉动工作台，使工作台发生间歇性窜动，导致铣刀刀齿折断、铣刀杆弯曲、工件与夹具产生位移，甚至发生严重的事故 2. 铣刀切削刃从工件外表面切入工件，当工件表面有硬皮或杂质时，容易磨损或折断铣刀
逆铣	1. 在铣刀中心进入工件端面后，铣刀切削刃沿已加工表面切入工件，工件表面有硬皮或杂质时，对铣刀切削刃损坏的影响小 2. 铣刀对工件的作用力 F_c 在水平方向上的分力 F_f 作用在工作台丝杠及其螺母的接合面上，不会拉动工作台，得到广泛的应用	1. 铣刀对工件的作用力 F_c 在垂直方向的分力 F_N 始终离开工件，有将工件向上铲起的趋势，因此工件需要使用较大的夹紧力 2. 切削刃切入工件时的切削层厚度为零，并逐渐增加到最大，使铣刀与工件的摩擦、挤压严重，加速刀具磨损，降低工件表面质量 3. 在进给运动方面消耗的功率较大

2. 端铣时的顺铣与逆铣

改用面铣刀的端面刃进行端铣练习时，会发现铣刀的切入边与切出边的切削力方向是相反的。根据铣刀与工件之间相对位置的不同，可分为以下两种情况。

（1）对称铣削

铣削宽度 a_e 对称于铣刀轴线的端铣方式称为对称铣削。铣削时，以轴线为对称中心，切入边与切出边所占的铣削宽度相等，切入边为逆铣，切出边为顺铣，如图1-51所示。

（2）非对称铣削

铣削宽度 a_e 不对称于铣刀轴线的端铣方式称为非对称铣削。按切入边和切出边所占铣削宽度比例的不同，非对称铣削又分为非对称顺铣和非对称逆铣两种，如图1-52所示。

图1-51　对称铣削

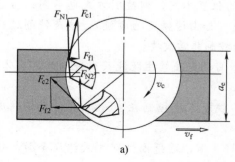
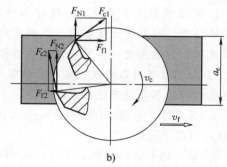

图1-52　非对称铣削

a）非对称逆铣　b）非对称顺铣

1）非对称顺铣。顺铣部分（切出边的宽度）所占的比例较大的端铣形式。与周铣的顺铣一样，非对称顺铣也容易拉动工作台，因此很少采用非对称顺铣。只有在铣削塑性和韧性好、加工硬化严重的材料（如不锈钢、耐热合金等）时，才采用非对称顺铣，以减少切屑黏附和提高刀具使用寿命。此时，必须调整好铣床工作台丝杠螺母副的传动间隙。

2）非对称逆铣。逆铣部分（切入边的宽度）所占的比例较大的端铣形式。铣刀对工件的作用力在进给方向上的两个分力的合力 F_f 作用在工作台丝杠及其螺母的接合面上，不会拉动工作台。此时铣刀切削刃切出工件时切屑由薄到厚，因而冲击小，振动较小，切削平稳，得到普遍应用。

四、铣床的"零位"校正

铣床的"零位"校正，是指铣床的主轴轴线与进给方向的垂直度的校正。铣床的"零位"校正又可分为立铣头"零位"校正和卧式铣床工作台"零位"校正。

由于端铣时铣刀的轴线与工件的加工表面应是垂直的，因此用端铣的方法铣出的平面，其平面度的好坏主要决定于铣床主轴轴线与进给方向的垂直度。若主轴轴线与进给方向垂直，铣刀刀尖会在工件表面铣出网状的弧形刀纹，工件表面是一平面；若主轴轴线与进给方向不垂直，铣刀刀尖会在工件表面铣出单向的弧形刀纹，将工件表面铣成一个凹面。因此在用端铣和混合铣两种方法进行铣削时，其端面刃铣削部分会对工件的形状精度产生不同的影响，如图 1 - 53 所示。所以，采用端铣和混合铣时，首先应校正铣床主轴轴线与进给方向的垂直度，即进行铣床"零位"校正。

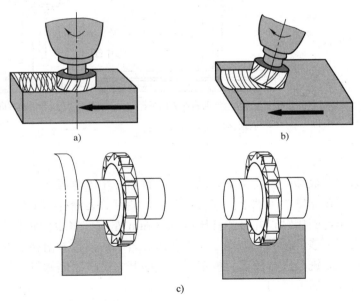

图 1 - 53 铣床"零位"不准对工件形状精度的影响
a）"零位"准确时　b）"零位"不准确时呈凹面
c）混合铣时"零位"不准，铣刀端面刃在切削时造成凹面

1. 立铣头的"零位"校正

（1）用直角尺和锥度心轴进行校正

擦净与主轴锥孔相同锥度的锥度心轴，将其轻轻插入主轴锥孔。将直角尺尺座底面贴在

工作台面上，用尺苗外侧测量面靠向心轴圆柱表面，观察二者之间是否密合或上下间隙是否均匀，以确定立铣头主轴轴线与工作台面是否垂直，如图1-54所示。检测时，应在工作台进给方向的平行和垂直两个方向上进行。

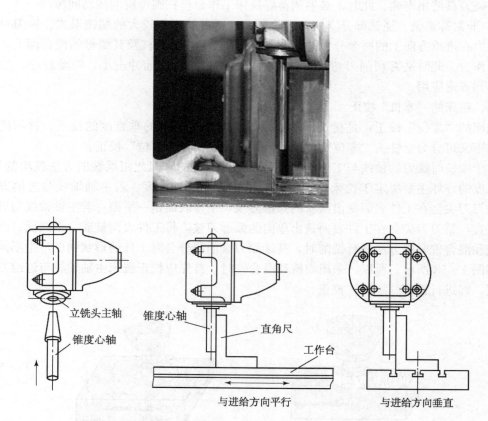

图1-54 用直角尺和锥度心轴进行立铣头"零位"校正

（2）用百分表进行校正

先将主轴转速调至最高，以使主轴转动灵活，且断开主轴电源。

将角形表杆固定在立铣头主轴上。安装百分表，使百分表测杆与工作台面垂直。升起工作台，使测头与工作台面接触，并将测杆压缩0.5 mm左右。将表的指针调至"零位"，旋转主轴180°，观察百分表的读数，如图1-55所示。若表的读数差值在300 mm范围内大于0.02 mm，就需要对立铣头进行校正。校正时，先松开立铣头紧固螺母，然后用木锤敲击立铣头端部。校正完毕将螺母紧固。

2. 卧式铣床工作台"零位"校正

如图1-56所示，将磁性表座吸在铣床主轴端面上，调整铣床工作台位置，使百分表活动测头接触与工作台纵向进给已校正平行的垫铁侧面，压缩测杆0.3～0.5 mm后，将百分表指针"归零"。用手慢慢转动主轴，若百分表在垫铁侧面上指针的变化量（300 mm内）超过0.02 mm，就需要校正工作台。校正时，先松开工作台回转盘锁紧螺母，用木锤敲击工作台端部。校正符合要求后紧固锁紧螺母。

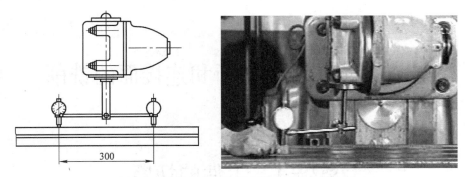

图 1-55　用百分表进行立铣头"零位"校正

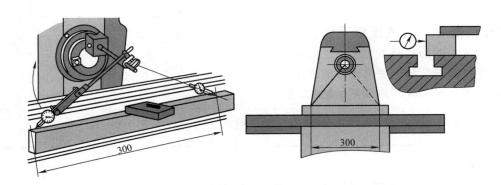

图 1-56　卧式铣床工作台"零位"校正

◎ 操作记录

将对铣床"零位"的校正情况填写在表 1-13 中。

表 1-13　　　　　　　　　　铣床"零位"校正记录表

校正方法	使用工具清单	校正前、后精度情况		校正用时情况
		校正前	校正后	
用直角尺校正立铣头				
用百分表校正立铣头				
用百分表校正卧式铣床工作台				

课题二　工件的切断和连接面的铣削

§2-1　工件的切断

◎ **工作任务——完成压板下料**

1. 掌握工件切断的工艺方法。
2. 掌握正确选择、安装铣刀的方法。
3. 掌握切断工件时的装夹、校正方法。

本任务要求完成图 2-1 所示压板坯料的下料。

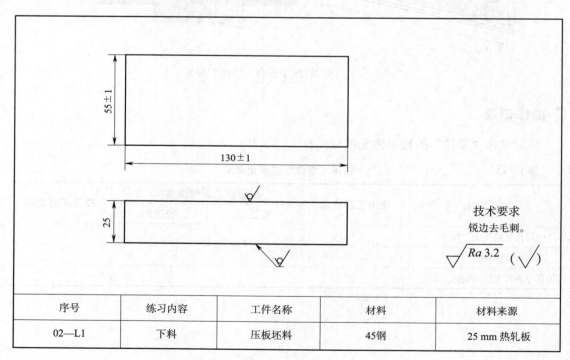

序号	练习内容	工件名称	材料	材料来源
02—L1	下料	压板坯料	45钢	25 mm 热轧板

图 2-1　压板坯料

◎ **工艺分析**

在铣床上采用锯片铣刀切断工件、下料及铣窄槽是铣工常见的工作之一。通常工件的切断、下料等工作在卧式铣床上进行比较方便。要完成图 2-1 所示压板坯料的下料，基本步骤包括以下几方面：

1. 根据板料厚度正确选择铣刀。
2. 确定板料的装夹方式。
3. 进行铣削加工，完成铣削。

◎ 相关工艺知识

一、切断用的铣刀

锯片铣刀是在铣床上铣窄槽或切断工件时所用的铣刀，见表1-7。锯片铣刀的刀齿有粗齿、中齿和细齿之分。粗齿锯片铣刀的齿数少，齿槽的容屑量大，主要用于粗加工或铝及铝合金等软金属材料的加工。细齿锯片铣刀的齿数多，齿槽的容屑量小。中齿和细齿锯片铣刀适用于切断较薄的工件和铣窄槽。

用锯片铣刀切断时，主要选择锯片铣刀的直径和宽度。在能够将工件切断的前提下，尽量选择直径较小的锯片铣刀。铣刀直径 D 由刀杆垫圈外径 d 和工件切断厚度 t 确定：

$$D > d + 2t$$

用于切断的铣刀的宽度是根据其直径确定的，铣刀直径大，铣刀的宽度选大一些；反之，铣刀直径小，则铣刀的宽度就选小一些。

为了提高切断的工作效率，还可以使用疏齿的错齿锯片铣刀，提高铣削的进给速度。

二、工件的装夹

在切断工作中经常会因为工件松动而使铣刀折断（俗称打刀）或工件报废，甚至发生安全事故，所以工件的装夹必须做到牢固、可靠。在铣床上切断或切槽时，根据工件的尺寸、形状不同，常用平口钳、压板或专用夹具等对工件进行装夹。

1. 用平口钳装夹

用平口钳装夹工件，无论是切断还是切槽，工件在钳口上的夹紧力方向应平行于槽侧面即夹紧力方向与槽的纵向平行（见图2-2），以避免工件夹住铣刀。

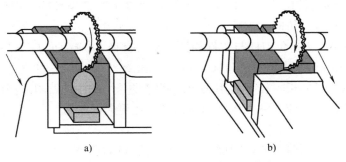

图2-2　工件进行切断时夹紧力的方向

a) 装夹错误，易夹刀　b) 装夹正确，不夹刀

2. 用压板装夹

加工大型工件及板料时，多采用压板装夹工件，压板的压紧点应尽可能靠近铣刀的切削位置，压板下的垫铁应略高于工件。有条件的工件可用定位靠铁定位，装夹前先校正定位靠铁与主轴轴线平行（或垂直）。工件的切缝应选在 T 形槽上方，以免铣伤工作台面。

切断薄而长的工件时，可在工件和压板之间加一块较厚的衬铁，以增加工件的刚度。

切断薄而长的工件时多采用顺铣，使垂直方向铣削分力指向工作台面，装夹时就不需要太大的夹紧力，并可防止因铣削分力向上而产生的工件振动和变形，如图 2-3 所示。

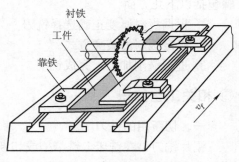

图 2-3　用压板装夹工件

三、切断铣削工艺

1. 切断薄块

可逐次切出几件。切断工件之前，将工作台按其位移量 A 横向移动一段距离，并锁紧横向进给机构。工作台位移量 A 等于铣刀宽度 L 与工件厚度 B 之和，即 $A=L+B$（见图 2-4）。

2. 切断厚块

切断厚块时，一次装夹只能切下一件。铣刀的切削位置距离平口钳钳口既不可太远，又不可太近，以免铣伤钳口。切断前，先将条料端部多伸出一些，使铣刀能划着工件，再将工作台按其位移量 A 横向移动，$A=L+B$（见图 2-5）。

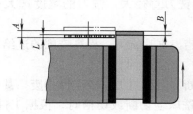

图 2-4　切断薄块

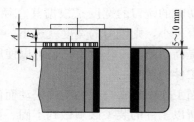

图 2-5　切断厚块

◎ 工艺过程

1. 选择铣刀

选择 X6132 型卧式铣床，检查铣床工作台的"零位"是否准确，以防工作台进给方向与铣床主轴轴线不垂直而折断铣刀。

选择锯片铣刀时，为避免刀杆与工件相撞，铣刀直径 D 应满足 $D>d+2t$。由于图 2-1 中的板料厚度 $t=25$ mm，故可选择 100 mm×3 mm×27 mm（垫圈外径 d 约为 40 mm）的粗齿锯片铣刀。所切断的板料较大需用压板、螺钉装夹，或在铣刀两端面用加大垫圈时，为避免铣刀杆与压板、螺钉或工件相碰，则需选择直径更大的铣刀。

2. 安装锯片铣刀

锯片铣刀的直径大而厚度薄，刚度较差，强度较低，受弯、扭载荷时，铣刀极易碎裂、折断。安装锯片铣刀时应注意以下几点：

（1）安装锯片铣刀时，不要在铣刀杆与铣刀间装键。铣刀紧固后，依靠刀杆垫圈与铣刀两侧端面间的摩擦力带动铣刀旋转。

（2）在靠近紧刀螺母的垫圈内装键，可以有效防止铣刀松动（见图 2-6）。

（3）安装大直径锯片铣刀时，应在铣刀两端面用大直径垫圈，以增大其刚度和摩擦力，使铣刀工作更加平稳。

（4）为增强铣刀杆的刚度，锯片铣刀应尽量靠近主轴或刀杆支架安装。

（5）锯片铣刀安装后，应保证刀齿的径向和轴向圆跳动不超过规定值。

3. 装夹工件

根据图 2-1 所示工件尺寸要求，下料过程通常分两步进行。第一步先将较大的板料在工作台上用压板、螺钉装夹，切割成宽 55 mm 的长条状半成品；第二步用平口钳装夹，切割成 55 mm×130 mm 的矩形工件。

4. 工件切断

切断时应尽量采用手动进给，进给速度要均匀（见图 2-7）。若需采用机动进给，铣刀切入或切出还需用手动进给，进给速度不宜太快，并将不使用的进给机构锁紧。切削钢件时应充分浇注切削液。

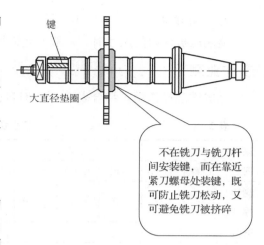

键

大直径垫圈

不在铣刀与铣刀杆间安装键，而在靠近紧刀螺母处装键，既可防止铣刀松动，又可避免铣刀被挤碎

图 2-6　锯片铣刀安装

a)

b)

图 2-7　工件的切断

操作提示

1. 切断工件时，为增加同时参与切削的铣刀齿数，减小冲击力，防止打刀，应使铣刀圆周刃尽量与工件底面相切或稍高于底面（见图 2-8），即铣刀刚刚切透工件。

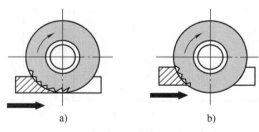

a)　　　　　　　　　b)

图 2-8　铣刀高低位置
a）正确　b）错误

2. 铣刀用钝应及时更换或刃磨，不允许使用磨钝的铣刀进行切断。

3. 采用手动进给并密切观察铣削过程，若有异常应先立即停止工作台进给，再停止主轴旋转，然后退出工件。

5. 工件检测

检测压板坯料的尺寸时，一般不允许用游标卡尺而应用钢直尺进行检测。

◎ 作业测评

完成铣削操作后，结合表 2-1，对自己的作业进行测评。

表 2-1　　　　　　　　　　　　　　工件切断作业评分表

测评内容	铣刀安装		工件安装			走刀			尺寸		备　注
	正确	有松动	合理	欠合理	松动	平稳	欠平稳	有啃刀	合格	超差	总分为 10 分，加工时若铣刀折损则总得分记为零分
测评标准	2分	0分	3分	0分	−2分	2分	1分	0分	3分	0分	
得分										总得分	
图号	02—L1	说明：操作中有不文明生产行为，酌情扣 1～2 分									

§2-2　长方体工件的铣削

◎ 工作任务——铣压板的长方体外形

1. 掌握长方体工件铣削的工艺方法和加工步骤。
2. 掌握正确选择、安装圆柱形铣刀的相关知识。
3. 掌握铣削基准面、垂直面、平行面的方法。

本任务要求完成图 2-9 所示长方体工件的铣削。

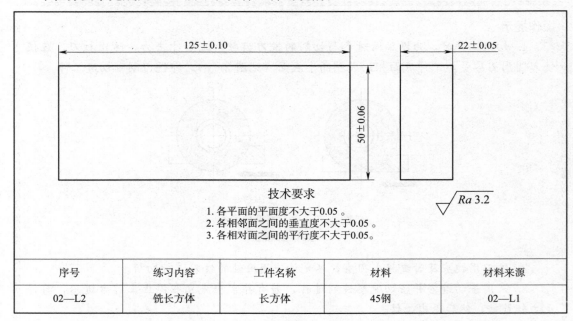

技术要求

1. 各平面的平面度不大于0.05。
2. 各相邻面之间的垂直度不大于0.05。
3. 各相对面之间的平行度不大于0.05。

$\sqrt{}$ Ra 3.2

序号	练习内容	工件名称	材料	材料来源
02—L2	铣长方体	长方体	45钢	02—L1

图 2-9　长方体工件

◎ **工艺分析**

　　工件可以由许多平面组成，它们互相直接或间接地交接，被称为连接面。相对于各自的基准面，连接面之间有平行、垂直或倾斜的位置关系。当工件表面与其基准面相互平行时，称为平行面；当工件表面与其基准面相互垂直时，称为垂直面；当工件表面与其基准面相互倾斜时，称为斜面。因此，连接面的铣削分为平行面、垂直面和斜面的铣削。

　　图2-9所示长方体工件由六个相互连接的平面组成。在这些平面中，凡相邻平面均相互垂直、相对平面均相互平行，因此长方体工件的铣削关键就是进行平行面和垂直面的铣削。要完成图2-9所示长方体工件的铣削，主要工作包括以下几方面：

　　1. 根据坯料拟定加工方案。

　　2. 确定并铣削基准面，保证基准面的平面度和表面粗糙度要求。

　　3. 铣削垂直面，保证与基准面的垂直度要求。

　　4. 铣削平行面，保证长方体工件的两相对表面的平行度及对边尺寸正确。

　　5. 铣削两端，保证长方体工件的两端与相邻表面垂直及对边尺寸正确。

　　尽管端铣平面与周铣平面相比有着诸多优点，但端铣多采用高速铣削。由于本任务为初始铣削操作练习，为了使大家容易掌握，现在X6132型卧式万能升降台铣床上采用周铣加工02—L2工件，其加工步骤如图2-10所示。

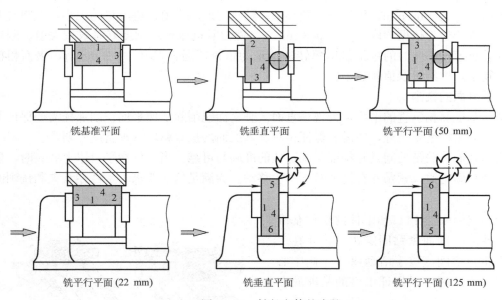

铣基准平面　　　　　　　铣垂直平面　　　　　　铣平行平面 (50 mm)

铣平行平面 (22 mm)　　　　铣垂直平面　　　　铣平行平面 (125 mm)

图2-10　铣长方体的步骤

◎ **相关工艺知识**

一、平面的铣削

　　铣平面是铣工最常见的工作之一，既可以在卧式铣床上铣平面，也可以在立式铣床上进行铣削，如图2-11所示。平面质量的好坏，分别用平面度和表面粗糙度来考核。

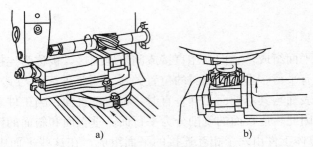

图 2 - 11 平面的铣削

a) 在卧式铣床上铣平面 b) 在立式铣床上铣平面

1. 铣削方法的选择

平面的铣削方法分为周铣和端铣。采用周铣时，可一次铣削比较大的切削层余量（a_e），但受铣刀长度限制，不能铣削太宽的平面（a_p），切削效率较低；端铣平面时，可以通过选取大直径的面铣刀来满足较大的切削层宽度（a_e），但切削层深度（a_p）较小，一般取 3～5 mm。

铣削余量较大或表面粗糙度值要求小时，可分粗铣和精铣两步完成。粗铣的主要目的是去除绝大部分加工余量，若条件允许可一次走刀完成，只保留 0.5～1 mm 精铣余量；精铣是为了保证工件最后的尺寸精度和表面粗糙度。

2. 铣削用量的选择

在铣削普通钢件时，高速钢铣刀的铣削速度通常取 15～35 m/min，硬质合金铣刀的铣削速度可取 80～120 m/min，粗铣时取较小值，精铣时取较大值。进给量的大小，在粗铣时通常以每齿进给量为依据，取 0.04～0.3 mm/z，铣刀及机床系统刚度好时取较大值，刚度较差时取较小值；精铣时的进给量以每转进给量为依据，通常取 0.1～2 mm/r，表面粗糙度值要求越小，进给量取值就越小。

二、垂直面的铣削

铣削与基准面相垂直的平面称为铣垂直面。垂直面铣削除了像平面铣削那样需要保证其平面度和表面粗糙度要求外，还需要保证相对其基准面的位置精度（垂直度）要求。

铣削垂直面时关键的问题是保证工件定位的准确与可靠。当工件在平口钳上装夹时，要保证基准面与固定钳口紧贴并在铣削时不产生移动。为满足这一要求，工件在装夹和铣削时应采取以下措施。

1. 擦拭干净固定钳口和工件的定位基准面，将工件的基准面紧贴固定钳口，并在工件与活动钳口之间、位于活动钳口一侧中心位置上加一根圆棒，以保证工件的基准面在夹紧后仍然与固定钳口贴合（见图 1 - 40）。

2. 在装夹时钳口的方向可与工作台纵向进给方向垂直（见图 2 - 12a），其目的是使铣削时切削力朝向固定钳口，以保证铣削过程中工件的位置不发生移动；但对于较薄或较长的工件，则一般采用钳口的方向与工作台纵向进给方向平行的方法（见图 2 - 12b）。

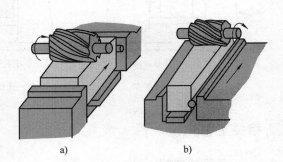

图 2 - 12 装夹时钳口的方向

a) 钳口与工作台纵向进给方向垂直
b) 钳口与工作台纵向进给方向平行

3. 对于薄而宽大的工件，可选择用弯板（角铁）装夹进行铣削或用压板直接装夹在工作台面上进行铣削（见图2-13）。

4. 铣好垂直面后用直角尺检验其与基准面的垂直度（见图2-14），合格后方可进行后续表面的加工。

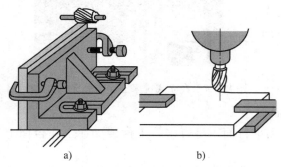

图2-13　用弯板（角铁）和压板装夹工件

a) 用弯板（角铁）装夹　b) 用压板装夹

图2-14　用直角尺检验垂直度

三、平行面的铣削

铣削与基准面相平行的平面称为铣平行面。平行面铣削除了像平面铣削那样需要保证其平面度和表面粗糙度要求外，还需要保证相对其基准面的位置精度（平行度）要求。因此在卧式铣床上用平口钳装夹进行铣削时，平口钳钳体导轨面是主要定位表面。铣削时工件的装夹方法如下。

1. 由于铣削时以钳体导轨面为定位基准，就要先检测钳体导轨面与工作台面的平行度是否符合要求。检测时，将一块表面光滑平整的平行垫铁擦净后放在钳体导轨面上，观察百分表检测平行垫铁平面时的读数是否符合要求（见图2-15）。若不平行，可采取在导轨或底座上加垫纸片的方法加以校正；批量加工时如有必要，可在平面磨床上修磨钳体导轨面。

2. 当工件高度低于平口钳钳口高度时，要在工件基准面与平口钳钳体导轨面之间垫两块厚度相等的平行垫铁（见图2-16）。若工件宽度较窄可只垫一块垫铁，但垫铁的厚度必须小于工件的宽度。

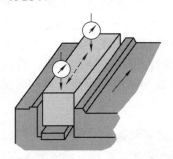

图2-15　检测钳体导轨面与工作台面的平行度

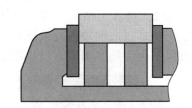

图2-16　垫平行垫铁装夹工件

四、端铣垂直面和平行面的方法

1. 若用端铣的方法铣削垂直面和平行面，工件一般用平口钳装夹，多在立式铣床上进行铣削（见图2-17），装夹、调整和铣削的方法与周铣时基本相同，不同之处在于以下几方面。

（1）在端铣时不会因铣刀的圆柱度或刀齿高低不齐而影响到所铣削平面与基准面间的垂直度和平行度。

（2）在端铣时会因铣床"零位"不准而影响所铣削平面与基准面间的垂直度和平行度。具体情况如下。

1）在立式铣床上进行端铣时，若立铣头"零位"不准，横向进给时会铣削出一个与工作台面倾斜的平面，纵向进给进行非对称铣削时则会铣出一个不对称的凹面。

2）在卧式铣床上进行端铣时，若工作台"零位"不准，垂向进给时会铣出一个斜面，纵向进给进行非对称铣削时也会铣出一个不对称的凹面。

图 2-17　在立式铣床上端铣垂直面和平行面

2. 用端铣的方法铣削较大工件的垂直面和平行面，可直接将工件装夹在工作台面上，用立式铣床或卧式铣床进行铣削。其方法如下。

（1）若工件的基准面窄长，可以采用靠铁进行定位，在卧式铣床的工作台面上装夹铣削（见图 2-18a）。操作时先用压板将靠铁轻轻压上，再用百分表校正定位基准表面。此方法铣出的表面，可同时保证与靠铁和工作台面相接触的两个基准面相互垂直（见图 2-18b）。

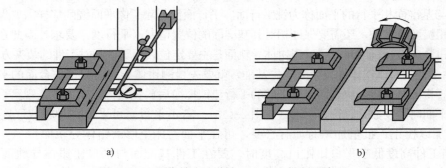

a)　　　　　　　　　　　　　　b)

图 2-18　用靠铁在工作台面上装夹铣削垂直面

（2）当工件上有台阶时，可直接用压板将工件装夹在立式铣床的工作台面上，使基准面与工作台面贴合，铣削平行面；为了防止工件在铣削力作用下产生位移，在没有布置压板且迎着铣削力方向的侧面，可通过设置挡铁来避免工件在铣削中发生移动（见图 2-19）。

（3）在卧式铣床上端铣以侧面为基准面的平行面时，可用定位键定位。若底面与基准面不垂直，则须通过底面垫铜皮或纸片进行校准；若底面与基准面垂直，可同时保证铣出的平面与基准面平行、与底面垂直（见图 2-20）。

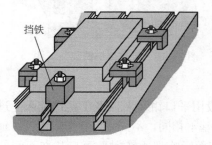

挡铁

图 2-19　端铣带台阶的平行面

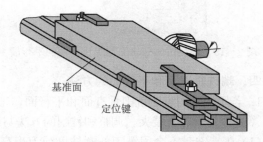

基准面

定位键

图 2-20　在卧式铣床上端铣以侧面为基准面的平行面

◎ 工艺过程

1. 圆柱形铣刀的选择及安装

根据图 2-1 所示下料图及图 2-10 所示加工工序图的要求，由于工件的宽度为 55 mm，各方向尺寸余量（双面）为 5 mm，加工余量不大。根据加工余量来选择铣刀并进行安装，见表 2-2。

表 2-2　　　　　　　　　　　　圆柱形铣刀的选择与安装

项目	图示及说明
圆柱形铣刀的选择	选择圆柱形铣刀的宽度 L 应大于加工平面的宽度 B。否则，需通过接刀铣削，对表面粗糙度影响较大 圆柱形铣刀的直径 D 主要根据铣削宽度（a_e）选择，具体数值可见下表： 表格： a_e/mm ： <5 ， 5~8 ， 8~10 D/mm ： 60~80 ， 80~100 ， 100~125 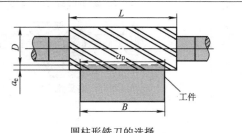 圆柱形铣刀的选择
圆柱形铣刀的选择	圆柱形铣刀可分为粗齿和细齿，粗铣时用粗齿铣刀，精铣时用细齿铣刀 由于本任务中的加工余量较小，为减小工件的表面粗糙度值，应选用细齿圆柱形铣刀。现选取 63 mm×63 mm×27 mm 的高速钢细齿（10 齿）圆柱形铣刀加工  粗齿　　　　细齿 粗齿和细齿圆柱形铣刀
圆柱形铣刀的安装	为了增加铣刀的刚度，在不影响加工的情况下，铣刀应尽量靠近主轴一端安装，刀杆支架应尽量靠近铣刀安装。若铣削的切削力大，切削的工件强度高或切削面较宽，应在铣刀和铣刀杆之间安装定位键，防止铣刀在铣削中产生松动 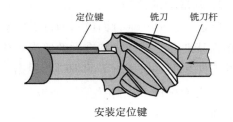 定位键　铣刀　铣刀杆 安装定位键
圆柱形铣刀的安装	圆柱形铣刀有右旋和左旋两种。将铣刀轴线直立放置观察刀齿，若铣刀刀齿从左下向右上偏转，称为右旋铣刀；若铣刀刀齿从右下向左上偏转，则称为左旋铣刀  右旋　　　　左旋 右旋和左旋圆柱形铣刀

项目	图示及说明
圆柱形铣刀的安装	圆柱形铣刀在安装时有正、反装之分，无论铣刀旋向如何，安装后主轴的旋转方向应保证铣刀刀齿在切入工件时前面朝向工件方向正常切削。为了使铣刀切削时产生的轴向分力指向主轴，装刀时从刀杆支架一端观察，使用右旋铣刀时，应使铣刀按顺时针旋转方向切削；使用左旋铣刀时，使铣刀按逆时针旋转方向切削为正装。反之，则为反装。为使铣削更加平稳，轴向铣削分力应指向主轴，现应将铣刀正装 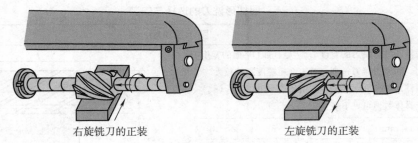 右旋铣刀的正装　　　　　左旋铣刀的正装 圆柱形铣刀的正装

2. 铣削用量的选择

现以 $v_c = 20\ \text{m/min}$，$f_z = 0.1\ \text{mm/z}$ 进行铣削，则主轴转速为：

$$n = \frac{1\ 000v_c}{\pi D} \approx \frac{1\ 000 \times 20}{3.14 \times 63}\ \text{r/min} \approx 101\ \text{r/min}$$

根据铣床标牌，选用 $n = 95\ \text{r/min}$。进给速度为：

$$v_f = f_z \cdot z \cdot n \approx 0.1 \times 10 \times 95\ \text{mm/min} = 95\ \text{mm/min}$$

故实际在 X6132 型铣床上采用主轴转速 95 r/min、进给速度 95 mm/min 进行铣削。

3. 基准面的铣削

所谓平行面、垂直面或斜面都是相对于基准面而言的，所以首先应确定并铣削出一个平面作为基准面。根据对基准面的要求，该平面应选择一个较大的平面为宜。由于本任务所加工的工件是上一任务所下的板料。根据 02—L1 下料的情况考虑，选择 55 mm×130 mm 两个锻轧表面中的一个作为第一个被加工的表面——第一基准面。

考虑到锯切面的形状、位置精度较低，而待铣的表面为热轧表面——余量小、不够平整，故在平口钳上装夹时选择毛坯件上一个较长的锯切面（130 mm×25 mm）为粗基准，将其靠在固定钳口面上。最好在钳口与工件之间垫上铜皮，以便于做微量调整及不致损伤钳口。用划线盘校正毛坯上平面位置，使上平面与划针尖间的间隙各处基本保持一致后夹紧工件（见图 2-21）。校正时工件不宜夹得太紧。

按图 2-22 所示步骤进行对刀。铣刀轻轻擦到工件

图 2-21　用划线盘校正

上平面后即纵向退出，将工作台上升0.5～1 mm，保证铣后平面内无黑皮即可，尽可能将余量留给对面。采用逆铣的方式机动进给进行铣削，铣出该平面。

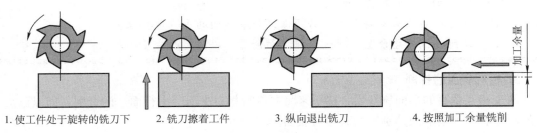

1. 使工件处于旋转的铣刀下　2. 铣刀擦着工件　3. 纵向退出铣刀　4. 按照加工余量铣削

图 2-22　对刀步骤

加工完毕先退出工件，再停车；检测所加工平面的平面度（见图 2-23），合格后卸下工件，锉修毛刺。

图 2-23　平面度的检测

擦净该表面，准备以该平面为基准面加工与其垂直的相邻表面。

操作提示

铣削第一基准面时，在保证平面度和表面粗糙度的前提下，应注意余量的合理分配，以确保在铣削对面时有足够的余量。另外铣削时还应注意以下几点。

1. 用平口钳装夹工件后，取下平口钳扳手方能进行铣削。

2. 铣削时应紧固不使用的进给机构，工作完毕再松开。

3. 铣削中不准用手触摸工件和铣刀，不准测量工件，不准变换主轴转速。

4. 铣削中不准随意停止铣刀旋转和机动进给，以免损坏刀具、啃伤工件。若必须停止时，应先降落工作台，使铣刀与工件脱离接触后方可停止操作。

5. 每铣削完一个平面都要将毛刺锉去，而且不能伤及工件的已加工表面。

6. 铣削相对的平行平面时，应注意余量的分配和严格控制工件最终尺寸。

4. 铣削相邻表面

长方体的相邻表面间是相互垂直的，现以铣好的第一基准面为基准来铣削相邻130 mm×25 mm 锯切面，即铣削垂直面。由于工件长度 130 mm 远大于铣刀宽度，故工件在平口钳中装夹时钳口应与工作台纵向进给方向平行（见图 2-12b），装夹时应严格按照铣削垂直面时的具体装夹方法操作。铣出的垂直面作为第二基准面。

铣削该表面时应注意以下两点：

1. 除满足平面的基本要求外，必须保证与基准面的垂直度要求。

2. 加工前要根据总余量合理地分配单面余量，以防对面余量不足。

5. 相对表面的铣削

两个相互垂直的平面铣好后，接下来将要进行相对平面（平行面）的铣削，即以已加工好的两个表面为基准面分别铣削其相对表面。

在铣削平行面时，应注意所铣的平面不但要与基准面平行，还要与相邻（固定钳口一侧）的平面垂直，同时要保证两平行平面之间的尺寸精度，即（50±0.06）mm、（22±0.05）mm。

完成铣削后，应对精度和平行度进行检验。检验时用千分尺或游标卡尺测量工件的四角和中部，检查尺寸是否在图样所规定的尺寸范围内，计算各处尺寸的差值，其最大差值就是两平面间的平行度误差值。另外，也可在检验平台上利用百分表在工件四角及中部的读数差值来检测两平面间的平行度（见图2-24）。

图2-24 平行度检测

6. 铣削两端平面

两端面在铣削时必须保证与四个已铣好平面相互垂直、两端平面之间相互平行，且保证尺寸（125±0.10）mm。

铣削时应先将平口钳的固定钳口与纵向进给方向垂直安装，以第一基准面（130 mm×50 mm）为基准靠向固定钳口，并用直角尺校正工件的侧面（第二基准面）与平口钳的钳体导轨面垂直（见图2-25），再进行铣削。

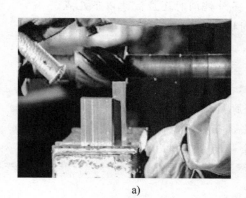

a)

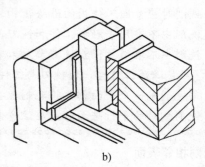

b)

图2-25 铣削两端平面的装夹

铣完第一个端平面（即第三基准面）后，将铣好的一端掉头朝下置于平口钳的钳体导轨面上，原靠向固定钳口的第一基准面仍靠向固定钳口，夹紧工件，按铣削平行面的方法铣出另一端平面，并保证两端平面间的尺寸（125±0.10）mm。

周铣时影响平面质量的因素

1. 影响平面度的因素

周铣平面时，平面度的影响因素主要是铣刀的圆柱度。

周铣平面时，铣刀的回转轴线与工件被加工表面相平行，铣刀的圆柱度误差大将导致加工平面平面度误差大。如图 2 - 26a 所示，铣刀呈鼓形，铣出凹形平面；如图 2 - 26b 所示，铣刀呈腰形，铣出凸形平面。所以在精铣平面时，必须保证铣刀有较高的形状精度，也就是说铣刀的圆柱度误差要小。

2. 影响表面粗糙度的因素

周铣平面时，表面粗糙度值的大小主要取决于铣刀的每齿进给量。

由于圆柱形铣刀是由若干个切削刃组成的，因此铣出的平面上会有微小的波纹，且铣刀旋转时会产生跳动，每转一转为一周期，产生一个较大的波纹。所以要使被加工表面获得较小的表面粗糙度值，就要取较小的每转进给量，即工件的进给速度应慢一些，而铣刀的旋转速度应适当快一些。

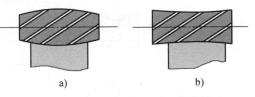

a)   b)

图 2 - 26　铣刀圆柱度对平面度的影响

◎ 作业测评

完成铣削操作后，填写表 2 - 3，对自己的作业进行测评。

表 2 - 3　　　　　　　　　铣削长方体工件作业评分表

测评内容	加工准备			尺寸精度			几何精度			表面粗糙度	总分
	拟定加工步骤	工具清单	安装校正	125 mm	50 mm	22 mm	各面平面度	各相邻面间垂直度	各相对面间平行度	每合格一面得2分	
测评标准	6分	6分	6分	10分	10分	10分	10分	18分	12分	12分	100分
得分											总得分
图号	02—L2	说明：操作中有不文明生产行为，酌情扣5～10分									

§2-3 斜面的铣削

◎ **工作任务——铣压板上的斜面**

1. 了解斜面的技术要求。
2. 掌握斜面铣削的工艺方法和加工步骤。

本任务要求完成图2-27所示压板斜面的铣削。

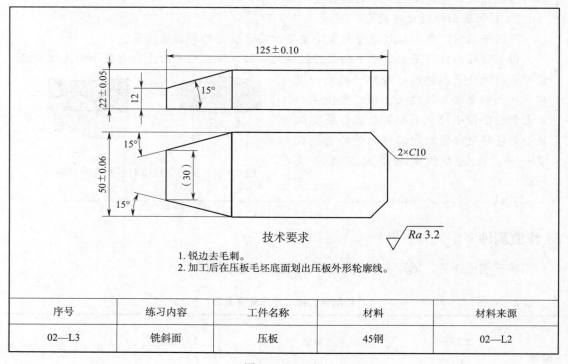

技术要求

1. 锐边去毛刺。
2. 加工后在压板毛坯底面划出压板外形轮廓线。

序号	练习内容	工件名称	材料	材料来源
02—L3	铣斜面	压板	45钢	02—L2

图2-27 压板

◎ 工艺分析

常用铣削斜面的方法有倾斜工件铣斜面、倾斜铣刀铣斜面和用角度铣刀铣斜面等。若在卧式铣床上用圆柱形铣刀铣斜面，一般只能按划线倾斜工件铣斜面。而在立式铣床上铣削时，调整和装夹的方法较多。

图2-27中的几个斜面是为实现压板的使用功能而设计的连接面。铣削斜面，必须使工件的被加工表面与其基准面以及铣刀之间满足两个条件：一是工件的斜面平行于铣削时工作台的进给方向；二是工件的斜面与铣刀的切削位置相吻合，即采用周铣时斜面与铣刀旋转表面相切，采用端铣时斜面与铣刀端面相重合（见图2-28）。

该压板铣削的工艺过程如下：

1. 按图划线。
2. 按划线装夹工件，铣压板前端三个 15°斜面。
3. 用扳转主轴法铣削两个 $C10$ 斜面。

a)

b)

c)

图 2-28　铣斜面
a）卧式铣床周铣斜面　b）立式铣床周铣斜面　c）立式铣床端铣斜面

◎ 相关工艺知识

一、倾斜工件铣削斜面

将工件倾斜成所需要的角度安装铣斜面，适合于在主轴不能扳转角度的铣床上铣斜面。常用的方法有：

1. 按划线装夹工件铣削斜面

生产中经常采用按划线装夹工件铣削斜面的方法。先在工件上划出斜面的加工线，然后在平口钳上装夹工件，用划线盘校正工件上的加工线与工作台面平行，将工件夹紧后即可对工件进行斜面铣削，如图 2-29 所示。

此法操作简单，仅适合于加工精度要求不高的单件小型工件。

2. 采用倾斜垫铁铣削斜面

倾斜垫铁的宽度应小于工件宽度，垫铁斜面的斜度应与工件相同。将倾斜垫铁垫在平口钳钳体导轨面上，再装夹工件，如图 2-30 所示。

采用倾斜垫铁可以一次完成对工件的校正和夹紧。在铣削一批工件时，铣刀的高度位置不需要因工件的更换而重新调整。故可以大大提高批量工件的生产效率。

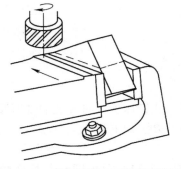

图 2-29　按划线装夹工件铣削斜面

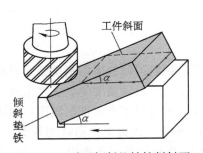

图 2-30　采用倾斜垫铁铣削斜面

3. 利用靠铁铣削斜面

外形尺寸较大的工件，在工作台上用压板进行装夹。应先在工作台面上安装一块倾斜的靠铁，用百分表校正其斜度，使其斜度符合规定要求；然后将工件的基准面靠向靠铁的定位表面，再用压板将工件压紧后进行铣削，如图 2-31 所示。

4. 偏转平口钳钳体铣削斜面

松开回转型平口钳钳体的紧固螺钉，将钳身上的零线相对底座上的刻线扳转一个角度，使其斜度符合规定要求；然后将钳体固定，装夹工件进行斜面的铣削，如图 2-32 所示。

图 2-31　利用靠铁铣削斜面

图 2-32　偏转平口钳钳体铣削斜面

5. 垫不等高垫铁铣削斜度很小的斜面

倾斜程度较小的斜面一般用斜度表示。如图 2-33 所示，在 20 mm 长度上，倾斜面两端到基准面的距离相差 1 mm，用"$\angle 1:20$"表示。斜度的符号 $\angle$ 或 $\searcher$ 的下横线与基准面平行，上斜线的倾斜方向与斜面的倾斜方向一致，不能画反。在铣削这种斜度很小的斜面时，可采用按斜度计算出相应长度间的高度差 δ，然后在相应长度间反向垫不等高垫铁的方法来加工。

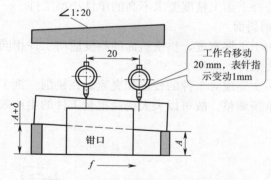

工作台移动 20 mm，表针指示变动1mm

图 2-33　垫不等高垫铁铣削斜面

二、把铣刀倾斜所需角度铣削斜面

在主轴可扳转角度的立式铣床或安装了万能立铣头的卧式铣床上，将安装的铣刀倾斜一个角度，就可以按要求铣削斜面，如图 2-34 所示。常用的方法如下。

1. 采用立铣刀周边刃铣削斜面

（1）当标注角度 θ 为锐角，基准面与工作台面垂直时，主轴所扳角度 α 与标注角度相同，如图 2-35 所示。

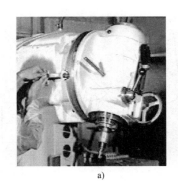

a) b)

图 2-34 倾斜主轴铣斜面

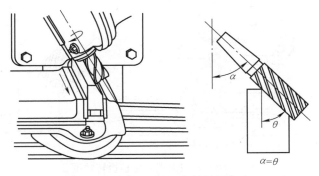

图 2-35 采用立铣刀主轴扳转角度 1

(2) 当标注角度 θ 为锐角，基准面与工作台面平行时，主轴所扳角度 α 为标注角度的余角，$\alpha = 90° - \theta$，如图 2-36 所示。

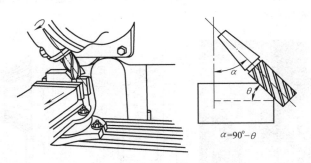

图 2-36 采用立铣刀主轴扳转角度 2

2. 采用面铣刀端面刃铣削斜面

(1) 当标注角度 θ 为锐角，基准面与工作台面平行时，主轴所扳角度 α 与标注角度相同，如图 2-37 所示。

(2) 当标注角度 θ 为锐角，基准面与工作台面垂直时，主轴所扳角度 α 为标注角度的余角，$\alpha = 90° - \theta$，如图 2-38 所示。

三、用角度铣刀铣削斜面

对于批量生产的窄长斜面工件，比较适合使用角度铣刀进行铣削，如图 2-39 所示。根据工件斜面的角度选择相应角度的角度铣刀，并注意角度铣刀切削刃的长度要大于工件斜面

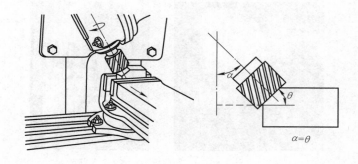

图 2 - 37　采用面铣刀主轴扳转角度 1

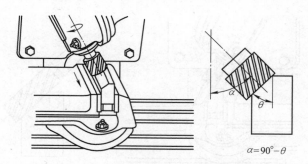

图 2 - 38　采用面铣刀主轴扳转角度 2

的宽度。铣双斜面时，可选用一对规格相同、刀齿刃口相反的角度铣刀，将两把铣刀的刀齿错开半齿，可以有效地减小铣削力和振动。由于角度铣刀的刀齿强度较弱，刀齿排列较密，铣削时排屑较困难，所以使用角度铣刀铣削时采用的铣削用量应比周铣低 20% 左右，并在铣削过程中施以充足的切削液。

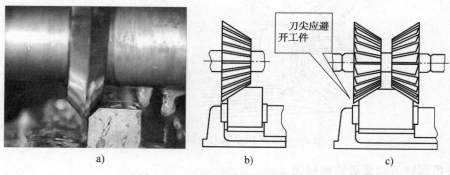

图 2 - 39　采用角度铣刀铣削斜面

◎ 工艺过程

1. 根据图 2 - 27 所示工件的底面与侧面划出斜面的位置线，并冲眼。

2. 在平口钳上装夹工件两侧面，以侧面划线校正，用与上一任务相同的圆柱形铣刀及铣削用量，分粗、精铣先铣出前端与底面成 15° 的斜面，并注意保证尺寸 12 mm。

3. 将工件底面紧贴固定钳口，以底面划线校正装夹，以同样的方法分别铣出前端两侧

15°的斜面，并保证尺寸 30 mm。

4. 在 X5032 型铣床上进行铣削，将平口钳固定钳口与工作台纵向进给方向校正平行，选用 $\phi 22$ mm 锥柄立铣刀（3 齿），将立铣头倾斜 45°，采用横向进给铣削后端 $2 \times C10$ 两处斜面。现以 $v_c = 20$ m/min，$f_z = 0.1$ mm/z 进行铣削，则主轴转速为：

$$n = \frac{1\,000 v_c}{\pi D} \approx \frac{1\,000 \times 20}{3.14 \times 22} \text{ r/min} \approx 290 \text{ r/min}$$

根据铣床标牌，选用 $n = 300$ r/min。进给速度为：

$$v_f = f_z \cdot z \cdot n \approx 0.1 \times 3 \times 300 \text{ mm/min} = 90 \text{ mm/min}$$

故实际在 X5032 型铣床上主轴转速和进给速度分别采用 $n = 300$ r/min，$v_f = 95$ mm/min。

5. 用游标万能角度尺检测各斜面角度是否正确。

操作提示

1. 合理安装平口钳；平口钳或主轴扳转角度时，应反复验证角度的大小和方向是否正确。

2. 铣削时工件的安装一定要牢固，以免加工中松动而影响加工精度或造成事故。

3. 铣削斜面时工件余量变化较大，应注意铣削用量的控制和调整。

◎ 作业测评

铣削完毕后，填写表 2-4，对自己的作业进行测评。

表 2-4   斜面铣削评分表

测评内容	五个斜面的角度	表面粗糙度	尺寸 12 mm、30 mm 及两处 C10	总分
测评标准	各 10 分，共 50 分	共 10 分	各 10 分，共 40 分	100 分
得分				总得分
图号	02—L3	说明：啃刀、夹伤每处扣 2 分；操作中有不文明生产行为，酌情扣 5～10 分		

课题三　台阶、沟槽和轴上键槽的铣削

§3-1　铣台阶键

◎ **工作任务——铣台阶键**

1. 掌握台阶键的铣削工艺方法和加工步骤。

2. 能正确选择、安装三面刃铣刀。

本任务要求完成图3-1所示台阶键的铣削。

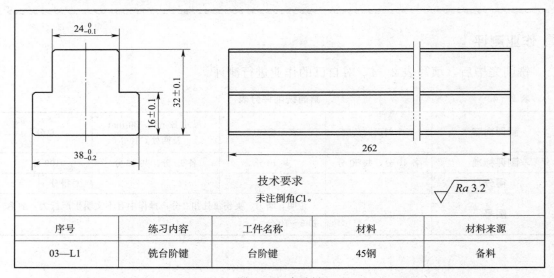

技术要求

未注倒角C1。

$\sqrt{Ra\,3.2}$

序号	练习内容	工件名称	材料	材料来源
03—L1	铣台阶键	台阶键	45钢	备料

图3-1　台阶键

◎ **工艺分析**

图3-1所示台阶键主要由几个相互垂直和平行的平面组成。这些平面除了具有较好的平面度和较小的表面粗糙度值以外，由于台阶键通常要与T形槽相配合，因此必须具有较高的尺寸精度和位置精度。其中构成台阶的两个连接平面必须通过混合铣的方式来加工完成，因此比单一的平面铣削更为复杂。在卧式铣床上铣台阶通常采用三面刃铣刀，在立式铣床上则可用面铣刀或立铣刀，如图3-2所示。

台阶键铣削的工艺步骤如下：

1. 按图样要求修铣长方体坯料外形至尺寸。

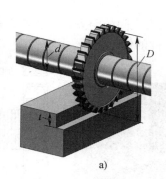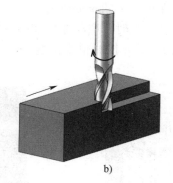

a)   b)

图 3-2   铣台阶

a) 用三面刃铣刀铣削   b) 用立铣刀铣削

2. 确定台阶键铣削方案，选择和安装铣刀。

3. 安装与校正工件。

4. 选择铣削用量，对刀、调整，铣削台阶面。

5. 铣倒角 C1。

6. 进行检测。

◎ 相关工艺知识

一、三面刃铣刀

在卧式铣床上铣台阶通常采用三面刃铣刀。三面刃铣刀有直齿三面刃和错齿三面刃等类型（见表 1-7）。直齿三面刃铣刀的圆柱面切削刃与铣刀轴线平行，铣削时振动较大；错齿三面刃铣刀的圆柱面切削刃相对铣刀轴线向两个相反的方向倾斜，具有铣削平稳的优点。大直径的错齿三面刃铣刀多为镶齿式结构，当某一刀齿损坏或用钝时可随时对刀齿进行更换。

二、台阶的铣削方法

1. 用三面刃铣刀铣台阶

在铣削时，三面刃铣刀的圆柱面切削刃起主要的铣削作用，两侧面切削刃起着修光的作用。由于三面刃铣刀的直径、刀齿和容屑槽都比较大，因此刀齿的强度大，冷却和排屑效果好，生产效率高，故在铣削宽度不太大（受三面刃铣刀规格限制，一般刀齿宽度 $B<$ 25 mm）的台阶时，基本上都采用三面刃铣刀铣削。

2. 用面铣刀铣台阶

宽而浅的台阶工件，常用面铣刀在立式铣床上进行加工。面铣刀刀杆刚度大，切削平稳，加工质量好，生产效率高。面铣刀的直径 D 按台阶宽度尺寸 B 选取：$D \approx 1.5B$（见图 3-3）。

3. 用立铣刀铣台阶

窄而深的台阶工件，常用立铣刀在立式铣床上加工。由于立铣刀的刚度较差，铣削时铣刀容易产生"让刀"现象，甚至折断。为此，一般采取分层次粗铣，最后将台阶的宽度和深度一次精铣至要求。在条件许可的情况下，应选用直径较大的立铣刀铣台阶，以提高铣削效率。

4. 用组合铣刀铣台阶

成批生产双面台阶键时，常将两把铣刀组合起来铣削。这不仅可以提高生产效率，而且操作简单，并能保证加工的质量要求。

用组合铣刀铣台阶时，应注意仔细调整两把铣刀之间的距离，使其符合台阶凸台宽度尺寸的要求（见图3-4），同时也要调整好铣刀与工件的铣削位置。

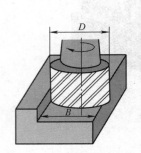

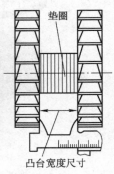

图3-3　用面铣刀铣台阶　　　　　　　　图3-4　用组合铣刀铣台阶

选择铣刀时，两把铣刀必须规格一致，直径相同。必要时将两把铣刀一起装夹，同时在磨床上刃磨其外圆柱面上的切削刃。

两把铣刀内侧切削刃间的距离，由多个铣刀杆垫圈进行间隔调整。通过换装不同厚度的垫圈，使其符合台阶凸台宽度尺寸的铣削要求。在正式铣削之前，应使用废料进行试铣削，以保证组合铣刀符合工件的加工要求。装刀时，两把铣刀应错开半个刀齿，以减轻铣削中的振动。

三、工件的装夹方法

铣台阶键时通常采用平口钳来装夹工件，若在卧式铣床上用三面刃铣刀铣削，应检查并校正平口钳固定钳口面与铣床主轴轴线垂直，同时要与工作台纵向进给方向平行（工作台"零位"要准确），否则就会影响铣出台阶的加工质量。若在立式铣床上用面铣刀、立铣刀或键槽铣刀铣削台阶，装夹工件时，可将固定钳口面校正成与工作台进给方向平行或垂直（见图3-5）；铣削倾斜的台阶时，则按其倾斜角度校正固定钳口面与工作台进给方向倾斜。

装夹工件时，应使工件的侧面（基准面）靠向固定钳口面，工件的底面靠向钳体导轨面，并将铣削的台阶底面略高出钳口上平面（见图3-6），以免钳口被铣伤。

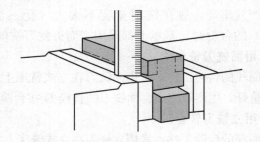

图3-5　固定钳口面的校正　　　　　图3-6　用钢直尺检查工件的装夹高度

四、三面刃铣刀的选择

使用三面刃铣刀铣削台阶时，铣刀的选择主要是确定铣刀的宽度 L 及其直径 D，并尽量选用错齿三面刃铣刀。铣刀宽度 L 应大于工件的台阶宽度 B，即 $L > B$。为保证在铣削中台阶的上平面能在垫圈直径为 d 的铣刀杆下通过（见图 3-7），三面刃铣刀直径 D 应根据台阶高度 t 来确定：

$$D > d + 2t$$

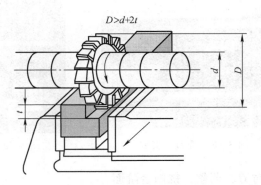

图 3-7　用三面刃铣刀铣台阶

◎ 工艺过程

1. 精铣长方体

按图样要求，将长方体坯料外形精铣至尺寸 38 mm×32 mm×262 mm，确保尺寸（32±0.1）mm、$38_{-0.2}^{0}$ mm 及相邻表面间的垂直度要求，基本方法参见 §2-2 长方体工件的铣削。

2. 确定铣削方案，选择和安装铣刀

根据图 3-1 所示零件图尺寸可知台阶宽 7 mm、高 16 mm，属于宽度较小的台阶，因此采用三面刃铣刀进行铣削。按照 $D > d + 2t$ 及 $L > B$ 要求，可选取 100 mm×10 mm×32 mm（20 齿）的三面刃铣刀（刀杆垫圈直径 $d = 47$ mm）。

铣刀安装在铣刀杆上的位置应保证工作台横向有足够的调整距离。为防止铣刀松动，可在铣刀与铣刀杆间安装平键，如图 3-8 所示。

3. 工件的装夹与校正

先将平口钳的固定钳口校正成与工作台纵向进给方向平行；在平口钳导轨上垫一块宽度小于 38 mm（工件宽度）的平行垫铁，使工件底面与垫铁接触后高出钳口 17 mm 左右。将工件的侧面（基准面）靠向固定钳口，底面紧贴垫铁以保证与工作台面平行。工件装夹时在两侧钳口铁上垫铜皮，以防夹伤工件两侧面（见图 3-9）。

操作提示

1. 铣刀安装后，要认真检测铣刀的径向圆跳动和轴向圆跳动，跳动量不应超过 0.03 mm。

2. 铣削之前，必须严格检测、校正铣床"零位"，以及夹具定位基准与工作台进给方向的垂直度或平行度。

3. 应合理选用铣削用量和切削液。

4. 为避免工作台产生窜动现象，铣削时应紧固不使用的进给机构。

图3-8 铣刀的安装

图3-9 工件的装夹

4. 选择铣削用量，对刀、调整，铣削台阶面

（1）根据工件的质量要求，考虑到混合铣时侧面齿（端面齿）的铣削条件较差，现采用 $f_z = 0.03$ mm/z，$v_c = 30$ m/min，则：

$$n \approx \frac{30 \times 1\,000}{3.14 \times 100} \text{ r/min} \approx 95.5 \text{ r/min}$$

根据铣床标牌，选用 $n = 95$ r/min。

$$v_f = 0.03 \times 20 \times 95 \text{ mm/min} = 57 \text{ mm/min}$$

故实际主轴转速取 95 r/min，进给速度取 60 mm/min。

（2）铣削时对刀调整的方法步骤如下（见图3-10）。

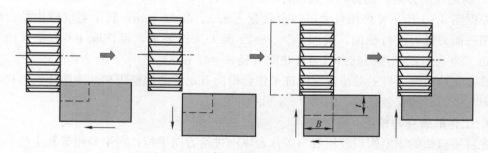

图3-10 对刀调整的方法步骤

1）让旋转的铣刀侧刃轻轻擦着工件侧面，垂直降下工件。

2）按台阶宽度 B（7 mm）横向移动工作台，并将工作台横向锁紧。

3）让旋转的铣刀圆周刃擦着工件上表面进行正面对刀，纵向退出工件，并上升一个台阶深度 t（16 mm）。

（3）铣刀位置的调整如图3-11所示。纵向进给铣出一侧台阶，保证规定的尺寸要求。然后纵向退刀，将工作台横向移动距离 A，紧固横向进给，再铣出另一侧台阶。工作台横移距离 A 由铣刀宽度 B 以及凸台宽度尺寸 C 确定：

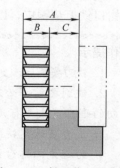

图3-11 铣刀位置的调整

$$A = B + C = 10 \text{ mm} + 24 \text{ mm} = 34 \text{ mm}$$

（4）由于该台阶键的两面台阶相互对称，因此也可在一侧台阶铣好后，将工件调转180°重新装夹，再铣其另一侧面。这样可使台阶的对称性较好，但凸台宽度尺寸 C 需由工件的宽度尺寸间接保证。

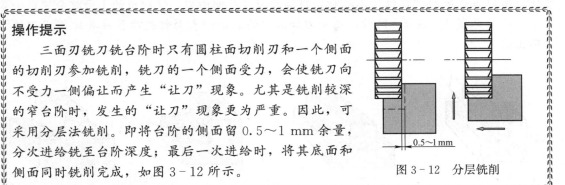

操作提示

三面刃铣刀铣台阶时只有圆柱面切削刃和一个侧面的切削刃参加铣削，铣刀的一个侧面受力，会使铣刀向不受力一侧偏让而产生"让刀"现象。尤其是铣削较深的窄台阶时，发生的"让刀"现象更为严重。因此，可采用分层法铣削。即将台阶的侧面留 $0.5\sim1$ mm余量，分次进给铣至台阶深度；最后一次进给时，将其底面和侧面同时铣削完成，如图 3-12 所示。

图 3-12 分层铣削

5. 各棱边倒角 C1

利用 45°单角铣刀铣出各处棱边的倒角 $C1$。

6. 进行检测

台阶的检测较为简单，其宽度和深度一般可用游标卡尺、游标深度卡尺或千分尺进行检测，如图 3-13a、b 所示。若台阶深度较浅不便使用千分尺检测时，可用极限量规检测，如图 3-13c 所示。

使用极限量规检测工件时，以其能进入通端而止于止端（即通端通，止端止）为原则，确定工件是否合格。

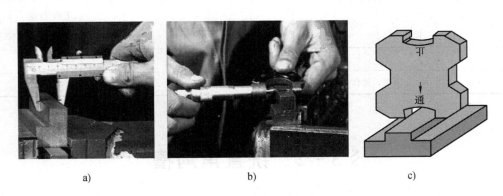

图 3-13 台阶凸台宽度的检测

a）用游标卡尺检测　b）用千分尺检测　c）用极限量规检测

操作提示

1. 铣削台阶键时若垫铁不平或装夹时工件、平口钳及垫铁没有擦拭干净，均会导致台阶平面与上、下平面不平行，台阶高度尺寸不一致，如图 3-14a 所示。

2. 若工件的定位基准（固定钳口）与铣床的进给方向不平行，则铣出的台阶两端宽窄不一致，如图 3-14b 所示。

3. 铣削台阶键时，无论是用三面刃铣刀还是用立铣刀或面铣刀铣削，都是混合铣，所以当铣床的"零位"不准时，用端面刃（或侧面刃）铣削出的平面就会变成一个凹面（见图 3-14c）；同时，端面刃加工出的表面的表面粗糙度往往要比圆周刃铣削出的差。

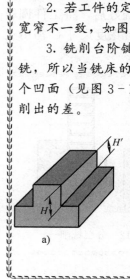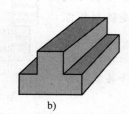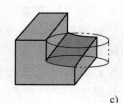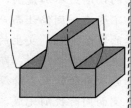

图 3-14 铣削误差

◎ **作业测评**

完成图 3-1 所示台阶键的铣削操作后，填写表 3-1，对自己的作业进行测评。

表 3-1   台阶键作业评分表

测评内容	铣刀安装		工件安装			走刀			尺寸		备 注
	正确	有松动	合理	欠合理	松动	平稳	欠平稳	有啃刀	合格	超差	总分为 10 分，加工时若铣刀折损，则总得分记为零分
测评标准	2分	0分	3分	0分	—2分	2分	1分	0分	3分	0分	
得分									总得分		
图号	03—L1		说明：操作中有不文明生产行为，酌情扣 1~2 分								

§3-2 铣直角沟槽

◎ **工作任务——铣压板上的直角沟槽**

1. 了解直角沟槽的分类。

2. 掌握铣削直角沟槽的工艺方法和加工步骤。

3. 掌握直角沟槽的检测方法。

本任务要求完成图 3-15 所示压板上直角沟槽的铣削。

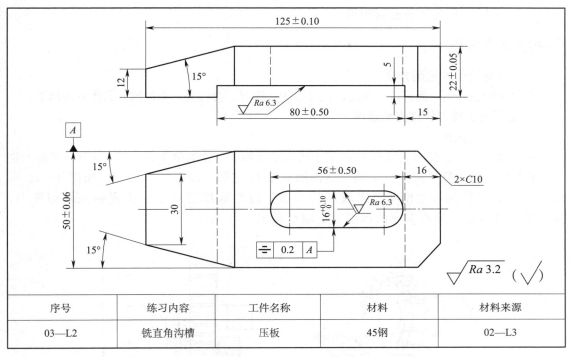

图 3-15　压板

序号	练习内容	工件名称	材料	材料来源
03—L2	铣直角沟槽	压板	45钢	02—L3

◎ 工艺分析

通常直角沟槽有通槽、半通槽（也称半封闭槽）和封闭槽三种形式，如图 3-16 所示。

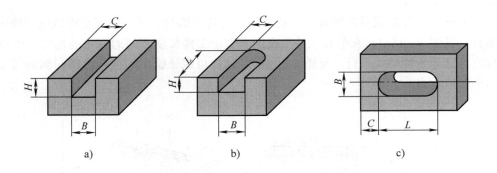

图 3-16　直角沟槽的种类
a) 通槽　b) 半通槽　c) 封闭槽

图 3-15 所示压板上有两个直角沟槽。一个是压板下方深 5 mm 的通槽。另一个是位于压板中间，用来通过螺栓的 56 mm 的封闭槽，该封闭槽尺寸精度和对称度有较高的要求，是加工中的重点和难点。加工压板直角沟槽的工艺步骤如下：

1. 分析、选择适当的铣削方案。

2. 铣削 80 mm×5 mm 通槽。

3. 铣削 56 mm×16 mm 封闭槽。

◎ 相关工艺知识

一、直角通槽的铣削方法

直角通槽主要用三面刃铣刀铣削，也可以用立铣刀、合成铣刀来铣削。具体方法如下：

1. 用三面刃铣刀铣削直角通槽

（1）铣刀的选择

所选择的三面刃铣刀的宽度 L 应等于或小于所加工工件的槽宽 B，即 $L \leqslant B$；三面刃铣刀的直径应大于刀杆垫圈直径 d 与 2 倍沟槽深度 H 之和，即 $D > d + 2H$，如图 3-17 所示。对于槽宽 B 的尺寸精度要求较高的沟槽，通常选择宽度小于槽宽的三面刃铣刀，采用扩刀铣削法，分两次或两次以上铣削至要求。

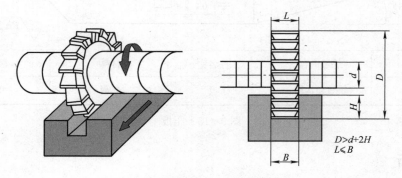

图 3-17 铣刀的选择

（2）工件的装夹

一般情况下工件采用平口钳装夹。铣窄长的直角通槽时，平口钳固定钳口应与铣床主轴轴线垂直（见图 3-18a）；在窄长工件上铣削垂直于工件长度方向的直角通槽时，平口钳固定钳口应与铣床主轴轴线平行（见图 3-18b），这样可保证铣出的直角通槽两侧面与工件的基准面平行或垂直。

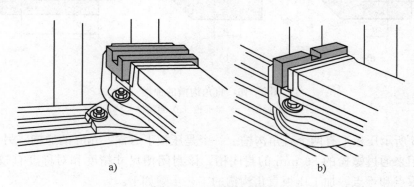

图 3-18 工件的装夹
a）固定钳口与主轴轴线垂直　b）固定钳口与主轴轴线平行

（3）对刀方法

平行于侧面的直角通槽工件，在装夹校正之后，对刀的方法与铣削台阶时的对刀方法基本相同。将回转的三面刃铣刀的侧面切削刃轻擦工件侧面后，垂直降下工作台，使工作台横向移动一个等于铣刀宽度 L 加槽侧面到工件侧面距离 C 的位移量 A（$A = L + C$），将横向进给紧固后，按槽的深度上升调整工作台，即可对工件进行铣削，如图 3-19 所示。

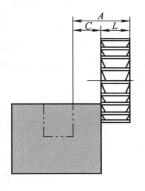

图 3-19 对刀方法

2. 用立铣刀及合成铣刀铣直角通槽

当直角通槽宽度大于 25 mm 时，一般采用立铣刀用扩刀铣削法进行加工（见图 3-20），或采用合成铣刀铣削，工件装夹与对刀的方法与用三面刃铣刀基本相同。

合成铣刀是由两半部镶合而成的。当铣刀刀齿因刃磨后宽度变窄时，在其中间加垫圈或垫片即可保证铣削宽度，如图 3-21 所示。合成铣刀的切削性能较好，生产效率也较高，但是这种铣刀的制造较复杂，所以限制了其广泛使用。

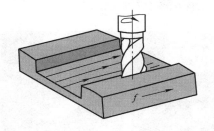

图 3-20 用立铣刀扩铣直角通槽

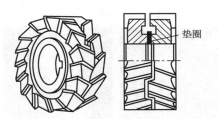

图 3-21 合成铣刀的构造

二、用立铣刀和键槽铣刀铣削半通槽和封闭槽

半通槽和封闭槽采用立铣刀或键槽铣刀进行铣削。

1. 半通槽的铣削

半通槽多采用立铣刀进行铣削，如图 3-22 所示。用立铣刀铣半通槽时，所选择的立铣刀直径应等于或小于槽的宽度。由于立铣刀的刚度较差，铣削时易产生"偏让"现象，甚至使铣刀折断。在铣削较深的槽时，可用分层铣削的方法，先粗铣至槽的深度尺寸，再扩铣至槽的宽度尺寸。扩铣时应尽量避免顺铣。

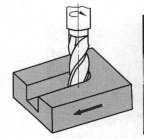

图 3-22 用立铣刀铣半通槽

2. 用立铣刀铣削封闭槽

用立铣刀铣削封闭槽时，由于立铣刀端面切削刃的中心部分有中心孔，不能垂直进给铣削工件。在加工封闭槽之前，应先在槽的一端预钻一个落刀孔（落刀孔的直径应略小于铣刀直径），并由此落刀孔落下铣刀进行铣削。在铣削较深的槽时，可用分层铣削的方法完成，待铣透后再扩铣至长度尺寸。用立铣刀铣削封闭槽的方法如图3-23所示，铣削过程如图3-24所示。

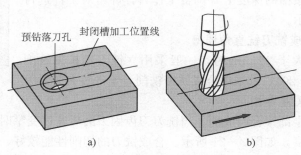

图3-23 用立铣刀铣削封闭槽
a）划加工位置线，预钻落刀孔 b）在落刀孔位置开始铣削

图3-24 用立铣刀铣削封闭槽的过程

3. 用键槽铣刀铣削封闭槽

由于键槽铣刀的整个端面切削刃能在垂直进给时铣削工件，因此用键槽铣刀铣削封闭槽时无须预钻落刀孔，即可直接落刀对工件进行铣削，故常用于加工高精度、较浅的半通槽和不穿通的封闭槽。由于在铣削时也易产生"偏让"现象，甚至使铣刀折断，因此在铣削较深的槽时可用分层铣削的方法完成。用键槽铣刀铣削封闭槽的过程如图3-25所示。

图3-25 用键槽铣刀铣削封闭槽的过程

盘形槽铣刀

盘形槽铣刀（简称槽铣刀，见图3-26），其切削刃分布在圆柱面上，在其刀齿两侧面没有切削刃。因此，槽铣刀的切削效果不如三面刃铣刀。其优点是：槽铣刀刀齿的背部做成铲齿形状，当刀齿需要刃磨时，只需刃磨其前面即可使用，刃磨后的刀齿形状和宽度都不会改变。这种铣刀适用于大批量加工直角沟槽。

图3-26 盘形槽铣刀

三、直角沟槽的检测

直角沟槽的长度、宽度和深度一般使用游标卡尺、游标深度卡尺检测。工件尺寸精度较高时，槽的宽度尺寸可用极限量规（塞规）检测。其对称度或平行度可用游标卡尺或杠杆百分表检测（见图3-27）。检测时，分别以工件两侧面为基准面靠在平板上，然后使百分表的测头触到工件的槽侧面上，平移工件检测，两次检测所得百分表的指示读数之差值，即为其对称度（或平行度）误差值。

图3-27 用杠杆百分表检测直角沟槽的对称度

◎ 工艺过程

1. 选择适当的铣削方案

由于图3-15所示工件上包含直角通槽和封闭槽两部分加工内容，因此选择在立式铣床上用立铣刀加工较为合理。因为立铣刀既可用来铣削直角通槽又可用来铣削封闭槽，这样可在一台铣床上完成全部加工内容。加工前，按工件尺寸要求在工件表面划出沟槽的加工位置线。

2. 铣削 80 mm×5 mm 直角通槽

工件采用平口钳装夹，平口钳固定钳口与主轴轴线垂直。选择直径为30 mm的立铣刀。利用侧面及顶面擦刀法对刀，将铣刀调整至要铣削的位置和深度（5 mm）。

调整切削用量 $n=235$ r/min，$v_f=60$ mm/min。

采用扩刀铣削法铣出 80 mm×5 mm 直角通槽。扩铣时，每次纵向扩移量通常取铣刀直

径的 $1/2 \sim 2/3$，以保证铣出的刀纹均匀美观，并确保槽宽尺寸（80 ± 0.50）mm。

3. 铣削 56 mm×16 mm 封闭槽

选用 $\phi 12 \sim \phi 14$ mm 麻花钻，在封闭槽圆弧中心处钻好落刀孔。然后换上 $\phi 16$ mm 立铣刀，调整好铣刀位置，锁紧横向进给，顺着落刀孔落下铣刀，采用手动进给完成铣削。卸下工件对其进行检测。

特别提示

1. 影响沟槽尺寸精度的因素

（1）铣刀尺寸选择不正确或扩铣时尺寸进给不准确。

（2）铣刀的径向圆跳动量及轴向圆跳动量过大，使槽宽尺寸增大。

2. 影响沟槽形状、位置精度的因素

（1）平口钳固定钳口未校正，工件及垫铁未擦拭干净，致使铣削出的沟槽歪斜（与侧面不平行或两端深浅不一致）。

（2）工作台"零位"不准，使用三面刃铣刀铣出的侧面成凹面，不平行。

（3）对刀不准确、扩铣时铣偏、测量不准等原因都可能使铣出的沟槽两侧面与工件中心不对称。

◎ 作业测评

完成图 3-15 所示工件的铣削，填写表 3-2，对自己的作业进行测评。

表 3-2 直角沟槽作业评分表

测评内容		测评标准	测评结果与得分	测评内容	测评标准	测评结果与得分
图号	03—L2					
加工准备	铣刀的安装、校正	10 分		（56 ± 0.50）mm	20 分	
	工件的安装、校正	10 分				
（80 ± 0.50）mm 及槽深 5 mm		20 分		▭ 0.2 A	10 分	
$16^{+0.10}_{0}$ mm		20 分		表面粗糙度	10 分	
说明：表面啃刀、夹伤每处扣 2 分；各项尺寸每超差 0.01 mm 扣 2 分；工时定额为 2 h，每超时 1 min 扣 1 分。操作中有不文明生产行为，酌情扣 5～10 分				总分	100 分	总得分

◎ 技能强化

铣削直角沟槽，是铣削加工中非常重要的一个加工内容，为此有必要加强这一技能的训练。请根据图 3-28 所示零件图，制定合理的加工方案，完成该零件的加工，并填写表 3-3，对自己的作业进行测评。

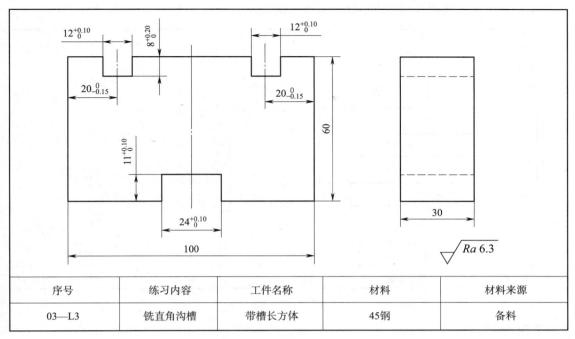

图 3-28 带槽长方体

序号	练习内容	工件名称	材料	材料来源
03—L3	铣直角沟槽	带槽长方体	45钢	备料

表 3-3   直角沟槽强化练习作业评分表

测评内容		测评标准	测评结果与得分	测评内容	测评标准	测评结果与得分
图号	03—L3			$20_{-0.15}^{0}$ mm（两处）	20分	
加工准备	铣刀的安装、校正	5分		$24_{0}^{+0.10}$ mm	10分	
	工件的安装、校正	5分		$11_{0}^{+0.10}$ mm	10分	
$12_{0}^{+0.10}$ mm（两处）		30分		表面粗糙度	10分	
$8_{0}^{+0.20}$ mm		10分		总分	100分	总得分

说明：表面啃刀、夹伤每处扣2分；各项尺寸每超差0.01 mm扣2分；表面粗糙度每超差一处扣2分；工时定额为2 h，每超过1 min扣1分。操作中有不文明生产行为，酌情扣5～10分。

§3-3   铣轴上键槽

◎ 工作任务——铣轴上键槽

1. 掌握轴类零件的装夹方法。
2. 掌握铣刀对中心的方法。
3. 掌握铣削轴上键槽的工艺方法和加工步骤。
4. 掌握轴上键槽的检测方法。

本任务要求完成图 3-29 所示轴上键槽的铣削。

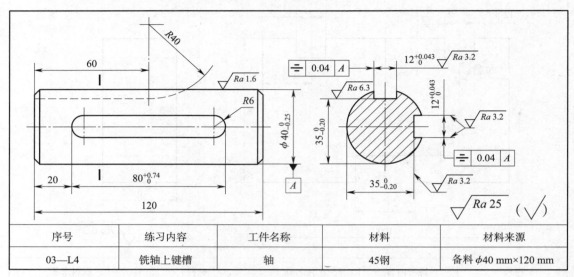

序号	练习内容	工件名称	材料	材料来源
03—L4	铣轴上键槽	轴	45钢	备料 φ40 mm×120 mm

图 3-29 轴

◎ **工艺分析**

键连接是通过键将轴与轴上零件（如齿轮、带轮、凸轮等）结合在一起，实现周向定位并传递转矩的连接。键连接中使用最普遍的是平键连接。在轴上安装平键的键槽是直角沟槽，其两侧面的表面粗糙度值较小，且有较高的宽度尺寸精度要求和对称度要求。轴上的键槽被称为轴槽，轴上零件上的键槽被称为轮毂槽。轴槽通常在铣床上加工。平键槽有通键槽、半通键槽和封闭键槽，如图 3-30 所示。通键槽大都用盘形槽铣刀铣削，封闭键槽多采用键槽铣刀铣削。图 3-29 所示轴上有一个半通键槽和一个封闭键槽，分别采用盘形槽铣刀和键槽铣刀铣削。

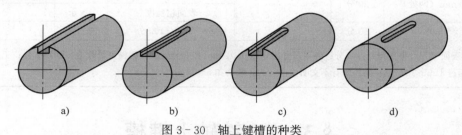

图 3-30 轴上键槽的种类
a）通键槽 b）半通键槽 c）尾端卧弧半通键槽 d）封闭键槽

其工艺过程如下：
1. 在立式铣床上用键槽铣刀铣削封闭键槽。
2. 在卧式铣床上用盘形槽铣刀铣削半通键槽。

◎ **相关工艺知识**

一、轴类工件的装夹方法

轴类工件的装夹，不但要保证工件在加工中稳定，还要保证工件的轴线位置不变，保证键槽的中心平面通过其轴线。具体方法如下。

1. 用平口钳装夹轴类工件

用平口钳装夹轴类工件如图3-31所示。此方法装夹简便、稳固，但当工件直径发生变化时，工件轴线在左右（水平位置）和上下方向都会产生移动，在采用定距切削时会影响键槽的深度尺寸和对称度。此法常用于单件生产。

若想成批地在平口钳上装夹工件铣键槽，必须是直径公差很小的、经过精加工的工件。

在平口钳上装夹工件铣键槽，需要校正钳体的定位基准，以保证工件轴线与工作台纵向进给方向平行，同时与工作台面平行。

2. 用V形架装夹轴类工件

把轴类工件置于V形架内，并用压板进行紧固的装夹方法，是铣削轴上键槽常用的、比较精确的装夹方法之一，如图3-32所示。

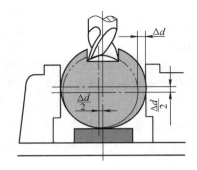

图3-31 用平口钳装夹轴类工件

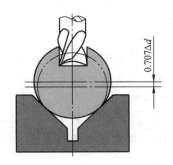

图3-32 用V形架装夹轴类工件

在V形架上，当一批工件的直径因加工误差而发生变化时，工件的轴线只能沿V形的角平分面上下移动变化。这样虽然会影响键槽的深度尺寸，但能保证其对称度不发生变化，且槽的深度变化量一般不会超过槽深的尺寸公差（为0.707Δd），因此适宜于大批量加工。

若要装夹的轴类工件较长时，可用两个成对制造的同规格V形架来装夹，如图3-33所示。安装V形架时可用定位键定位，如图3-34所示。

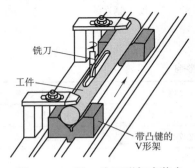

图3-33 用一对V形架来装夹

a)　　　　　　　　b)

图3-34 用定位键给V形架定位

3. 在工作台上直接装夹轴类工件

直径为20～60 mm的长轴工件，可将其直接放在工作台中间的T形槽上，用压板夹紧后铣削轴上的键槽，如图3-35所示。此时，T形槽槽口的倒角斜面起着V形槽的定位作用。因此，只要工件圆柱面与槽口倒角斜面相切即可。

铣长轴上的通键槽或半通键槽，其深度可一次铣成。铣削时，由工件端部先铣入一段长度后停机，将压板压在铣成的槽部，且在压板与工件之间垫上铜皮后夹紧。观察铣刀碰不着压板，再开机继续铣削。

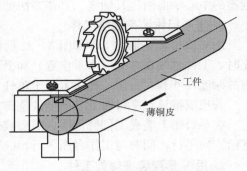

图 3 - 35　在工作台上直接装夹轴类工件

4. 用分度头定中心装夹轴类工件

这种装夹方法使工件轴线位置不受其直径变化的影响，因此铣出轴上键槽的对称性也不受工件直径变化的影响。使用之前，要用标准心轴校正上素线和侧素线，保证标准心轴的上素线与工作台面平行，侧素线与工作台纵向进给方向平行。

特别提示

装夹轴类工件夹具的校正

不论采用上述哪种方法装夹工件，都要保证工件的上素线与工作台面平行，侧素线与工作台纵向进给方向平行，否则铣出的键槽的底面和侧面就会与轴线倾斜，成为深度不一致的斜槽。

为此，可用标准的心轴装夹后，用百分表校正其上素线与工作台面平行（见图 3 - 36）、侧素线与工作台纵向进给方向平行（见图 3 - 37），对夹具的定位精度进行检测和校正。

图 3 - 36　校正上素线

图 3 - 37　校正侧素线

装夹方法对轴上键槽误差的影响见表 3 - 4。

表 3 - 4　　　　　　　　　　　　　　装夹方法对轴上键槽误差的影响

装夹方法	平口钳装夹	V 形架装夹	分度头定中心装夹
工件轴线位置	上下、左右变动	上下变动，左右不变	不变动
轴槽深度最大误差	Δd	$0.707\Delta d$	$0.5\Delta d$
轴槽对称度最大误差	Δd	0	0

二、铣刀位置的调整

为保证轴上键槽对称于工件轴线，必须调整好铣刀的铣削位置，使键槽铣刀的轴线或盘形槽铣刀的对称平面通过工件轴线（俗称铣刀对中心）。常用按切痕调整对中心、擦侧面调整（侧面擦刀法）对中心、测量法对中心和用杠杆百分表调整对中心四种方法。

1. 按切痕调整对中心

盘形槽铣刀按切痕对中心时，先让旋转的铣刀接近工件的上表面，通过横向进给，铣刀在工件表面铣出一个椭圆形的切痕；然后横向移动工作台，将铣刀宽度目测调整到椭圆的中心位置，即完成铣刀对中心，如图 3 - 38 所示。这种方法操作简便但准确性不高。

键槽铣刀按切痕调整对中心的原理和方法与盘形槽铣刀按切痕调整对中心相同，只是键槽铣刀铣出的切痕是一个矩形小平面，铣刀对中心时，将旋转的铣刀调整到小平面的中间位置即可，如图 3 - 39 所示。

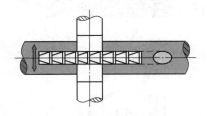

图 3 - 38　盘形槽铣刀按切痕调整对中心

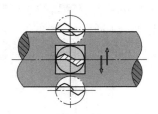

图 3 - 39　键槽铣刀按切痕调整对中心

2. 侧面擦刀法对中心

这种方法对中心的精度较高。调整时，先在直径为 D 的轴上贴一张厚度为 δ 的薄纸。将宽度为 L 的盘形槽铣刀（或直径为 d 的键槽铣刀）逐渐靠向工件，当回转的铣刀切削刃擦到薄纸后，垂直降下工作台，将工作台横向移动距离 A，即可实现对中心，如图 3 - 40 所示。

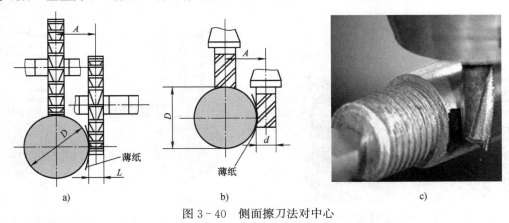

图 3 - 40　侧面擦刀法对中心

使用盘形槽铣刀时：$A = \dfrac{D+L}{2} + \delta$。使用键槽铣刀时：$A = \dfrac{D+d}{2} + \delta$。

3. 测量法对中心

工件利用平口钳装夹时，可在立式铣床主轴上先夹一根与铣刀直径相近的量棒，通过用游标卡尺测量棒与两侧钳口间的距离来进行调整，当两侧距离相等时，铣床主轴即位于工件的中心，如图 3 - 41 所示。卸下量棒，换上键槽铣刀即可进行铣削。

4. 用杠杆百分表调整对中心

这种方法对中心精度最高，适合于立式铣床上采用。调整时，将杠杆百分表固定在铣床主轴上，用手转动主轴，参照百分表的读数，可以精确地移动工作台，实现准确对中心，如图 3 - 42 所示。

三、轴上键槽的铣削方法

　　轴上键槽在铣削时，为避免铣削力使工件产生振动和弯曲，应在轴的切削位置的下面用千斤顶进行支承，如图3-43所示。为了进一步校核对中心是否准确，在铣刀开始切削到工件时不浇注切削液，手动进给缓慢移动工作台，若轴的一侧先出现台阶，则说明铣刀还未对准中心，应将工件出现台阶一侧向着铣刀做横向的微调，直至轴的两侧同时出现等高的小台阶（即铣刀对准中心）为止，如图3-44所示。

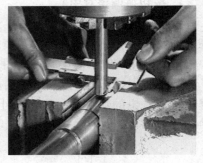

图3-41　测量法对中心

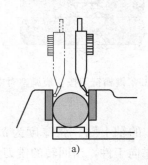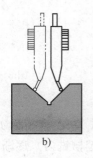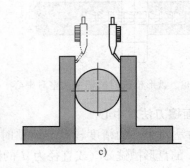

a)　　　　　　　　b)　　　　　　　　c)

图3-42　用杠杆百分表调整对中心

图3-43　用千斤顶支承铣削部位

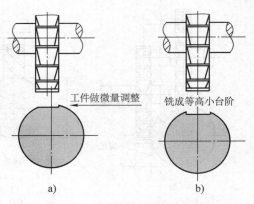

工件做微量调整　　　　铣成等高小台阶

a)　　　　　　　　b)

图3-44　工件铣削位置的调整

1. 用盘形槽铣刀铣削键槽

　　轴上键槽为通键槽或一端为圆弧形的半通键槽，一般采用三面刃铣刀或盘形槽铣刀进行铣削（见图3-45）。轴上键槽为封闭键槽或一端为直角的半通键槽，一般采用键槽铣刀进行铣削。使用盘形槽铣刀铣轴上键槽时，应按照键槽的宽度尺寸选择盘形槽铣刀的宽度，工件装夹完毕并调整铣刀对中心后进行铣削。当旋转的铣刀主切削刃与工件圆柱表面（上素线）接触时，纵向退出工件，按键槽深度将工作台上升，然后将横向进给机构锁紧，即可开始铣削键槽。

图3-45　用盘形槽铣刀铣键槽

2. 用键槽铣刀铣削键槽

用键槽铣刀铣削键槽时，有分层铣削法和扩刀铣削法两种铣削方法。

分层铣削法是指在每次进刀时，铣削深度 a_p 取 0.5～1.0 mm，手动进给由键槽的一端铣向另一端；然后吃深，重复铣削。铣削时应注意键槽两端要各留长度方向余量 0.2～0.5 mm。在逐次铣削达到键槽深度后，最后铣去两端的余量，使其符合长度要求，如图 3-46 所示。此法主要适用于键槽长度尺寸较短、生产数量不多的轴上键槽的铣削。

扩刀铣削法则是先用直径比槽宽尺寸略小的铣刀分层往复地粗铣至槽深，留余量 0.1～0.3 mm，槽长两端各留余量 0.2～0.5 mm，再用符合键槽宽度尺寸的键槽铣刀进行精铣，如图 3-47 所示。

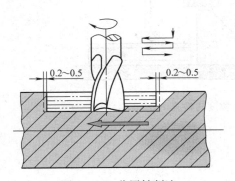 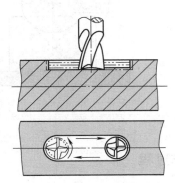

图 3-46　分层铣削法　　　　　　　　图 3-47　扩刀铣削法

四、轴上键槽的检测方法

键槽的检测内容主要包括键槽宽度、深度及两侧面相对轴线的对称度的检测。检测的具体方法如下。

1. 键槽宽度检测

键槽宽度可用游标卡尺测量或用塞规、塞块来检验。用塞规或塞块检验时，键槽以"通端通，止端止"为合格，如图 3-48 所示。

2. 键槽深度检测

键槽深度可用千分尺直接测量，如图 3-49a 所示。当槽宽较窄，千分尺无法直接测量时，可用量块配合游标卡尺或千分尺间接测量槽深，如图 3-49b 所示。

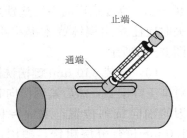

图 3-48　用塞规检测键槽宽度

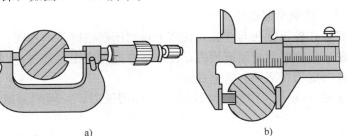

a)　　　　　　　　　　b)

图 3-49　键槽深度的检测

3. 键槽对称度检测

如图 3-50 所示，检测时先将一块厚度与键槽尺寸相同的平行塞块塞入键槽内，用百分表校正塞块的 A 平面与平板或工作台面平行并记下百分表读数；将工件转过 180°，再用百分表校正塞块的 B 平面与平板或工作台面平行并记下百分表读数。两次读数的差值，即为键槽的对称度误差。

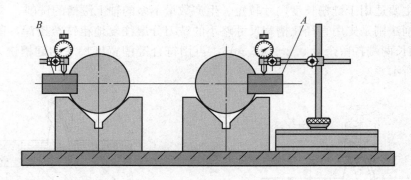

图 3-50　轴上键槽对称度的检测

◎ 工艺过程

1. 在立式铣床上铣削 12 mm×80 mm 封闭键槽

（1）安装平口钳，并将固定钳口校正成与工作台纵向进给方向一致。

（2）在平口钳的钳体导轨上放置一宽度小于 40 mm、高度适当的平行垫铁，校正并装夹工件。装夹时应注意用铜锤或木榔头将工件与垫铁敲实，如图 3-51 所示。

（3）安装 ϕ10 mm 键槽铣刀，用百分表调整铣刀对准工件中心，然后紧固横向工作台；再调整键槽铣刀的轴向铣削位置，取 $n=475$ r/min，$a_p=0.5\sim$ 1.0 mm 进行分层粗铣，槽深留余量 0.1～0.3 mm，槽长两端各留 0.2～0.5 mm 余量；换装 ϕ12 mm 键槽铣刀精铣键槽至尺寸。

图 3-51　在平口钳上装夹工件

（4）检测合格后，卸下工件。

2. 在卧式铣床上铣削半通键槽

（1）工件的安装和校正方法与在立式铣床上铣封闭键槽时基本相同。但在装夹时应先将相同尺寸的平键放入已铣好的封闭键槽内，使平键靠向固定钳口装夹，以免夹伤已铣削好的封闭键槽，并保证两键槽在圆周方向上成 90°。

（2）选择并安装 80 mm×12 mm×27 mm 三面刃铣刀，采用侧面擦刀法使铣刀对准中心。

（3）调整铣削用量，取 $n=95$ r/min，$v_f=47.5$ mm/min，一次铣削至深度，完成半通键槽的铣削。

(4) 检测合格后卸下工件。

特别提示

1. 影响键槽宽度尺寸精度的因素

(1) 选择的铣刀没有试铣、尺寸不正确或扩刀铣削时尺寸调整不准确。

(2) 立铣刀的径向圆跳动及盘形槽铣刀的轴向圆跳动过大，使槽宽尺寸增大。

2. 影响键槽形状、位置精度的因素

(1) 采用立铣刀或键槽铣刀铣削时，铣削深度和进给量过大，造成铣刀向受力小的一侧"让刀"，导致键槽扩大、弯曲。

(2) 工件用平口钳或 V 形架装夹时，平口钳或 V 形架未校正好，工件及垫铁未擦拭干净，或工件有大小头等原因，使铣削出的键槽两侧面及底面与轴线不平行。

(3) 对刀不准确、扩铣时铣偏、测量不准等原因都可能使铣出的键槽两侧与工件中心不对称。

◎ 作业测评

完成图 3-29 所示轴上键槽铣削后，填写表 3-5，对自己的作业进行测评。

表 3-5　　　　　　　　　　　　　　轴上键槽作业评分表

测评内容		测评标准	测评结果与得分	总分	100 分
图号	03—L4				
加工准备	铣刀的安装、校正	8 分		总得分	
	工件的安装、校正	10 分			
$12^{+0.043}_{0}$ mm（两处）		20 分			说明：啃刀、夹伤每处扣 2 分；槽宽尺寸与对称度公差，每超差 0.01 mm 扣 2 分；工时定额为 1 h，每超时 1 min 扣 1 分。操作中有不文明生产行为，酌情扣 5～10 分
$80^{+0.74}_{0}$ mm		10 分			
$35^{0}_{-0.20}$ mm（两处）		20 分			
20 mm、60 mm		10 分			
▱ 0.04 A （两处）		10 分			
表面粗糙度（六处）		12 分			

课题四 特形沟槽的铣削

常见的特形沟槽有V形槽、T形槽和燕尾槽等。在铣床上通常选用刀口形状与沟槽形状相适应的铣刀进行铣削，如图4-1所示。

图4-1 特形沟槽的铣削

a）铣V形槽 b）铣T形槽 c）铣燕尾槽 d）铣半圆键槽

§4-1 铣 V 形 槽

◎ **工作任务——铣V形架上的V形槽**

1. 掌握V形槽铣削的方法和加工步骤。

2. 掌握V形槽的检测方法。

本任务要求完成图4-2所示V形槽的铣削。

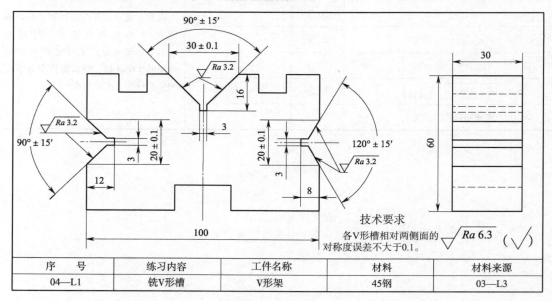

序 号	练习内容	工件名称	材料	材料来源
04—L1	铣V形槽	V形架	45钢	03—L3

图4-2 V形架

◎ 工艺分析

V 形架是一种常用的定位元件，在机床夹具中的应用非常普遍。V 形架上 V 形槽两侧面间的夹角（槽角）有 60°、90°、120°之分，其中以 90°的 V 形槽最为常用。不论是哪种角度的 V 形槽，实际上就是两个不同角度斜面的组合，所以其铣削的方法与铣削斜面的方法是相同的，只是其技术要求、复杂程度有所不同。图 4-2 所示 V 形架上的 V 形槽的主要技术要求为：

1. V 形槽的中心平面应垂直于工件的基准面（底平面）。

2. 工件的两侧面应对称于 V 形槽的中心平面。

3. V 形槽窄槽两侧面应对称于 V 形槽的中心平面，窄槽槽底应略超出 V 形槽两侧面的延长交线。

图 4-2 所示 V 形架上有三个 V 形槽，角度为 90°和 120°。其铣削工艺过程为：

铣工艺窄槽 → 粗铣 V 形槽面 → 进行 V 形槽检测 → 精铣 V 形槽面

◎ 相关工艺知识

一、铣削 V 形槽的方法

铣削 V 形槽常用的方法如下。

1. 用角度铣刀铣削 V 形槽

槽角小于或等于 90°的 V 形槽，可以采用与槽角角度相同的对称双角铣刀，在卧式铣床上进行铣削；或组合两把刃口相反、规格相同、廓形角等于 V 形槽半角的单角度铣刀（铣刀之间应垫垫圈或铜皮）进行铣削。

铣削时，先用锯片铣刀铣出窄槽，再用角度铣刀对 V 形槽面进行铣削，如图 4-1a 所示。

2. 用立铣刀或面铣刀铣削 V 形槽

槽角大于或等于 90°、尺寸较大的 V 形槽，可以按槽角角度的 1/2 倾斜立铣头，用立铣刀或面铣刀对槽面进行铣削，如图 4-3 所示。

工件定位校正并夹紧后，用立铣刀或面铣刀对 V 形槽面进行铣削。铣完一侧槽面后，将工件转 180°重新夹紧，再铣另一侧槽面；也可将立铣头反方向偏转角度后铣另一侧槽面。

3. 用三面刃铣刀铣削 V 形槽

工件外形尺寸较小、精度要求不高的 V 形槽，可在卧式铣床上用三面刃铣刀进行铣削。

铣削时，先按图样在工件表面划线，再按划线校正 V 形槽的待加工槽面与工作台面平行，然后用三面刃铣刀（最好是错齿三面刃铣刀）对 V 形槽面进行铣削。铣完一侧槽面后，重新校正另一侧槽面并夹紧工件，将槽面铣削成形，如图 4-4 所示。

槽角等于 90°且尺寸不大的 V 形槽，则可一次校正装夹铣削成形。

图 4-3　用立铣刀铣 V 形槽

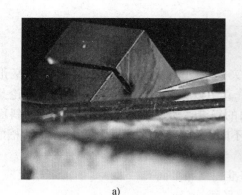

a)   b)

图4-4 用三面刃铣刀铣V形槽

二、V形槽的检测

在V形槽的铣削过程中，需通过检测来进行相应的铣削调整，并通过最终的检测来判定工件是否合格。V形槽的检测项目主要有V形槽的宽度B、V形槽的对称度和V形槽的槽角α。各项内容的检测方法如下。

1. V形槽（槽口）宽度的检测

若用游标卡尺直接检测槽宽B，虽然检测简便，但检测精度较差。因此，精度较高的V形槽槽宽尺寸B，通常采用标准量棒间接测量的方法检测。如图4-5所示，检测时先测得尺寸h，再根据计算公式确定V形槽宽度B：

$$B = 2\tan\frac{\alpha}{2}\left(\frac{R}{\sin\frac{\alpha}{2}} + R - h\right)$$

式中 R——标准量棒半径，mm；

α——V形槽槽角，（°）；

h——标准量棒上素线至V形槽上平面的距离，mm。

2. V形槽对称度的检测

检测时，在V形槽内放一标准量棒，分别以V形架的两侧面为基准放在平板上，用杠杆百分表检测槽内量棒的最高点。两次检测的读数之差，即为其对称度误差。此法可借助量块或使用游标高度卡尺测量量棒的最高点，从而可间接测量V形槽中心平面与V形架侧面的实际距离，如图4-6所示。

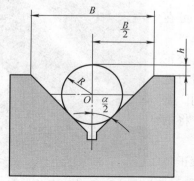

图4-5 V形槽宽度尺寸的间接测量

图4-6 V形槽对称度的检测

3. V形槽槽角的检测

（1）用游标万能角度尺检测

用游标万能角度尺检测槽半角 $\alpha/2$ 时，只要准确检测出角度 A 或 B，即可间接测出槽半角 $\alpha/2$，如图 4-7 所示。即：

$$\frac{\alpha}{2}=A-90° \text{或} \frac{\alpha}{2}=B-90°$$

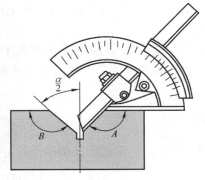

图 4-7　用游标万能角度尺检测 V 形槽槽角

（2）用标准量棒间接检测（见图 4-8）

用标准量棒间接检测槽角 α 时，先后用两根不同直径的标准量棒进行间接检测，分别测得尺寸 H 和 h，根据公式计算槽半角 $\alpha/2$：

$$\sin\frac{\alpha}{2}=\frac{R-r}{(H-R)-(h-r)}$$

式中　R ——较大标准量棒的半径，mm；

r ——较小标准量棒的半径，mm；

H、h——两种标准量棒上素线至 V 形槽底平面的距离，mm。

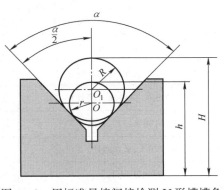

图 4-8　用标准量棒间接检测 V 形槽槽角

◎ 工艺过程

1. 铣工艺窄槽

根据图 4-2 中窄槽和 V 形槽尺寸，选择 80 mm×3 mm×22 mm 锯片铣刀铣削窄槽。铣削之前，先在 X6132 型铣床上校正固定钳口与工作台纵向进给方向平行，然后按划线对中心，试切削检查对中心合格后，手动进给铣削三个窄槽至图样要求，如图 4-9 所示。

2. 铣削 V 形槽槽面

铣削 V 形槽槽面前必须严格校正夹具的定位基准，然后才能装夹工件，开始 V 形槽槽面的铣削。根据 V 形槽尺寸选择直径为 25 mm 的立铣刀，先按划线通过横向进给粗铣各个槽面（留余量 1 mm），具体

图 4-9　铣削工艺窄槽

方法如下：

（1）在工件端面上划出 V 形槽所在位置线。

（2）校正平口钳固定钳口与工作台纵向进给方向平行。因该工件的外形较宽大（100 mm×60 mm），为确保铣削过程中装夹稳定，宜将该面紧贴固定钳口。装夹时采用游标卡尺测量或用定位块定位的方法，确定工件一侧距钳口端面的距离。

（3）将立铣头倾斜 45°铣削 90°V 形槽，铣好一侧后，松开钳口将工件转 180°，用游标卡尺测量或用定位块确定转 180°后，另一侧距钳口端面的距离一致，再夹紧工件，铣出 V 形槽的另一侧面。

（4）将立铣头倾斜 30°，用立铣刀的端面刃铣削 120°V 形槽，调整方法同上。

检测后，应根据用量棒测得的实际尺寸调整工件的精加工铣削用量，完成 V 形槽的铣削。

◎ 作业测评

完成图 4-2 所示 V 形槽的铣削操作后，结合表 4-1，对自己的作业进行测评。

表 4-1　　　　　　　　　　　　V 形槽作业评分表

测评内容		测评标准	测评结果与得分	总分	100 分
序号	04—L1				
3 mm（三处）		6 分		总得分	
12 mm、8 mm、16 mm		12 分			
(20±0.1) mm（两处）		16 分			
(30±0.1) mm		8 分			说明：啃刀、夹伤每处扣 2 分；槽宽尺寸与对称度，每超差 0.01 mm 扣 2 分；角度每超差 1′扣 2 分；其他尺寸超差不得分；工时定额为 90 min，每超时 1 min 扣 1 分。操作中有不文明生产行为，酌情扣 5～10 分
90°±15′（两处）		20 分			
120°±15′		10 分			
各 V 形槽相对两侧面对称度误差不大于 0.1 mm		16 分			
表面粗糙度（六处）		12 分			

§4-2　铣 T 形 槽

◎ 工作任务——铣 V 形架上的 T 形槽

1. 掌握 T 形槽铣削的方法和加工步骤。

2. 掌握 T 形槽的检测方法。

本任务要求完成图 4 - 10 所示 T 形槽的铣削。

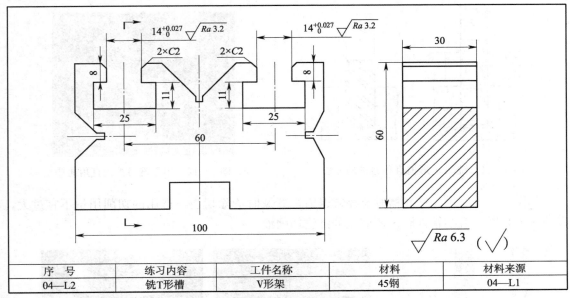

序　号	练习内容	工件名称	材料	材料来源
04—L2	铣T形槽	V形架	45钢	04—L1

图 4 - 10　V 形架

◎ 工艺分析

在机械制造行业中，T 形槽多见于机床的工作台或附件上，主要用于配套夹具的定位和固定。T 形槽由直槽和底槽组成，其底槽的两侧面平行于直槽，且基本对称于直槽的中心平面。T 形槽直槽宽度的尺寸精度也较高，用作基准槽的精度为 IT8 级，用作固定槽的精度为 IT12 级。T 形槽已经标准化。

图 4 - 10 所示 V 形架上的两个 T 形槽对称于中央 V 形槽，可用于在中央 V 形槽上定位工件的安装紧固。其加工工艺步骤如下：

扩铣直角通槽 ⟶ 铣削 T 形槽的底槽 ⟶ 铣削槽口倒角

◎ 工艺过程

1. 扩铣直角通槽

T 形槽上的直角通槽应在加工底槽前用三面刃铣刀或立铣刀铣出，如图 4 - 11 所示。由于在图 4 - 10 所示 V 形架中 T 形槽的位置上，原已存在两个 12 mm×8 mm 直角通槽（在 03—L3 任务中完成），故现在只要用 ϕ14 mm 立铣刀将其宽度尺寸按要求扩铣准确即可（见图 4 - 12），槽的深度留余量 0.5 mm。

2. 铣削 T 形槽的底槽

T 形槽的底槽需用专用的 T 形槽铣刀（见图 4 - 13）铣削。T 形槽铣刀应按直槽宽度尺寸（即 T 形槽的基本尺寸）选择。

现选择柄部直径为 16 mm、颈部直径为 12 mm，切削部分厚度为 11 mm、直径为 25 mm 的 T 形槽铣刀铣削。

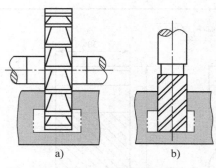

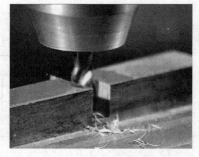

图 4-11　铣削 T 形槽直角通槽的方法　　　　图 4-12　用立铣刀扩铣直角通槽

　　如图 4-14 所示，铣底槽时要经常退刀，并及时清除切屑，选用的切削用量不宜过大，以防铣刀折断。铣削钢件时，还应充分浇注切削液。

图 4-13　T 形槽铣刀　　　　　　　　图 4-14　铣削 T 形槽的底槽

3. 铣削槽口倒角

底槽铣削完毕，可用角度铣刀或倒角铣刀为槽口倒角，如图 4-15 所示。

图 4-15　铣削槽口倒角

4. T 形槽的检测

　　进行 T 形槽检测时，槽的宽度、槽深以及底槽与直槽的对称度可用游标卡尺检测，其直槽对工件基准面的平行度可在平板上用杠杆百分表进行检测。

铣不穿通 T 形槽的方法

铣削不穿通 T 形槽时，应先在 T 形槽的端部钻落刀孔（见图 4-16）。孔的直径略大于 T 形槽铣刀切削部分的直径，深度应大于 T 形槽的深度，以使 T 形槽铣刀能够方便地进入或退出。在直槽铣完后，再铣削 T 形槽的底槽，并为槽口倒角。

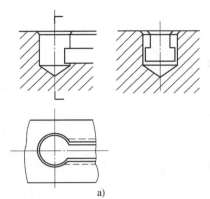
a)
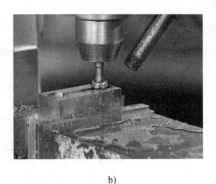
b)

图 4-16　钻落刀孔

在进行 T 形槽底槽铣削时应注意以下几个问题：

1. 铣削时，铣刀的切削部分埋在工件内，产生的切屑容易将铣刀容屑槽塞满，从而使铣刀失去切削能力，甚至折断铣刀。因此，应经常退刀，并及时清除切屑。

2. 铣削时的切削热因排屑不畅而不易散发，使切削区域的温度不断升高，容易使铣刀受热退火而丧失切削能力。所以，在铣削钢件时应充分浇注切削液。

3. 由于 T 形槽铣刀刃口较长，承受的切削阻力大，且铣刀的颈部直径较小，很容易因受力过大而折断。故应选用较低的进给速度和切削速度，并注意随时观察铣削情况。

◎ 作业测评

完成图 4-10 所示 V 形架上 T 形槽的铣削操作后，填写表 4-2，对自己的作业进行测评。

表 4-2　　　　　　　　　　　　　　T 形槽作业评分表

测评内容		测评标准	测评结果与得分	总分	100 分
序号	04—L2				
$14^{+0.027}_{0}$ mm（两处）		20 分		总得分	
8 mm（两处）		16 分			
11 mm、25 mm（各两处）		24 分		说明：啃刀、夹伤每处扣 2 分；直槽宽度尺寸每超差 0.01 mm 扣 2 分；其他尺寸超差不得分；铣刀折损扣 20 分。操作中有不文明生产行为，酌情扣 5～10 分
2×C2（两处）		16 分			
60 mm		8 分			
表面粗糙度		16 分			

§4-3 铣燕尾槽

◎ **工作任务——铣 V 形架上的燕尾槽**

1. 掌握燕尾槽铣削的方法和加工步骤。

2. 掌握间接测量燕尾槽宽度的方法。

本任务要求完成图 4-17 所示燕尾槽的铣削。

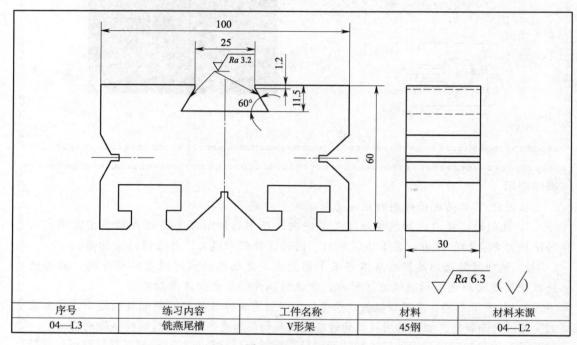

序号	练习内容	工件名称	材料	材料来源
04—L3	铣燕尾槽	V形架	45钢	04—L2

图 4-17　V 形架

◎ **工艺分析**

　　燕尾结构由配合使用的燕尾槽和燕尾组成，是机床上导轨与运动副间常用的一种结构方式，如图 4-18 所示。由于燕尾结构的燕尾槽和燕尾之间有相对直线运动，因此，对其角度、宽度、深度应具有较高的精度要求。尤其对其斜面的平面度要求更高，且表面粗糙度 Ra 值要小。图 4-18 所示燕尾槽的角度为 60°。此外，燕尾槽的角度还有 45°、50°、55°等多种，其中最常用的为 55°和 60°。

　　高精度的燕尾机构，将燕尾槽与燕尾一侧的斜面制成与相对直线运动方向倾斜，即带斜度的燕尾结构，配以带有斜度的塞铁，如图 4-18 所示，可进行准确的间隙调整，如铣床的纵向和升降导轨都是采用的这一结构形式。

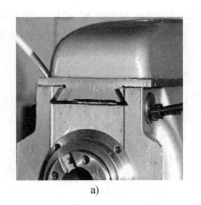
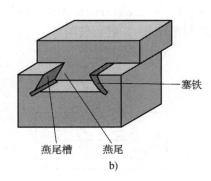

塞铁

燕尾槽   燕尾

a)   b)

图 4 - 18　燕尾槽和燕尾

由于该 V 形架上燕尾槽所在位置已在任务 03—L3 中铣好了 24 mm×11 mm 直角通槽，因此现在只要将直槽的上部扩铣至图 4 - 17 中所要求的槽口宽度尺寸 25 mm 便可。用来铣削燕尾槽的铣刀应选用角度为 60°，锥面刀齿宽度大于工件燕尾槽斜面宽度，适当规格（端面直径小于槽底宽度）的燕尾槽铣刀或单角铣刀。

燕尾槽加工工艺步骤如下：

扩铣直角通槽 → 粗铣燕尾槽 → 检测燕尾槽 → 精铣燕尾槽

◎ **相关工艺知识**

1. 用燕尾槽铣刀铣削燕尾槽和燕尾的方法

燕尾槽和燕尾的铣削都分两个步骤，先铣出直槽或台阶，再铣出燕尾槽或燕尾，如图 4 - 19 所示。

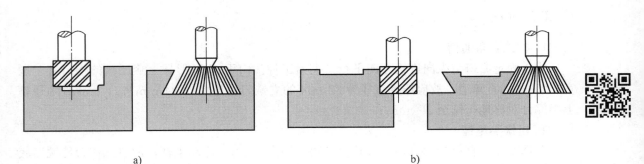

a)   b)

图 4 - 19　燕尾槽和燕尾的铣削
a）铣削燕尾槽　b）铣削燕尾

铣直槽时，槽深留余量 0.5 mm。铣燕尾槽和燕尾的切削条件与铣 T 形槽时大致相同，但铣刀刀尖处的切削性能和强度都很差。为减小切削力，应采用较低的切削速度和进给速度，并及时退刀排屑。铣削应分为粗铣和精铣两步进行。若是铣削钢件，还应充分浇注切削液。

2. 用单角铣刀铣削燕尾槽和燕尾的方法

单件生产时，若没有合适的燕尾槽铣刀，可用廓形角 θ 与燕尾槽槽角 α 相等的单角铣刀代替燕尾槽铣刀铣削。铣削方法如图 4-20 所示。在立式铣床上用短刀杆安装单角铣刀，通过将立铣头倾斜角度 $\beta=\alpha$ 进行铣削。

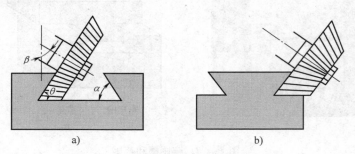

图 4-20 用单角铣刀铣削燕尾槽和燕尾

3. 铣削带有斜度的燕尾槽的方法

如图 4-21 所示，铣削带有斜度的燕尾槽（或燕尾）时，可先铣出无斜度的一侧面，再将工件重新装夹并校正，即按规定斜度调整到与进给方向成一斜角，铣削其带有斜度的另一侧面。

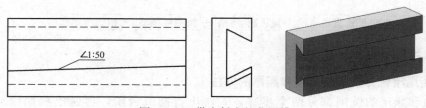

图 4-21 带有斜度的燕尾槽

◎ 工艺过程

1. 扩铣直角通槽

找正固定钳口与纵向进给方向平行，夹紧工件。由于该 V 形架上燕尾槽的槽口有一段宽1.2 mm 的直角边，故应选择直径为 22 mm 的立铣刀将原有的 24 mm×11 mm 直角通槽上半部分对称地扩铣至 25 mm。

2. 粗铣燕尾槽

选择安装一直径为 32 mm、角度为 60° 的燕尾槽铣刀。启动主轴，调整工作台使铣刀底齿与原直角通槽底面相切，按划线调整纵向位置留 0.5 mm 左右余量，横向进给先铣出燕尾槽一侧，再调整位置铣出另一侧，如图 4-22 所示。

3. 检测燕尾槽

（1）燕尾槽的槽角 α 可以用游标万能角度尺（见图 4-23）或样板进行检测。

（2）燕尾槽的深度可用游标深度卡尺（见图 4-24）或游标高度卡尺检测。

（3）由于燕尾槽有空刀槽或有倒角，因此其宽度尺寸无法直接进行检测，通常采用标准量棒进行间接检测，如图 4-25 所示。

a)

b)

图 4 - 22　燕尾槽的铣削

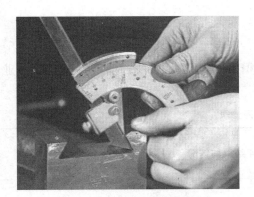

图 4 - 23　用游标万能角度尺检测燕尾槽的槽角

图 4 - 24　用游标深度卡尺检测燕尾槽的深度

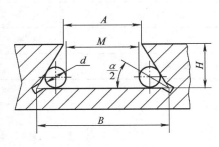

图 4 - 25　采用标准量棒测量燕尾槽宽度

检测燕尾槽宽度时，先测出两个标准量棒之间的距离，再通过公式计算出实际的燕尾槽宽度尺寸：

$$A = M + d\left(1 + \cot\frac{\alpha}{2}\right) - 2H\cot\alpha$$

$$B = M + d\left(1 + \cot\frac{\alpha}{2}\right)$$

式中　A——燕尾槽最小宽度，mm；

　　　B——燕尾槽最大宽度，mm；

　　　H——燕尾槽的槽深，mm；

　　　M——两标准量棒的内侧距离，mm；

　　　d——标准量棒直径，mm；

　　　α——燕尾槽槽角，(°)。

　　燕尾槽按要求采用两根直径为 8 mm 的标准量棒检测，如图 4-26 所示，测得的内侧尺寸为（15±0.05）mm，所以 B＝15 mm＋8 mm×(1＋cot30°)≈36.86 mm，即槽底宽度应为（36.86±0.05）mm。

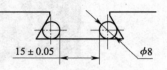

图 4-26　检测燕尾槽

　　检测后，根据用量棒间接测得的实际尺寸，调整工件的精加工铣削用量，完成燕尾槽的铣削。

◎ **作业测评**

　　根据图 4-17 所示零件图的要求，完成燕尾槽的铣削后，填写表 4-3，对自己的作业进行测评。

表 4-3　　　　　　　　　　　　　　　燕尾槽作业评分表

测评内容		测评标准	测评结果与得分	总分	50 分
序号	04—L3				
25 mm		10 分		总得分	
1.2 mm		10 分			
11.5 mm		10 分		说明：啃刀、夹伤每处扣 2 分；槽宽尺寸每超差 0.01 mm 扣 2 分；铣刀折损扣 20 分；工时定额为 60 min，每超时 1 min 扣 1 分。操作中有不文明生产行为，酌情扣 5～10 分	
（15±0.05）mm		10 分			
60°		5 分			
表面粗糙度		5 分			

§4-4　铣半圆键槽

◎ **工作任务——铣轴上的半圆键槽**

　　1. 掌握半圆键槽铣削的方法和加工步骤。

　　2. 掌握间接测量半圆键槽深度的方法。

　　本任务要求完成图 4-27 所示半圆键槽的铣削。

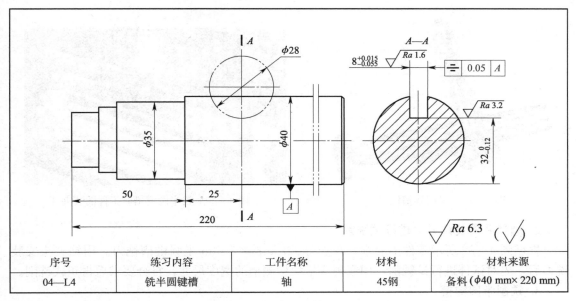

序号	练习内容	工件名称	材料	材料来源
04—L4	铣半圆键槽	轴	45钢	备料（ϕ40 mm×220 mm）

图 4 - 27　轴

◎ 工艺分析

　　半圆键连接（见图 4 - 28）是用键侧面实现周向固定轴上零件并传递转矩的一种键连接。半圆键在轴槽中能绕自身几何中心沿槽底圆弧摆动，以适应轮毂上键槽的配合要求。半圆键连接常用于轻载或辅助性连接，特别适用于轴端处。其特点是制造容易，装拆方便。

　　半圆键槽的宽度尺寸精度要求较高，表面粗糙度值要求小，并要求其两侧面对称并平行于工件的轴线。

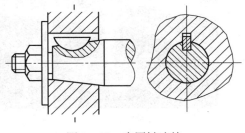

图 4 - 28　半圆键连接

　　图 4 - 27 所示轴上半圆键槽的铣削工艺步骤如下：

装夹并校正工件 ⟶ 装刀并试铣 ⟶ 正式铣削 ⟶ 检测半圆键槽

◎ 相关工艺知识

　　半圆键槽需用半圆键槽铣刀铣削。半圆键槽铣刀一般都做成直柄的整体铣刀，如图 4 - 29所示。半圆键槽铣刀的刀颈部分较细，所以铣削时易造成铣刀折损。使用时用钻夹头或弹簧夹头装夹铣刀。铣刀规格按半圆键槽的基本尺寸（宽度×直径）选取。

◎ 工艺过程

1. 装夹并校正工件

　　为保证铣出的键槽两侧面与其轴线平行，应使用标准心轴先校正分度头主轴与尾座顶尖间的公共轴线与工作台面和纵向进给方向平行后再装夹试件进行试铣削，如图 4 - 30 所示。

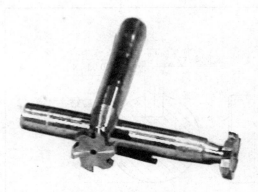

图 4 - 29　半圆键槽铣刀

图 4 - 30　铣半圆键槽时工件的装夹

2. 选择并安装铣刀，进行试铣削

根据图 4 - 27 所示零件图要求，现选择 ϕ28 mm×8 mm 半圆键槽铣刀。用钻夹头安装铣刀后，先对试件进行试铣削，用塞规或量块检测槽的宽度尺寸，符合要求后再正式铣削。

3. 铣削半圆键槽

铣削时先按划线试切对刀，试切的椭圆形切痕的短轴应正好处在半圆键槽的中心位置（距左端 25 mm 处），并相对所划槽宽位置线处于对称位置，如图 4 - 31 所示。

a)　　　　　　　　　　　b)　　　　　　　　　　　c)

图 4 - 31　铣削半圆键槽

对好刀后，先锁紧纵向进给手柄，以手动方式慢慢地进行横向进给，并逐渐减慢进给速度，以防止铣刀折断。为改善散热条件，要充分浇注切削液。

知识链接

在卧式铣床上铣削半圆键槽

半圆键槽也可以在卧式铣床上铣削。铣削时为提高铣刀强度，可采用一夹一顶的方式安装铣刀进行铣削（见图 4 - 32），即在刀杆支架轴承孔内安装顶尖，顶住半圆键槽铣刀端面中心孔。铣削过程中的对刀调整与在立式铣床上相同。

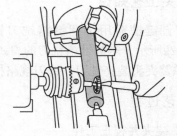

图 4 - 32　在卧式铣床上铣削半圆键槽

4. 半圆键槽的检测

（1）半圆键槽的宽度一般用塞规或塞块检测。

（2）半圆键槽的深度可选用一块厚度小于槽宽的样柱（直径为 d，d 小于半圆键槽直径），以配合游标卡尺或千分尺进行间接测量（见图 4-33），图中槽深 $H = S - d$。

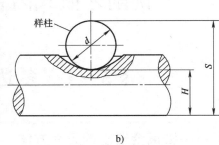

图 4-33　半圆键槽深度的测量

（3）半圆键槽两侧面相对于工件轴线的对称度测量方法与轴上键槽相同。

操作提示

1. 半圆键槽铣刀颈部强度较低，铣削采用手动进给时要慢而均匀，工件装夹一定要牢固。否则，由于进给量过大或工件窜动容易折断铣刀。

2. 铣削前要认真校正铣刀跳动量，否则易造成铣出的槽侧面表面粗糙度值大和槽宽尺寸超差。

3. 划线一定要准确。铣削半圆键槽时靠划线对刀，对刀不准会造成键槽的中心位置和对称度超差。

◎ **作业测评**

根据图 4-27 所示零件图的要求，完成该轴上半圆键槽的铣削后，填写表 4-4，对自己的作业进行测评。

表 4-4　　　　　　　　　　　　　半圆键槽作业评分表

测评内容		测评标准	测评结果与得分	总分	50 分
序号	04—L4				
25 mm		6 分		总得分	
ϕ28 mm		5 分			
$8^{+0.015}_{-0.055}$ mm		10 分		说明：啃刀、夹伤每处扣 2 分；对称度及槽宽尺寸每超差 0.01 mm 扣 2 分；铣刀折损扣 20 分；工时定额为 40 min，每超时 1 min，扣 1 分。操作中有不文明生产行为，酌情扣 3~5 分
$32^{0}_{-0.12}$ mm		10 分			
⌖ | 0.05 | A		10 分			
表面粗糙度		9 分			

课题五 利用分度头铣削多边形、圆周刻线、铣削牙嵌式离合器和花键轴

§5-1 多边形的铣削

◎ **工作任务——铣离合器上的正六方体**

掌握多边形的铣削方法和加工步骤。

本任务要求铣削图5-1所示离合器左端的正六方体。

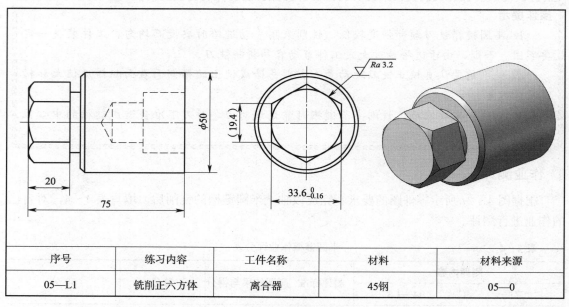

序号	练习内容	工件名称	材料	材料来源
05—L1	铣削正六方体	离合器	45钢	05—0

图5-1 离合器

◎ **工艺分析**

在本任务中，要铣削图5-1所示离合器左端的正六方体，毛坯如图5-2所示。此类零件（如六角螺钉、螺母等）在机械制造中应用非常广泛。由于正多边形工件的各边都是沿其内切圆的圆周均布的，因此其每边的铣削实际上只是在一个圆柱体表面铣削一个平面，但这些平面的铣削沿圆周等分均布，具有重复性。所以一般将工件在万能分度头上安装、校正

后，通过简单分度进行铣削。其工艺步骤如下：

$$\boxed{校正与装夹工件}\longrightarrow\boxed{对刀、分度铣削多边形}$$

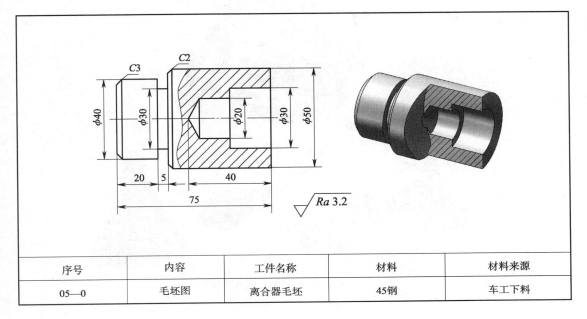

序号	内容	工件名称	材料	材料来源
05—0	毛坯图	离合器毛坯	45钢	车工下料

图 5-2　离合器毛坯

◎ 相关工艺知识

一、万能分度头的结构及功用

　　万能分度头是铣床的精密附件之一，用来在铣床及其他机床上装夹工件，以满足不同工件的装夹要求，并可对工件进行圆周等分、角度分度、直线移距分度和通过交换齿轮与工作台纵向传动丝杠连接加工螺旋线、等速凸轮等，从而扩大了铣床的加工范围。

　　万能分度头常用的规格有 160 mm、200 mm、250 mm、320 mm 等，其中 F11125 型万能分度头是铣床上应用最普遍的一种分度头。通常万能分度头还配有三爪自定心卡盘、尾座、顶尖、拨盘、鸡心夹、千斤顶、挂轮轴、挂轮架及交换齿轮等附件，如图 5-3 所示。

　　生产中，万能分度头最常用的分度方法是简单分度法。在万能分度头进行简单分度时，先将分度盘固定，转动分度手柄使蜗杆带动蜗轮转动，从而带动主轴和工件转过一定的转（度）数，如图 5-4 所示。

　　由万能分度头传动系统可知，分度手柄转过 40 转，分度头的主轴转过 1 转，即传动比为 40∶1。"40" 称为分度头的定数。各种常用分度头（FK 型数控分度头除外）都采用这一定数。由此可知，简单分度时分度手柄的转数 n 与工件等分数 z 之间的关系如下：

$$n=\frac{40}{z}$$

　　若改为角度分度，则分度手柄的转数 n 与工件转过角度值 θ 间的关系为：

$$n=\frac{\theta°}{9°} \text{ 或 } n=\frac{\theta'}{540'}$$

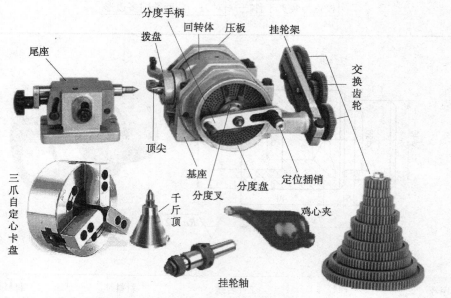

图 5 - 3　F11125 型万能分度头及附件

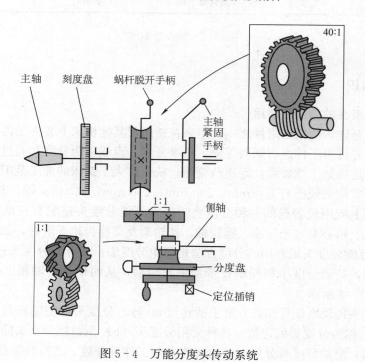

图 5 - 4　万能分度头传动系统

二、用分度头装夹工件的方法

工件的形状不同，在分度头上的装夹方法也不同。主要有以下几种方法。

1. 用三爪自定心卡盘装夹工件

较短的轴套类工件，可直接用三爪自定心卡盘装夹，如图 5 - 5 所示。用百分表校正工件外圆，当工件外圆与分度头主轴不同轴而造成圆跳动超差时，可在卡爪上垫铜皮，使外圆跳动量符合要求。用百分表校正端面时，用铜锤轻轻敲击高点，使轴向圆跳动量符合要求。这种方法装夹简便，铣削平稳。

2. 用心轴装夹工件

心轴主要用于套类及带孔盘类工件的装夹。心轴分锥度心轴和圆柱心轴两种。装夹前应先校正心轴轴线与分度头主轴轴线的同轴度，并校正心轴的上素线和侧素线与工作台面和工作台纵向进给方向平行。

利用心轴装夹工件时，又可以根据工件和心轴形式不同分为多种装夹形式，如图5-6所示。

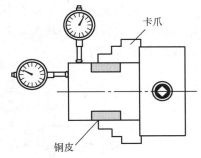

图5-5 用三爪自定心卡盘装夹工件

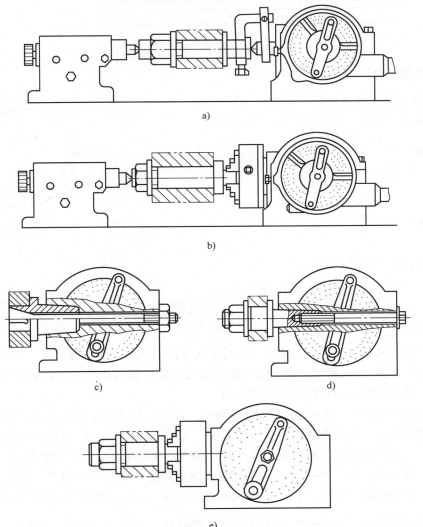

图5-6 在分度头上用心轴装夹工件

a) 用心轴两顶尖装夹工件 b) 用心轴一夹一顶装夹工件

c) 用可胀心轴装夹工件 d) 用锥度心轴装夹工件 e) 用心轴、三爪自定心卡盘装夹工件

3. 用一夹一顶装夹工件

一夹一顶装夹适用于一端有中心孔的较长轴类工件，如图 5-7 所示。此法铣削时，工件刚度较好，适合切削力较大时工件的装夹。但校正工件与主轴同轴度较困难，装夹工件前应先校正分度头和尾座。

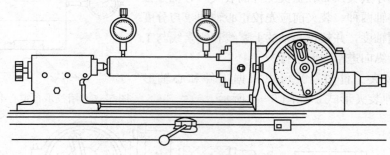

图 5-7　一夹一顶装夹工件

三、铣削多边形的工艺方法

1. 正多边形的相关计算（见图 5-8）

铣削前先要了解正多边形的重要尺寸关系。

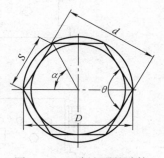

$$中心角\ \alpha = \frac{360°}{z}$$

$$内角\ \theta = \frac{180°}{z}(z-2)$$

$$边长\ S = D\sin\frac{\alpha}{2}$$

图 5-8　正多边形的计算

$$内切圆直径\ d = D\cos\frac{\alpha}{2}$$

式中　D——正多边形的外接圆直径，mm；

　　　z——正多边形的边数。

2. 铣削工艺

铣削短小的多边形工件，一般采用在分度头上的三爪自定心卡盘装夹，用三面刃铣刀或立铣刀铣削，如图 5-9 所示。对工件的螺纹部分要用衬套或垫铜皮，以防夹伤螺纹。露出卡盘部分应尽量短些，防止铣削中工件松动。

铣削较长的工件时，可用分度头配尾座装夹，用立铣刀或面铣刀铣削，如图 5-10 所示。

对于批量较大、边数为偶数的多边形工件，可采用组合法铣削。组合法铣削时一般用试切法对中。先将两把铣刀的内侧距离 S 调整为多边形对边的尺寸 d（即 $S=d$）。用目测法将试件中心对正两把铣刀中间，在试件端面上适量铣去一些后退出试件，旋转 180° 再铣一刀，若其中有一把铣刀切下了切屑，则说明对刀不准。这时可测量第二次铣后试件的尺寸 S'，将试件未铣到的一侧向同侧的铣刀方向移动距离 $e = \dfrac{S-S'}{2}$ 即可，如图 5-11 所示。对刀结束，锁紧工作台，换上工件，开始正式铣削。

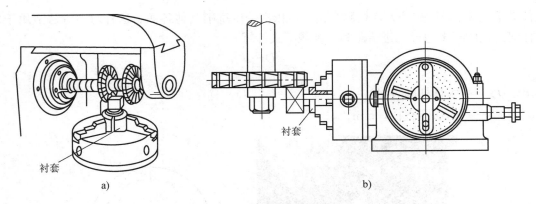

图 5-9　铣削较短的多边形工件

图 5-10　铣削较长的多边形工件

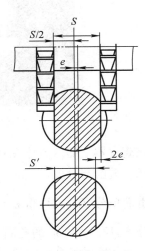

图 5-11　试切对中心

◎ 工艺过程

1. 工件的校正与装夹

该离合器上的正六方体在铣削时的径向单边余量不大，只有 3.2 mm；每个面均较宽，为20 mm×20 mm。故可在 X6132 型卧式铣床上用 100 mm×10 mm×27 mm 三面刃铣刀，采用分度头垂直装夹进行铣削，如图 5-12 所示。工件直接用三爪自定心卡盘装夹，用百分表校正工件外圆。为防止将工件外圆表面夹伤，应在卡爪与工件间垫上铜皮。

2. 对刀与铣削

（1）对刀

用单刀铣削法铣削时，一般用侧面擦刀法对刀。如图 5-13 所示，将铣刀与工件外圆轻轻相擦后，使

图 5-12　垂直装夹铣削

工件进给距离 e，试铣一刀，检测合格后，依次分度铣削其他各面。这种对刀方法适用于加工任何边数的正多边形。进给距离 e 参照下式计算：

$$e = \frac{D-d}{2}$$

式中 D ——工件外圆直径，mm；

d ——内切圆直径，mm。

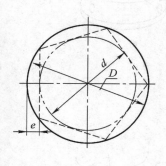

图 5-13   铣削多边形时的对刀调整

该离合器上的六方体在对刀后的进刀量 $e=(40-33.6)\text{mm}/2=3.2\text{ mm}$。

（2）铣削与分度

由简单分度公式可得 $n = \frac{40}{z} = \frac{40}{6} = 6\frac{2}{3} = 6\frac{44}{66}$，即每铣削完一面，分度头手柄应转 6 转又在分度盘孔数为 66 的孔圈上转过 44 个孔距（两分度叉间为 45 孔），再铣削下一侧面。

（3）依次铣好各面，检测合格后卸下工件。

操作提示

1. 装卸工件时，应先锁紧分度头主轴；夹紧工件时，卡盘扳手上切忌用加长套管施力，以免损坏卡盘。

2. 分度前应先松开主轴紧固手柄，分度后紧固分度头主轴。

3. 分度时应顺时针摇动手柄。如手柄摇错孔位，应将手柄逆时针转动半转后再顺时针转动到规定孔位。

4. 分度定位插销应缓慢插入分度盘孔内，切勿弹入孔内，以免损坏分度盘的孔眼和定位插销。

5. 铣削前应校正工件，其圆跳动应在允许的范围之内，以避免铣削的多边形出现偏心和边长不等。

6. 分度计算和操作要准确无误，否则多边形的角度、边长及边数都会出现错误。

◎ **作业测评**

完成图 5-1 所示正六方体的铣削操作后，填写表 5-1，对自己的作业进行测评。

表 5-1　　　　　　　　　　　　正六方体作业评分表

测评内容		测评标准	测评结果与得分	总分	60 分
图号	05—L1				
$33.6^{\ 0}_{-0.16}$ mm（三处）		24 分		总得分	
19.4 mm（六处）		30 分			说明：啃刀、夹伤每处扣 2 分；工时定额为 30 min，每超时 1 min 扣 1 分。操作中有不文明生产行为，酌情扣 3～5 分
表面粗糙度		6 分			

§5-2　圆 周 刻 线

◎ 工作任务——在离合器上进行圆周刻线

1. 掌握刻线刀的刃磨方法。

2. 掌握圆周刻线的方法和步骤。

本任务要求完成图 5-14 所示离合器的圆周刻线。

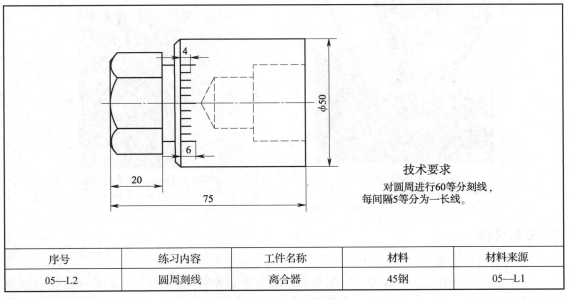

技术要求

对圆周进行60等分刻线，
每间隔5等分为一长线。

序号	练习内容	工件名称	材料	材料来源
05—L2	圆周刻线	离合器	45钢	05—L1

图 5-14　离合器

◎ 工艺分析

圆周上带有等分刻线的零件很多，如铣床工作台进给手柄上的刻度盘等。在铣床上进行圆周刻线是铣工常见的工作内容之一。对工件进行圆周刻线时，要求刻线间隔距离相等、长短分明、粗细均匀、清晰美观。其基本工艺步骤如下：

◎ 相关工艺知识——刻线刀及其刃磨

刻线刀通常用高速钢刀条或废旧的立铣刀、锯片铣刀磨制而成。刻线刀的形状和刃磨方法如下。

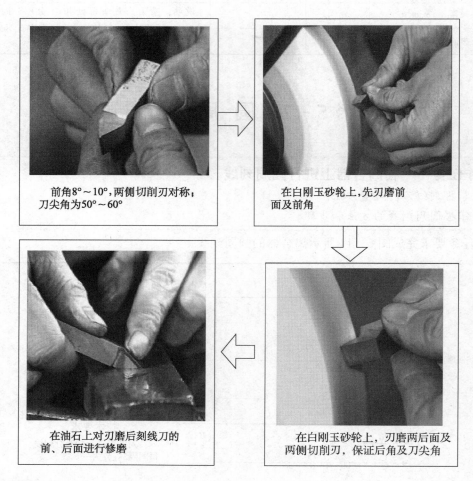

前角8°～10°，两侧切削刃对称；刀尖角为50°～60°

在白刚玉砂轮上，先刃磨前面及前角

在白刚玉砂轮上，刃磨两后面及两侧切削刃，保证后角及刀尖角

在油石上对刃磨后刻线刀的前、后面进行修磨

◎ 工艺过程

1. 刻线刀的安装

用高速钢刀条磨成的刻线刀，可用专用的紧刀垫圈安装（见图5-15a）；用立铣刀或锯片铣刀改磨的刻线刀，与铣刀原来的安装方法相同（见图5-15b）。刻线刀安装要牢固，安装后刻线刀的基面应垂直于刻线进给方向（见图5-15c）。安装好后应注意锁紧主轴并切断电源，以免刻线时主轴发生转动。

2. 工件的装夹与校正

如图5-16所示，工件在分度头上用三爪自定心卡盘水平装夹，在立式铣床上采用工作台纵向进给的方式进行圆周刻线。装夹工件时应对工件的径向圆跳动进行校正，以免刻出的刻线深浅不一、粗细不均。

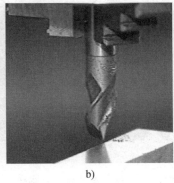

a)　　　　　　　　　　b)　　　　　　　　　　c)

图 5-15　刻线刀的安装

图 5-16　圆周刻线时工件的装夹与校正

3. 对刀、刻线

（1）计算分度手柄转数。$n=\dfrac{40}{z}=\dfrac{40}{60}=\dfrac{44}{66}$，即每刻完一条线，分度手柄应在 66 孔圈上转过 44 个孔距。

（2）划线对中心。在工件圆周和端面上划出中心线，使刻线刀刀尖对准工件中心线后，紧固工作台横向进给机构（见图 5-17a、b）。

（3）调整刻线长度。使刻线刀刀尖对正工件的端面，然后根据图 5-14 零件图所示的尺寸，将工作台纵向进给手柄的刻度盘"对零"锁紧，并在相应移动 4 mm 的刻度上做好标记（6 mm 为一整圈，正好回到零位）。

（4）刻线。调整工作台使刀尖轻轻划到工件表面上后，退出工件，上升工作台 0.1～0.15 mm，试刻后视线条清晰程度对刻线深度做适当调整，刻完所有线条。通常刻线深度控制在 0.2～0.5 mm（见图 5-17c）。

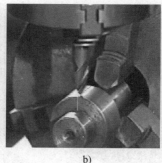

a)　　　　　　　　　b)　　　　　　　　　c)

图 5-17　圆周刻线对刀与刻法

◎ 作业测评

　完成图 5-14 所示离合器圆柱表面的刻线操作后，填写表 5-2，对自己的作业进行测评。

表 5-2　　　　　　　　　　圆周刻线作业评分表

测评内容		测评标准	测评结果与得分	总分	40 分
图号	05—L2				
6 mm		12 分		总得分	
4 mm		14 分		说明：啃刀、夹伤每处扣 2 分；工时定额为 60 min，每超时 1 min 扣 1 分。操作中有不文明生产行为，酌情扣 3～5 分	
刻线间距、粗细均匀一致		14 分			

§5-3　矩形齿离合器的铣削

◎ 工作任务——铣矩形齿离合器

　1. 掌握矩形齿离合器的铣削方法和加工步骤。

　2. 掌握矩形齿离合器的检测方法。

本任务要求完成图 5 - 18 所示矩形齿离合器的铣削。

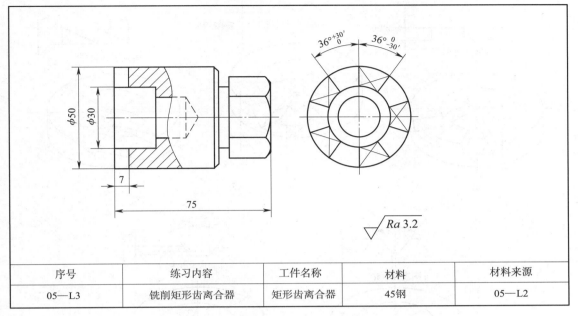

序号	练习内容	工件名称	材料	材料来源
05—L3	铣削矩形齿离合器	矩形齿离合器	45钢	05—L2

图 5 - 18　矩形齿离合器

◎ 工艺分析

矩形齿离合器为等高齿离合器，根据齿数的奇偶性又可分为奇数齿和偶数齿两种（见图 5 - 19），它们在铣削和调整方法上有所不同。图 5 - 18 所示离合器为一奇数齿的矩形齿离合器，由于在铣削奇数齿的矩形齿离合器时铣刀可通过工件的整个端面，因此这种离合器的铣削方法相对比较简单，其工艺步骤如下：

选择铣刀 ⟶ 安装校正工件 ⟶ 对刀铣齿槽 ⟶ 铣削齿侧间隙

图 5 - 19　矩形齿离合器的奇偶性

◎ 相关工艺知识

一、牙嵌式离合器的结构特征和主要技术要求

牙嵌式离合器是用爪牙状零件组成嵌合副的离合器，它依靠齿牙的嵌入和脱开来传递或断开运动和转矩。牙嵌式离合器按其齿形可分为矩形齿、尖齿形齿、梯形齿（梯形等高齿和梯形收缩齿）和锯齿形齿等几种，按轴向截面中齿高的变化又可分为等高齿离合器和收缩齿离合器两种。常见牙嵌式离合器的齿形如图 5 - 20 所示。

1. 牙嵌式离合器的结构特征

（1）各齿的齿侧面都必须通过离合器的轴线或向轴线上一点收缩，即齿侧必须是径向的；从轴向看端面上的齿，齿与齿槽呈辐射状。

（2）对于等高齿（矩形齿和梯形等高齿）离合器，其齿顶面与槽底面平行。

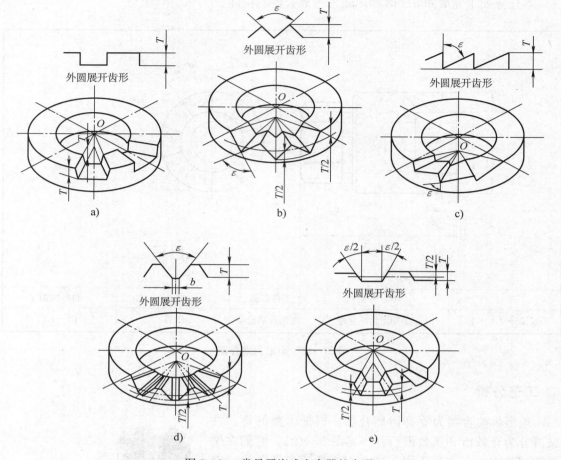

图 5-20 常见牙嵌式离合器的齿形

a) 矩形齿离合器 b) 尖齿形齿离合器 c) 锯齿形齿离合器 d) 梯形收缩齿离合器 e) 梯形等高齿离合器

（3）对于收缩齿（尖齿形齿、锯齿形齿和梯形收缩齿）离合器，在轴向截面中齿顶和槽底不平行而呈辐射状，即齿顶和槽底的延长线及它们的对称中心线都交汇于轴上的一点，如图 5-21 所示。

2. 牙嵌式离合器的主要技术要求

牙嵌式离合器一般都是成对使用的。为了保证准确啮合，获得一定的运动传递精度和可靠地传递转矩，两个相互配合的离合器必须同轴，齿形必须吻合，齿形角必须一致。牙嵌式离合器的主要技术要求如下：

（1）齿形准确。包括齿形角、槽底的倾角和齿槽深等。

（2）同轴精度高。齿形的轴线（汇交轴）应与离合器装配基准孔轴线重合（偏移要小）。

（3）等分精度高。包括对应齿侧的等分性和齿形所占圆心角的一致性。

（4）表面粗糙度值小。牙嵌式离合器的齿侧面是工作表面，其表面粗糙度 Ra 值一般为 3.2 μm，甚至 1.6 μm。

（5）齿部强度高，齿面耐磨性好。

二、牙嵌式离合器的铣削方法

在铣床上铣削牙嵌式离合器时，通常工件装夹在分度头的三爪自定心卡盘内，工件轴线应与分度头主轴轴线重合。铣削等高齿离合器时，分度头主轴轴线与工作台面垂直；铣削收缩齿离合器时，由于收缩齿的槽底与工件轴线不垂直，夹角为 α（见图 5-21），因此分度头主轴轴线与工作台面应保持夹角 α（称为起度角，即分度头主轴倾斜角），如图 5-22 所示。

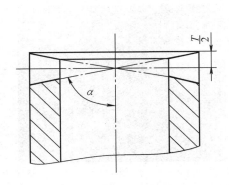

图 5-21　轴向截面内的收缩齿齿形

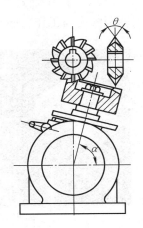

图 5-22　铣收缩齿离合器时分度头主轴倾斜角

铣削牙嵌式离合器时，主要根据齿槽形状选择铣刀：铣削矩形齿离合器选用三面刃铣刀或立铣刀；铣削尖齿形齿离合器选用对称双角铣刀；铣削锯齿形齿离合器选用单角铣刀；铣削梯形收缩齿离合器选用梯形槽成形铣刀；铣削梯形等高齿离合器则选用专用铣刀（常用三面刃铣刀或双角铣刀按要求改制）。

◎ 工艺过程

1. 铣刀的选择

矩形齿离合器一般选用三面刃铣刀（或立铣刀）铣削，其直径 D 在满足切深的情况下可取小些，以减小铣刀跳动量。但铣刀的宽度 L（或立铣刀的直径 d）应略小于齿槽的小端宽度，如图 5-23 所示。L（或 d）值按下式计算：

$$L(d) \leqslant \frac{d_1}{2} \sin\beta = \frac{d_1}{2} \sin\frac{180°}{z}$$

式中　$L(d)$——铣刀宽度（或直径），mm；

　　　β——离合器齿槽角，(°)；

　　　d_1——离合器齿圈内径，mm；

　　　z——离合器齿数。

故铣削图 5-18 所示奇数矩形齿离合器所用的三面刃铣刀宽度 L 必须符合以下条件：

$$L \leqslant \frac{30 \text{ mm}}{2} \sin36° \approx 15 \times 0.588 \text{ mm} \approx 8.8 \text{ mm}$$

现选择 63 mm×8 mm×22 mm 三面刃铣刀来铣削该离合器。

2. 工件的装夹与校正

工件在分度头上采用三爪自定心卡盘装夹，装夹时应通过校正使工件的径向圆跳动和轴向圆跳动符合要求，并在工件的端面划出中心线，如图 5-24 所示。若在卧式铣床上加工，则将分度头主轴调整为与工作台面垂直。

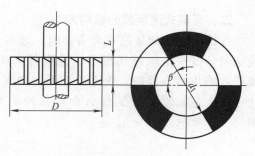

图 5-23 铣刀的选择

a)

b)

图 5-24 工件的装夹与校正

3. 对中与铣削齿槽

按划线将三面刃铣刀的一侧面刃对正工件中心或采用侧面擦刀法对中心，如图 5-25 所示。

对好中心后，启动机床使铣刀的圆周刃轻轻与工件的端面接触，然后退刀，按齿高 $T=7$ mm 调整切深，将分度头主轴和工作台不需进给的方向紧固，使铣刀穿过工件整个端面，铣削第一刀（见图 5-26），形成两个齿的各一个侧面。退刀后松开分度头主轴紧固手柄，使分度手柄转过 $40/z=40/5=8$ 转，然后重新紧固主轴，再进行下一次走刀。以同样方法铣完各齿。奇数齿离合器的走刀次数等于其齿数，如图 5-27 所示。

图 5-25 侧面擦刀法对中

图 5-26 铣削第一刀

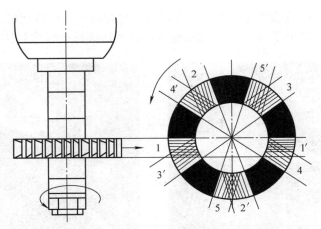

图 5-27　奇数齿离合器的铣削顺序

4. 铣削齿侧间隙

铣削齿侧间隙的方法有偏移中心法和偏转角度法两种。

（1）偏移中心法（见图 5-28）

这种方法只用于精度要求不高的工件，其方法是在铣刀对中心时将三面刃铣刀的侧面刃向齿侧方向偏过工件中心 0.2～0.3 mm，这样铣后的离合器齿变小，嵌合时就产生了间隙。但由于齿侧不通过工件中心，工作时齿侧接触面积减小，影响其承载能力。

（2）偏转角度法（见图 5-29）

这种方法适用于精度要求较高的离合器加工，其方法是铣完全部齿槽后，将工件按图样要求转过一个很小的角度 $\Delta\theta$（2°～4°），再对各齿齿侧铣削一次，使齿侧产生间隙，而齿侧仍然通过工件的中心。

由图 5-18 所示零件图中齿槽角和齿面角的偏差可知齿槽所占的中心角应大于齿面所占的中心角，故该离合器应采用偏转角度法来铣削齿侧间隙。

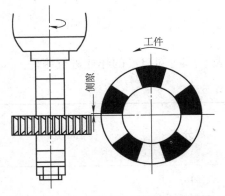

图 5-28　用偏移中心法铣削齿侧间隙

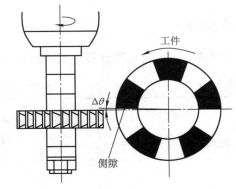

图 5-29　用偏转角度法铣削齿侧间隙

5. 矩形齿离合器的检测（见图 5-30）

矩形齿离合器的齿槽深度、齿的等分性可直接用游标卡尺分别测量齿顶到槽底的距离和每个齿的大端弦长是否相等。对于离合器的接触齿数和贴合情况，可将一对离合器套在标准心轴上，嵌合后用塞尺或涂色法检测其贴合齿数和贴合面积，一般接触齿数不得少于总齿数的一半，贴合面积不应少于60%。表面粗糙度用目测法或标准样块对比检测。

图5-30　矩形齿离合器的检测
a）测量齿顶到槽底的距离　b）测量各齿大端弦长　c）检测贴合齿数和贴合面积

◎作业测评

完成图5-18所示离合器的铣削操作后，填写表5-3，对自己的作业进行测评。

表5-3　　　　　　　　　　　　　矩形齿离合器作业评分表

测评内容		测评标准	测评结果与得分	总分	100分
图号	05—L3				
7 mm（5处）		25分		总得分	
齿的等分性（弦长15.45 mm）		25分		说明：齿的弦长等分误差不超过0.22 mm，每超差0.02 mm扣2分；啃刀、夹伤每处扣2分；工时定额为2 h，每超时1 min扣1分。操作中有不文明生产行为，酌情扣5～10分
贴合齿数及贴合面积		40分			
表面粗糙度（目测）		10分			

矩形偶数齿离合器的铣削

在铣削矩形偶数齿离合器时，一般仍用三面刃铣刀，但铣刀不能通过工件的整个端面，所以对铣刀的宽度 L 和最大直径 D 都有尺寸要求，如图 5-31 所示。铣刀宽度（或立铣刀直径）要求与铣奇数齿时相同，但为了既保证齿高又避免铣伤对面齿牙，直径 D 应满足下式要求：

$$2T+d<D\leqslant\frac{T^2+d_1^2-4L^2}{T}$$

式中　D——三面刃铣刀允许直径，mm；

T——离合器齿高，mm；

d——刀轴垫圈直径，mm；

d_1——离合器齿圈内径，mm；

L——三面刃铣刀宽度，mm。

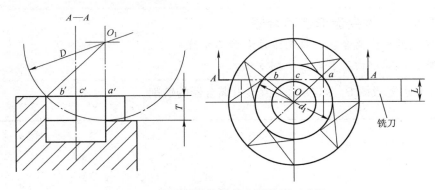

图 5-31　矩形偶数齿离合器的铣刀选择

当三面刃铣刀直径 D 无法满足上式要求时，或铣削直径大、齿数少（齿槽宽度大于 25 mm）的离合器时，应改用立铣刀在立式铣床上铣削。

铣削矩形偶数齿离合器时，工件装夹、校正、划线、对中心的方法与铣削奇数齿离合器相同。但铣矩形偶数齿离合器时，由于铣刀不能通过工件的整个端面，每次分度只能铣出一个齿的一个侧面，故要经过两次调整才能铣出准确的齿形。如图 5-32 所示为一个四齿的矩形齿离合器的铣削顺序。第一次调整使侧面刃 I 对准工件中心，通过分度依次铣出各齿的同侧齿侧面 1、2、3、4（见图 5-32a）。然后进行第二次调整，将工作台横向移动铣刀宽度 L，使铣刀的侧面刃 II 对准工件中心，并通过角度分度，使工件转过一个齿槽角 β（中心角）加一很小的规定角度 $\Delta\beta$（$\Delta\beta$ 值由图样给定），即转过 $\frac{180°}{z}+\Delta\beta$，铣出齿侧 5，再通过分度依次铣出各齿的另一侧面 6、7、8（见图 5-32b）。这样在完成侧面 5、6、7、8 铣削的同时也完成了各齿齿隙的铣削。

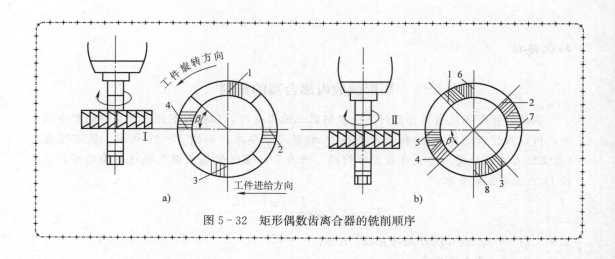

图 5-32　矩形偶数齿离合器的铣削顺序

§5-4　尖齿形齿离合器的铣削

◎ **工作任务——铣尖齿形齿离合器**

1. 掌握尖齿形齿离合器的铣削方法和加工步骤。

2. 了解其他收缩齿离合器的铣削方法。

本任务要求完成图 5-33 所示尖齿形齿离合器的铣削。

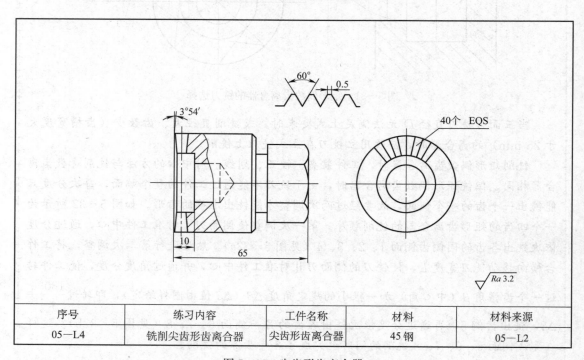

序号	练习内容	工件名称	材料	材料来源
05—L4	铣削尖齿形齿离合器	尖齿形齿离合器	45钢	05—L2

图 5-33　尖齿形齿离合器

◎ 工艺分析

尖齿形齿离合器是一种收缩齿离合器。它的齿面由两个对称的斜面组成，齿顶线和齿根线的延长线均通过工件的中心，齿形外端大、内端小，由外径向中心收缩，齿顶有一个小平面。其齿形角有 60°和 90°两种。图 5-33 所示尖齿形齿离合器的齿形角为 60°，其实物如图 5-34 所示。尖齿形齿离合器的加工工艺过程如下：

图 5-34　尖齿形齿离合器

$$\boxed{选择铣刀} \longrightarrow \boxed{安装、校正工件} \longrightarrow \boxed{划线对刀} \longrightarrow \boxed{试切调整} \longrightarrow \boxed{分度铣削}$$

◎ 相关工艺知识

由于在铣削收缩齿离合器时，分度头主轴轴线必须与工作台面保持一个夹角 α，因此在铣刀对中后，必须调整分度头的起度角，其调整方法如图 5-35 所示。先松开基座后方的两个紧固螺钉，用手扳动分度头主轴可使回转体转动，将回转体对应的刻线与压板上的起度"零位"刻线对齐，使分度头主轴与工作台面呈规定的角度，再将紧固螺钉锁紧。应注意的是，调整时不应将基座上靠近主轴前端的两个内六角紧固螺钉松开，否则会使压板上的主轴起度"零位"发生变动。

a)　　　　　　　　　　　b)　　　　　　　　　　　c)

图 5-35　分度头起度角的调整

◎ 工艺过程

1. 铣刀的选择

图 5-33 所示尖齿形齿离合器，其齿的齿面左右对称于轴中心平面，沿圆周展开的齿形角 $\varepsilon=60°$，而铣削尖齿形齿离合器时一般都选择廓形角 $\theta=\varepsilon$ 的对称双角铣刀（见图 5-36）铣削，并在满足切削接触弧深度 a_e 要求的情况下，铣刀直径应尽可能选小些。故选择廓形角 $\theta=60°$，规格为 60 mm×13 mm×22 mm×60°的对称双角铣刀铣削。

图 5-36　铣削尖齿形齿离合器用的对称双角铣刀

2. 工件的装夹与校正

铣削尖齿形齿离合器时，开始时工件的装夹和校正步骤与铣削矩形齿离合器完全相同（见图 5-37）；但在校正后，分度头主轴必须相对工作台面倾斜一个角度 α（起度角），如图 5-38 所示。起度角 α 可按下式计算：

$$\cos\alpha = \tan\frac{90°}{z}\cot\frac{\varepsilon}{2}$$

式中　z —— 离合器的齿数；

　　　ε —— 齿形角，（°）。

另外，α 值也可在相关手册中查得或根据图样给定的齿根线与端面的夹角算出。

根据图 5-33 所示零件图可知 $\alpha = 90° - 3°54' = 86°06'$。

铣刀对中时，只要将刀尖与划好的中心线对准即可，如图 5-39 所示。

图 5-37　工件校正　　　　图 5-38　起度角的调整　　　　图 5-39　按划线对中

3. 试切与调整

调整好分度头起度角 α、对正中心后，锁紧工作台横向；按分度手柄每齿转过 $n = 40/z = 40/40 = 1$ 转进行分度，慢慢上升工作台试切各齿槽；再逐步调整切深，使离合器齿顶小平面的宽度逐步趋近图样上的规定值 0.5 mm，合格后锁紧工作台垂向进给，并依次修铣出各齿齿槽，如图 5-40 所示。

a)　　　　　　　　　　b)　　　　　　　　　　c)

图 5-40　铣削尖齿形齿离合器时的试切与调整

4. 尖齿形齿离合器的检测

（1）齿槽深度 T 的检测

将平尺平放在外圆处的齿顶面上，用游标卡尺的两内量爪测量平尺到槽底的距离（即外圆处的齿槽深度）。

（2）齿形角 ε 的检测

一般用角度样板透光检测齿形是否准确。

（3）离合器接触齿数和贴合面积检测

批量生产时常用综合检测法检测：将一对离合器齿面相对，套在标准心轴上，嵌合后用塞尺或涂色法检测其接触齿数和贴合面积。一般接触齿数不得少于总齿数的一半，贴合面积不应少于 60%。

◎作业测评

根据以上步骤完成图 5-33 所示尖齿形齿离合器的铣削操作后，填写表 5-4，对自己的作业进行测评。

表 5-4　　　　　　　　　　尖齿形齿离合器作业评分表

测评内容		测评标准	测评结果与得分	总分	100 分
图号	05—L4				
尖顶小平面宽度 0.5 mm		15 分		总得分	
齿的等分性		25 分		说明：啃刀、夹伤每处扣 2 分；工时定额为 2 h，每超时 1 min 扣 1 分。操作中有不文明生产行为，酌情扣 5~10 分	
齿形角 60°		10 分			
贴合齿数及贴合面积		40 分			
表面粗糙度（目测）		10 分			

> **知识链接**
>
> ### 其他收缩齿离合器的铣削
>
> **一、梯形收缩齿离合器的铣削**
>
> 梯形收缩齿离合器与尖齿形齿离合器的铣削方法，除加工时所用铣刀和对中方法有所不同外，其装夹、校正及铣削过程基本相同。
>
> 铣削梯形收缩齿离合器，一般用廓形角 $\theta = \varepsilon$、刀具齿顶宽 B 等于离合器槽底宽度 b、有效工作高度 H 大于离合器外圆处齿槽深度 T 的梯形槽成形铣刀，或用相同廓形角的对称双角铣刀按要求将刀尖磨去改制而成，如图 5-41 所示。铣刀顶刃宽度 B 可按下式求得：
>
> $$B = D\sin\frac{90°}{z} - T\tan\frac{\varepsilon}{2}$$
>
> 式中　D ——离合器齿部外径，mm；
>
> 　　　T ——离合器外圆处齿高，mm；
>
> 　　　z ——离合器的齿数；
>
> 　　　ε ——离合器齿形角，(°)。
>
> 对中心方法如图 5-42 所示。其步骤如下：

1. 在调整分度头起度角之前，先使分度头主轴与工作台面呈垂直状态。

2. 将梯形槽成形铣刀的对称中心大致对准工件中心，适当调整切深，在工件的一侧径向试切一浅痕。

3. 降下工件，将工件转过180°，纵向移动工作台使铣出的切痕仍处于铣刀的下方，再慢慢上升工作台，观察铣刀的两侧刃是否与切痕重合，若重合则说明已对中；若铣刀仅为单侧接触，则应按图示方法将工件升至原刻度试切第二刀后，测量调整横向工作台，使铣刀离开接触的一侧距离 e。

4. 对好中心后，将分度头按公式 $\cos\alpha = \tan\dfrac{180°}{z}\cot\varepsilon$ 扳起起度角 α 并逐步调整切深，使工件外圆处的齿高 T 符合图样要求（尖齿），然后依次分度铣出各齿即可。

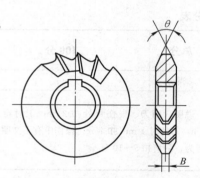

图 5-41　梯形槽成形铣刀

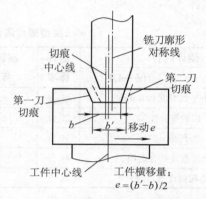

图 5-42　铣梯形收缩齿离合器时的对中心方法

二、锯齿形齿离合器的铣削

锯齿形齿离合器也是收缩齿离合器，其齿形角有 60°、70°、75°、80°、85° 等多种，齿顶通常留有 0.2～0.3 mm 的小平面。其加工方法与铣削尖齿形齿离合器相似，主要在铣刀的选择、对中心的方法和分度头起度角 α 的计算上有所不同。

1. 铣刀的选择

铣锯齿形齿离合器时，应选用廓形角 θ 等于离合器齿形角 ε 的单角铣刀加工。

2. 对中心的方法

一般用划线法对中心，即在工件的端面上先划出中心线，使单角铣刀的端面刃对准所划中心线即可（见图 5-43），然后将工作台锁紧。

3. 分度头起度角 α 的计算

分度头主轴相对于工作台面的夹角 α 按下式计算：

$$\cos\alpha = \tan\frac{180°}{z}\cot\varepsilon$$

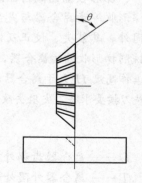

图 5-43　铣锯齿形齿离合器对中心的方法

§5-5　梯形等高齿离合器的铣削

◎ **工作任务——铣梯形等高齿离合器**

掌握梯形等高齿离合器的铣削方法和加工步骤。

本任务要求完成图 5-44 所示梯形等高齿离合器的铣削。

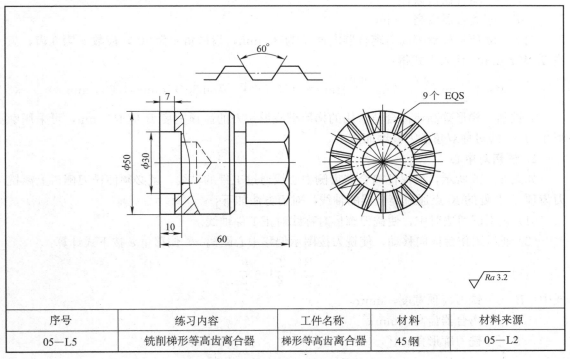

序号	练习内容	工件名称	材料	材料来源
05—L5	铣削梯形等高齿离合器	梯形等高齿离合器	45钢	05—L2

图 5-44　梯形等高齿离合器

◎ **工艺分析**

梯形等高齿离合器齿侧的中心线通过工件的中心, 齿顶和槽底宽度在齿长方向不相等。铣削时装夹与校正的方法和铣矩形齿离合器一样, 分度头主轴呈水平或垂直状态, 以便铣出相等的齿高。但在铣刀选择和对中心方法上与矩形齿和梯形收缩齿离合器均有所不同。其铣削工艺步骤如下:

选择铣刀 ⟶ 试切对中心 ⟶ 调整铣削

◎ 工艺过程

1. 铣刀的选择

铣削梯形等高齿离合器（见图5-44）时，一般选用如图5-45所示梯形齿成形铣刀加工，铣刀的廓形角应等于离合器的齿形角，铣刀的有效工作高度应大于离合器齿高 T；铣刀的齿顶宽度 B 应小于齿槽最小宽度，以免铣伤小端齿槽。

图5-45 梯形齿成形铣刀

铣刀齿顶宽度 B 可按下式求得：

$$B \leqslant \frac{d}{2}\sin\frac{180°}{z} - T\tan\frac{\varepsilon}{2}$$

式中　d ——离合器齿部内径，mm；

　　　ε ——离合器齿形角，(°)；

　　　z ——离合器齿数；

　　　T ——离合器齿高，mm。

图5-44所示梯形等高齿离合器内径 d 为30 mm，齿形角 ε 为60°，齿数 z 为9齿，齿高 T 为7 mm。代入上式得：

$$B \leqslant \left(\frac{30}{2}\sin\frac{180°}{9} - 7\tan\frac{60°}{2}\right) mm = (15\sin20° - 7\tan30°)\ mm \approx 1.089\ mm$$

故铣削该梯形等高齿离合器所用的梯形槽成形铣刀的齿顶宽度 B 应取1 mm，可采用廓形角为60°的对称双角铣刀修磨而成。

2. 试切对中心

如图5-46所示，要保证离合器齿侧中心线通过工件的轴线，就必须使铣刀侧刃上离铣刀齿顶 $T/2$ 处的 K 点通过离合器的轴线，对刀方法如下：

（1）先用试切法对中，使铣刀廓形对称线对正工件轴线。

（2）通过工作台横向移动，使铣刀按图示偏移中心距离 e，偏移量 e 按下式计算：

$$e = \frac{B}{2} + \frac{T}{2}\tan\frac{\theta}{2}$$

式中　B ——铣刀齿顶宽度，mm；

　　　T ——离合器齿高，mm；

　　　θ ——铣刀廓形角，(°)。

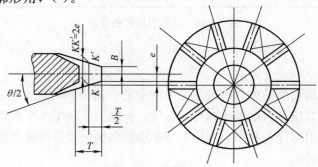

图5-46 铣削梯形等高齿离合器时对中心的方法

故铣削图 5－44 所示梯形等高齿离合器时，铣刀对中心后工作台横向偏移量 e 为：

$$e＝（0.5＋3.5 \tan30°）\text{ mm} ≈ 2.52\text{ mm}$$

操作提示

1. 选择铣刀时应注意，梯形齿成形铣刀齿顶宽度 B 要小于齿槽最小宽度，以免铣伤小端齿槽。故应认真计算，合理确定铣刀的各个参数。

2. 对中心前最好先划线，在调整偏移量时要计算准确，保证移动后使 K 点通过中心。

3. 工作中应注意消除分度间隙，保证齿的等分性。

4. 梯形等高齿离合器一般均为奇数齿，故其铣削方法与铣奇数矩形齿离合器基本相同。

5. 铣刀穿过离合器整个端面，一次进给可铣出相对两齿的不同侧面。

6. 有侧隙要求时，应用偏转角度法铣出侧隙。

◎ **作业测评**

完成图 5－44 所示梯形等高齿离合器的铣削操作后，填写表 5－5，对自己的作业进行测评。

表 5－5　　　　　　　　　　梯形等高齿离合器作业评分表

测评内容		测评标准	测评结果与得分	总分	100 分
图号	05—L5				
齿高 7 mm		15 分		总得分	
齿的等分性		25 分			
齿形角 60°		10 分		说明：啃刀、夹伤每处扣 2 分；工时定额为 3 h，每超时 1 min 扣 1 分。操作中有不文明生产行为，酌情扣 5～10 分	
贴合齿数及贴合面积		40 分			
表面粗糙度（目测）		10 分			

§5－6　矩形齿花键轴的铣削

◎ **工作任务——铣花键轴**

1. 掌握花键轴铣削的工艺方法。

2. 掌握花键轴的检测方法。

本任务要求完成图 5-47 所示矩形齿花键轴的铣削。

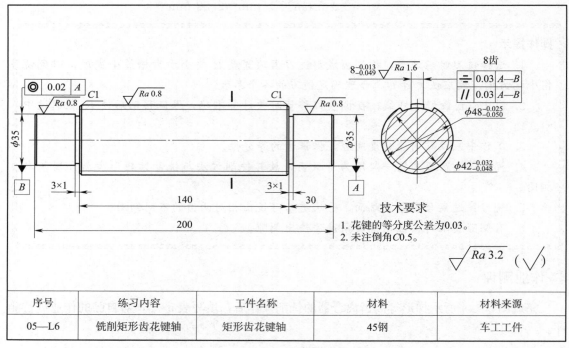

图 5-47 矩形齿花键轴

序号	练习内容	工件名称	材料	材料来源
05—L6	铣削矩形齿花键轴	矩形齿花键轴	45钢	车工工件

◎ 工艺分析

图 5-47 所示为一大径定心、齿数为 8 齿的矩形齿花键轴。花键轴（外花键）是机械设备中广泛应用的零件。花键轴通常采用铣削或滚切的方法成形，再经磨削花键达到设计图样要求。从图 5-47 所示花键轴图样中不难看出，花键的键宽 B、大径 D 及齿侧与工件轴线的平行度和对称度精度要求较高，花键轴的各键齿应等分于工件圆周，另外对小径 d 的尺寸精度及各加工表面的表面粗糙度也有一定的要求。由花键轴单个齿的结构（见图 5-48）可以看出，要去除键齿两侧的余量，相当于在轴上铣削对称于轴线的双面台阶。所以，在单件修配及小批量生产时，可结合前面已练习过的铣台阶的方法和在分度头上装夹轴类工件的方法，在卧式铣床或立式铣床上利用分度头进行铣削加工。由于本任务中坯件已车削成形，两端打有中心孔，为保证产品质量，铣削之前应对坯件进行检查。该矩形齿花键轴铣削的工艺过程为：

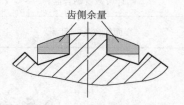

图 5-48 单个花键齿齿侧余量

加工准备 ⟶ 粗铣齿槽侧面 ⟶ 精铣齿槽侧面 ⟶ 修铣小径圆弧 ⟶ 检测

◎ 相关工艺知识

一、花键连接简介

在机械传动中，带键齿的轴（外花键）和花键套（内花键）组成花键连接。花键连接是两零件上周向等距分布且齿数相同的键齿相互啮合，并传递转矩或运动的同轴偶件，是一种能传递较大转矩和定心精度较高的连接形式。在机床、汽车等机械的变速箱中，大都采用花键齿轮套与花键轴（见图5-49）配合滑移做变速传动，应用十分广泛。

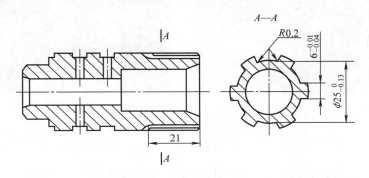

图5-49　花键轴（外花键）

花键按齿廓形状不同可分为矩形花键和渐开线花键两类。其中矩形花键的齿廓呈矩形，加工容易，应用更为广泛。

矩形花键连接的定心（即花键副工作轴线位置的限定）方式有小径定心、大径定心和齿侧（即键宽）定心三种，如图5-50所示。

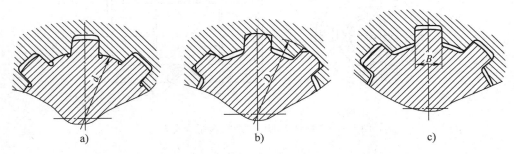

图5-50　矩形花键连接的定心方式
a）小径定心　b）大径定心　c）齿侧定心

成批、大量生产时，外花键（花键轴）在花键铣床上用花键滚刀按展成原理加工，这种加工方法具有较高的加工精度和生产率，但必须具备花键铣床和花键滚刀。

在单件、小批量生产或缺少花键铣床等专用设备的情况下，常在铣床上利用分度头装夹，分度铣削矩形齿外花键。

二、花键轴的铣削方法

1. 铣削花键齿侧的方法

用铣床铣削花键轴，主要适用于单件生产或维修加工以大径定心的矩形齿花键轴，或对以齿侧定心的矩形齿花键轴进行粗加工，这类花键轴的外径或齿侧精度通常由磨削加工来保证。在铣床上对花键轴的齿侧面进行铣削的方法主要有三面刃铣刀铣削法和成形铣刀铣削法两种。因为成形铣刀制作比较困难，所以通常情况下多采用三面刃铣刀铣削齿侧面，铣削时可分为单刀铣削和组合铣刀铣削，如图5-51所示。

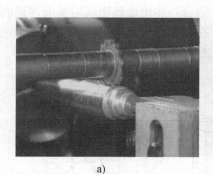 

a)　　　　　　　　　　　　b)

图 5-51　用三面刃铣刀铣削键齿侧面
a) 单刀铣削花键齿侧面　b) 组合铣刀铣削花键齿侧面

当齿侧精度要求较高、花键轴的数量较多时，在用前两种方法粗铣后，可用硬质合金组合铣刀盘（见图 5-52）精铣齿侧。硬质合金组合铣刀盘上共有两组铣刀头，每组两把，其中一组为铣齿侧用，另一组为加工花键两侧倒角用。每组刀的左右刀齿间距离及中心位置均可根据键宽或花键倒角的大小及位置进行调整。

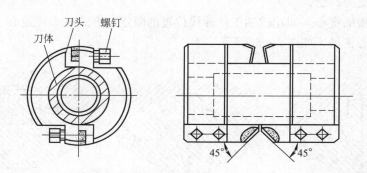

图 5-52　精铣齿侧用硬质合金组合铣刀盘

工件的精铣余量一般为 0.15～0.20 mm。铣削速度可选取 120 m/min 以上，进给速度可选取 150～375 mm/min。精铣后的齿侧表面粗糙度可达 $Ra1.6\sim0.8\ \mu m$，一定程度上可代替花键磨床加工。

2. 花键轴小径圆弧的铣削方法

若花键轴不以其小径定心，则小径的加工精度要求较低，一般只要不影响其装配和使用即可。这一类花键的小径圆弧可以在铣床上进行铣削。根据生产情况，其小径圆弧面可以采用锯片铣刀铣削，也可以采用成形刀头铣削，如图 5-53 所示。

◎ **工艺过程**

1. 加工准备

（1）选择铣刀

现采用一把三面刃铣刀铣齿侧。在用单刀铣齿侧时，若花键齿数少于 6 齿，一般无须考虑铣刀的宽度；当齿数多于 6 齿时，刀齿宽度太大会铣伤邻齿。因此，选择三面刃铣刀的宽

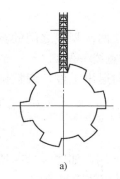
a)

b)

图 5-53　小径圆弧的铣削

a) 用锯片铣刀修铣小径圆弧　b) 用成形刀头修铣小径圆弧

度应小于小径上两齿间的弦长，如图 5-54 所示。铣刀宽度尺寸的选择可按下式进行计算：

$$L \leqslant d\sin\left(\frac{180°}{z} - \arcsin\frac{B}{d}\right)$$

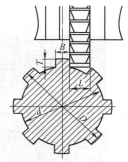

图 5-54　铣刀宽度的选择

式中　L ——三面刃铣刀的宽度，mm；

　　　z ——花键键齿数；

　　　B ——花键键宽，mm；

　　　d ——花键小径，mm。

故选择铣刀宽度 L 应为：

$$L \leqslant d\sin\left(\frac{180°}{z} - \arcsin\frac{B}{d}\right) = \left[42\sin\left(\frac{180°}{8} - \arcsin\frac{8}{42}\right)\right] \text{mm} \approx 8.39 \text{ mm}$$

实际可选用 80 mm×8 mm×27 mm 三面刃铣刀。在 X6132 型卧式铣床上安装好三面刃铣刀，调整主轴转速为 118 r/min，进给速度为 95 mm/min。

（2）装夹并校正工件

校正好分度头及尾座后，采用"一夹一顶"方式装夹工件。先校正工件两端的径向圆跳动，然后校正工件上素线与工作台面平行，并校正工件侧素线与工作台纵向进给方向平行，如图 5-55 所示。

a)

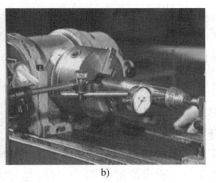
b)

图 5-55　工件的校正

a) 校正工件上素线　b) 校正工件侧素线

2. 粗铣齿侧

在工件表面涂色后进行划线，如图5-56所示。调整使两次划线之间的宽度等于键宽。将工件划线部分向上转过90°后，使三面刃铣刀的侧刃距键宽线一侧0.3～0.5 mm，粗略对刀。启动机床，上升工作台，使铣刀轻轻划着工件后，纵向退出工件，调整铣削宽度 t（即铣入深度 a_e），可按下式调整（见图5-57）：

$$t=(D-d)/2+0.5 \text{ mm}$$

即 $t=(48-42)\text{mm}/2+0.5 \text{ mm}=3.5 \text{ mm}$。

现按 $a_e=3.5 \text{ mm}$ 上升工作台调整键齿深度，并试铣齿侧，如图5-58所示。试切后，用直角尺尺座紧贴工作台面，尺苗侧面靠紧工件一侧，测量齿侧距尺苗的水平距离 S。理论上，水平距离 S 与大径 D 和键宽 B 的关系由图5-57可知：

$$S=\frac{D-B}{2}$$

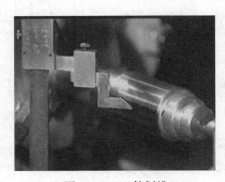

图5-56　工件划线

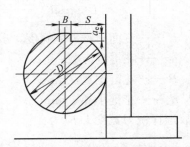

图5-57　铣刀位置的调整

若齿侧还要进行精铣工序，则调整时可考虑单侧留出0.15～0.2 mm余量。实测尺寸若与理论值不相符，则按差值重新调整横向工作台位置，再次试铣后重新测量，直至符合要求，锁紧横向工作台，依次分度铣出各齿同一齿侧。

完成键齿同一侧面的铣削后，将工作台横向移动距离 A，铣削键齿的另一侧面。通过试铣，测量调整键宽尺寸，使之符合加工要求。然后锁紧横向工作台，依次分度铣出各齿另一齿侧。

工作台移动距离 A 与铣刀宽度 L 和键宽尺寸 B 的关系由图5-59可知：

$$A=L+B+(0.2\sim0.3) \text{ mm}$$

即工作台横向移动距离 $A=L+B+0.3 \text{ mm}=8 \text{ mm}+8 \text{ mm}+0.3 \text{ mm}=16.3 \text{ mm}$。

分齿分度时，分度手柄每次应转过 $n=\dfrac{40}{z}=\dfrac{40}{8}=5$ 转。花键轴齿侧的铣削顺序如图5-60所示。

3. 用硬质合金组合铣刀盘精铣齿侧

粗铣后，可用杠杆百分表对键齿对称度进行检测，如图5-61所示。方法是用杠杆百分表检测如图5-60所示位置齿侧11的高度与齿侧7的高度。若两侧的检测高度一致，说明两齿侧对称；若两齿侧不等高，则可根据齿侧11、齿侧7高度差及键宽尺寸 B 的余量情况，调整硬质合金组合铣刀两刀尖的距离和单边切深。调整后对键齿端部试铣，至检测的键齿宽度、深度和对称度均合格后，用硬质合金组合铣刀盘将各齿侧进行精铣。铣削时主轴转速可选择600 r/min。

图 5-58　按划线试铣工件

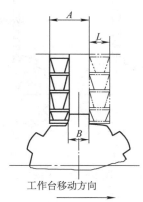

工作台移动方向

图 5-59　铣削另一齿侧时的调整

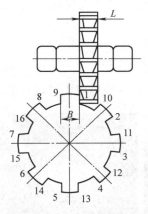

图 5-60　齿侧的铣削顺序

图 5-61　对称度的检测

4. 铣削小径圆弧面

齿侧铣好后，槽底的凸起余量可用装在同一刀杆上、厚度为 2～3 mm 的细齿锯片铣刀修铣成接近圆弧的折线槽底面。

用锯片铣刀铣削小径圆弧时，应先将铣刀对准工件的中心（见图 5-62a），然后将工件转过一个角度并调整好切深，开始铣削槽底圆弧面（见图 5-62b、c）。铣槽底面时，每进行一次进给，将工件转过一个角度后再次铣削。每次工件转过的角度越小，铣削进给的次数就越多，槽底就越接近圆弧面。

用锯片铣刀去小径的余量后，换装合适的成形刀头。成形的圆弧刀头一般用高速钢或硬质合金在砂轮机上手工刃磨而成，如图 5-63 所示。刀头两侧斜面的夹角略小于花键的等分角 θ，且对称于刀体的中心线。花键等分角 θ 与键齿数 z 有以下关系：

$$\theta = \frac{360°}{z}$$

故本任务中，$\theta = \dfrac{360°}{8} = 45°$。

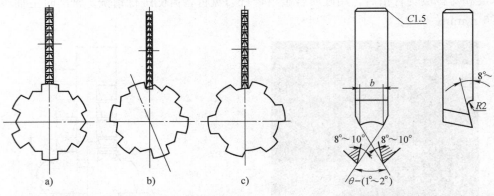

图 5-62　用锯片铣刀铣削小径圆弧

图 5-63　铣削小径的成形刀头

刀头圆弧直径 d_0 应等于工件小径 d。圆弧两刀尖应等高，两刀尖间的距离应略小于相邻两键间在小径上的弦长 b。弦长 b 与键齿宽度 B 和键齿数 z 存在以下关系：

$$b = d \sin\left(\frac{180°}{z} - \arcsin\frac{B}{d}\right)$$

即两刀尖间宽度应略小于 $b = 42\sin\left(\frac{180°}{8} - \arcsin\frac{8}{42}\right) \approx 8.39 \text{ mm}$

将成形刀头通过专用的刀夹安装在铣刀轴上（见图 5-64），即可对工件进行铣削。

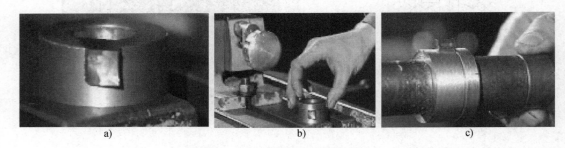

图 5-64　成形刀头的安装方法

圆弧刀头安装后将其对中心，使圆弧刀头以花键轴的轴线为对称中心。其方法是使花键两肩部同时与刀头圆弧接触，即铣刀对正中心，如图 5-65 所示。

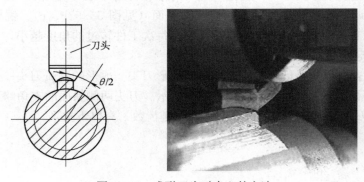

图 5-65　成形刀头对中心的方法

调整铣刀对正工件中心后，将工件转过 1/2 个花键等分角，使花键轴小径与成形铣刀相对，则分度手柄转动的转数 n 可由角度分度计算公式求得：

$$n = \frac{\theta/2}{9} = \frac{180/z}{9} = \frac{180/8}{9} = 2.5 = 2\frac{33}{66}$$

开动机床之前应注意先用手动转动主轴而切削刃不碰工件，然后将主轴转速调至 300 r/min，试铣相对 180°的 Ⅰ、Ⅱ 两处小径圆弧（见图 5-66），用千分尺检测槽底圆弧直径（见图 5-67），尺寸符合要求后将小径各段圆弧铣成。

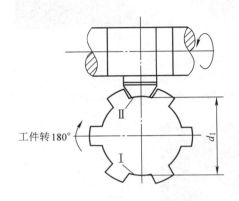

图 5-66　用成形刀头铣削小径

图 5-67　试切后测量槽底圆弧直径

5. 检验

在单件、小批量生产中，一般用通用量具（游标卡尺、千分尺和杠杆百分表等）对花键轴各单一检测要素的偏差进行检测，如图 5-68 所示。

在大批、大量生产中，对花键轴的检验则通过综合量规（见图 5-69）和单项止端量规相结合的方法。用花键综合量规可同时检验小径、大径、键宽的尺寸及位置误差等项目的综合影响，以保证花键的配合要求和安装要求。

由于综合量规相当于通端卡规，因此还需与单项止端量规（卡板）共同使用进行检验。检验时，综合量规通过而单项止端量规不通过则花键合格。

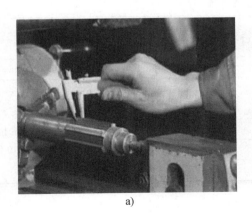

a)

b)

c)   d)

图 5-68　对花键轴的单一检测要素进行检测

a) 用游标卡尺检测花键轴的键宽　b) 用千分尺检测花键轴的小径
c) 用杠杆百分表检测花键齿的对称度　d) 在精密分度头上检测键齿的等分精度

图 5-69　用综合量规检验花键

◎ 作业测评

完成花键轴铣削操作后，结合铣花键轴作业评分表（见表 5-6），对自己的作业进行评价，对出现的质量问题分析原因，提出改进措施。

表 5-6　　　　　　　　　　　　铣花键轴作业评分表

测评内容		测评标准	测评结果与得分	总分	100 分
图号	05—L6				
$8^{-0.013}_{-0.049}$ mm（8 处）		24 分		总得分	
$\phi 42^{-0.032}_{-0.048}$ mm		20 分			
平行度 0.03 mm		16 分		说明：铣削中有碰伤、夹伤、啃伤等缺陷，每处扣 2 分；工时定额为 4.5 h，每超时 2 min 扣 1 分。操作中有不文明生产行为，酌情扣 5~10 分	
对称度 0.03 mm		16 分			
齿侧 $Ra1.6\ \mu m$、小径 $Ra3.2\ \mu m$		16 分			
花键齿的等分性		8 分			

课题六　特形面和球面的铣削

§6-1　手动进给铣曲面

◎ **工作任务——铣压板上的圆弧曲面**

1. 了解特形面的相关知识。
2. 掌握手动进给铣曲面的方法。

本任务要求用手动进给完成图 6-1 所示压板上圆弧曲面的铣削。

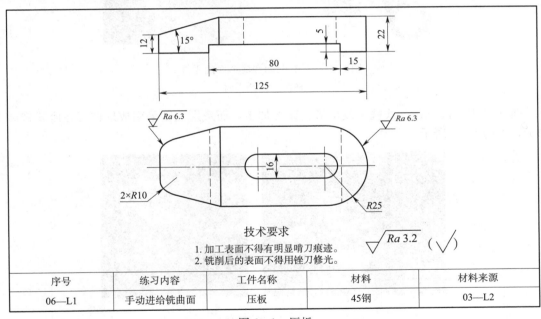

技术要求

1. 加工表面不得有明显啃刀痕迹。
2. 铣削后的表面不得用锉刀修光。

序号	练习内容	工件名称	材料	材料来源
06—L1	手动进给铣曲面	压板	45钢	03—L2

图 6-1　压板

◎ **工艺分析**

　　铣削曲面外形是铣工常见的工作内容之一，常用的方法有手动进给（双手联合进给）铣削曲面外形、在回转工作台上铣削曲面外形和利用仿形法铣削曲面外形等多种方法。加工单件、小批量精度要求不高的曲面零件时多采用手动进给铣削曲面外形。

　　如图 6-1 所示压板，其曲面外形（见图 6-2）主要有两个作用：一是便于装夹工件时减少对铣刀的妨碍，增加铣刀的活动空间；二是为了压板的外形更加美观。所以对其曲面外形的精度要求不高，故采用按划线手动进给铣削曲面外形较为方便。按划线手动进给铣削曲面外形的工艺步骤如下：

划线 ⟶ 选择铣刀 ⟶ 装夹工件 ⟶ 双手联合进给铣削

◎ **相关工艺知识**

　　一个或一个以上方向截面内的廓形为非圆曲线的形面称为特形面。只在一个方向截面内的廓形为非圆曲线的特形面称为简单特形面。简单特形面是由一线段沿非圆曲线平行移动而形成的。

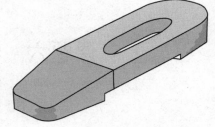

图 6-2　压板的曲面外形

　　简单特形面包括曲面和成形面。当直素线较短时称为曲线回转面（简称曲面），直素线较长的则称为成形面，如图 6-3 所示。

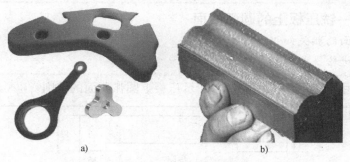

a)　　　　　　　　　　b)

图 6-3　具有曲面和成形面的零件

a）曲面　b）成形面

　　曲面可用立铣刀在立式铣床或仿形铣床上加工，而成形面则采用成形铣刀在卧式铣床上加工，如图 6-4 所示。

a)　　　　　　　　　　b)

图 6-4　曲面和成形面的加工方法

◎ **工艺过程**

1. 划线

先在毛坯表面按图样要求划出加工部位的轮廓线，并冲眼，如图 6-5 所示。

2. 工件的装夹

对于压板这样较规整的工件，可直接用平口钳进行装夹；而对于外形较复杂的工件，则可用压板压紧在工作台面上。工件在工作台面上装夹时下面应垫以平行垫铁，以防铣伤工作台。平口钳和工件在铣床上的安装位置要便于操作者观察与操作，当铣床正面没有纵向操作手柄时，工件要靠近纵向进给手柄一侧，压板应避开加工部位安装，如图 6-6 所示。

a)　　　　　　　　　　　　　b)

图 6-5　曲面加工的划线

3. 铣刀的选择

在铣削曲面时若是铣凸圆弧，铣刀直径大小不受限制；若是铣凹圆弧，则必须保证立铣刀半径等于或小于凹圆弧的曲率半径，即 $R_刀 \leqslant R_凹$，否则曲线外形将被破坏。另外，在条件允许的情况下，尽可能选取直径较大的立铣刀，以保证铣削时有足够的刚度。图样中压板的曲面外形均为凸圆弧，所以所选立铣刀的直径不受限制，故可选择直径为 20～25 mm 的立铣刀进行加工。

4. 铣削压板曲面外形

铣削时双手同时操作横向、纵向进给手柄，协调配合，如图 6-7 所示；双眼密切注视切削位置，使铣刀切削刃与划线始终相切，并铣去半个样冲眼。

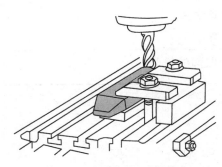

图 6-6　铣削压板时的装夹

图 6-7　双手联合进给铣削

操作提示

按划线手动进给铣削曲面的注意事项

1. 开始铣削前，应调整好工作台楔铁的松紧度，使工作台运动灵活，便于双手操作。

2. 余量大的地方应采用逐渐趋近法分几次将余量铣去，待余量均匀后一次精铣至尺寸。

3. 双手配合进给时，铣刀在两个方向上始终要保持逆铣，以免铣伤工件和折断铣刀。

4. 凸凹转换时要迅速协调，以免出现凸起或深啃。

5. 铣削外形较长且变化较平缓的曲面时，沿长度方向可采用机动进给，另一个方向采用手动进给配合。

由于手动进给铣削曲面外形生产效率低、加工质量不稳定，需要操作者手脑配合，不断变换进给方向和切削位置，并且要时刻注意始终保持逆铣，因此要想较熟练地掌握相关技能，需经过反复练习。

◎ **作业测评**

完成图 6-1 所示压板上各圆弧面的铣削后，填写表 6-1，对自己的作业进行测评。

表 6-1   手动进给铣曲面作业评分表

测评内容		测评标准	测评结果与得分	总分	100 分
图号	06—L1				
$R25$ mm		40 分			
$2 \times R10$ mm		40 分		总得分	
表面粗糙度		20 分			

说明：手动进给铣曲面的圆弧检测，主要通过目测结合半径样板进行。曲面上每有一处深啃，视程度扣 5～10 分；连接部分不光滑，每处扣 10 分。操作中有不文明生产行为，酌情扣 5～10 分

§6-2 在回转工作台上铣曲面

◎ **工作任务——铣曲面板**

1. 掌握在回转工作台上铣削曲面的装夹、校正方法。
2. 掌握在回转工作台上铣削曲面的方法和步骤。

本任务要求在回转工作台上完成图 6-8 所示曲面的铣削。

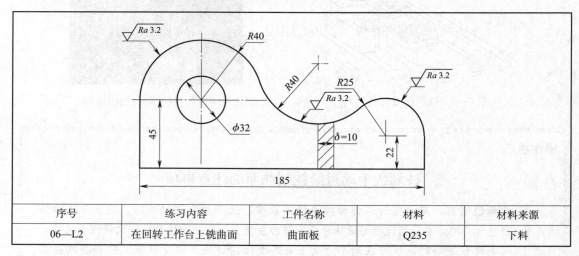

序号	练习内容	工件名称	材料	材料来源
06—L2	在回转工作台上铣曲面	曲面板	Q235	下料

图 6-8 曲面板

◎ **工艺分析**

铣削单件或数量较少的、由圆弧或圆弧与线段组成的曲线轮廓外形的零件时，大多利用

回转工作台在立式铣床上用立铣刀进行铣削。图 6-8 所示曲面板正是这样的典型零件，其加工工艺过程如下：

校正回转工作台 ⟶ 拟定加工顺序 ⟶ 装夹、校正工件 ⟶ 铣曲面

◎ 相关工艺知识

一、回转工作台及其功用

回转工作台又称圆转台，是铣床的主要附件之一。回转工作台的规格以圆工作台的外径表示，常用规格有 250 mm、320 mm、400 mm、500 mm 四种；定数有 60、90 和 120 三种，即回转工作台的手轮每转 1 转，圆工作台相应地转过 1/60 转（即 6°）、1/90 转（即 4°）和 1/120 转（即 3°），其中尤以定数为 90 的居多。回转工作台有手动、机动、立式、卧式及可倾式等多种形式，如图 6-9 所示。

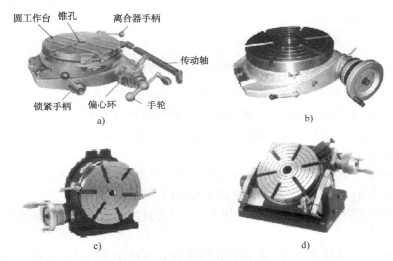

图 6-9　回转工作台

a) 机动回转工作台　b) 手动回转工作台　c) 立、卧两用回转工作台　d) 可倾回转工作台

回转工作台主要用于在其圆工作台面上装夹中、小型工件，进行圆周分度和作圆周进给铣削回转曲面，加工有角度、分度要求的孔或槽、工件上的圆弧槽、圆弧外形等。

二、在回转工作台上铣削曲面时的工艺要求

在回转工作台上铣削曲面时，为了保证工件圆弧中心位置和圆弧半径尺寸，以及使圆弧面与相邻表面圆滑相切，铣削时应确保以下几点：

1. 工件圆弧中心必须与回转工作台中心重合。

2. 准确地调整回转工作台与铣床主轴的中心距离。

3. 确定工件圆弧面开始铣削时回转工作台的转角（铣刀的切入点）。

4. 若工件圆弧面的两端都与相邻表面相切，要确定圆弧面铣削过程中回转工作台应转过的角度。

三、在回转工作台上铣削曲面时的相关原则（见图 6-10）

1. 为了保证逆铣，回转工作台回转方向的确定原则

（1）铣凸圆弧时回转工作台的旋转方向应与铣刀的旋转方向一致。

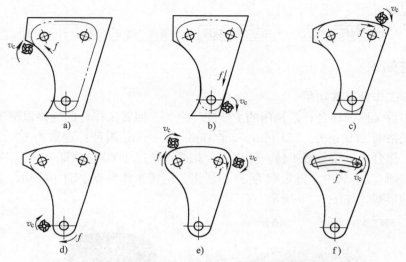

图 6-10　铣曲面时的铣削方向和铣削顺序

（2）铣凹圆弧时回转工作台的旋转方向应与铣刀的旋转方向相反。

2. 为了保证相邻表面圆滑连接，曲面加工先后顺序的确定原则

（1）当曲面的轮廓线同时有凸圆弧、凹圆弧、线段相互连接时，其总的加工顺序是先铣凹圆弧、再铣线段、最后铣凸圆弧。

（2）当凹圆弧与凹圆弧相接时，应先铣半径小的凹圆弧。

（3）当凸圆弧与凸圆弧相接时，应先铣半径大的凸圆弧。

（4）若凹圆弧与线段没有直接相接，中间有凸圆弧过渡时，则凹圆弧与线段的铣削顺序不限。

3. 为保证圆弧半径尺寸准确，应保证回转工作台与铣床主轴的中心距正确

（1）当铣削凸圆弧时，中心距应等于凸圆弧半径与铣刀半径之和。

（2）当铣削凹圆弧时，中心距应等于凹圆弧半径与铣刀半径之差。

四、回转工作台与铣床主轴同轴的校正

在曲面铣削时，为保证铣削半径（回转工作台与铣床主轴的中心距）的准确调整，回转工作台在铣床工作台上安装后，应先将回转工作台中心与铣床主轴校正同轴，确定工作台相对主轴的原点，并记住此时工作台的纵、横向位置和手柄刻度，以便工件多次对刀时计算调整。回转工作台与铣床主轴同轴度的校正方法如下。

1. 顶尖校正法

在回转工作台中心的孔中插入带中心孔的心轴，先不要将回转工作台在铣床工作台上压紧。将铣床主轴上夹一顶尖，移动工作台将顶尖对正心轴端面的中心孔，向下压紧回转工作台以达到两者同轴的目的，再将回转工作台紧固在铣床工作台上，如图 6-11 所示。此方法的特点是校

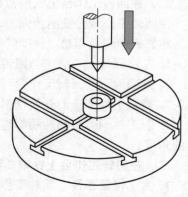

图 6-11　顶尖校正法

正速度快，但精度较低，适用于精度不高圆弧工件的加工。

2. 环表校正法

先校正铣床主轴与工作台面垂直，以避免影响校正精度。再将杠杆百分表固定在铣床主轴上，使百分表测头与回转工作台中心的内孔相接触，然后用手转动主轴，调整工作台位置，使百分表读数的摆动量不超过规定值即可，如图6-12所示。此方法的特点是精度高，适于高精度圆弧零件的加工。

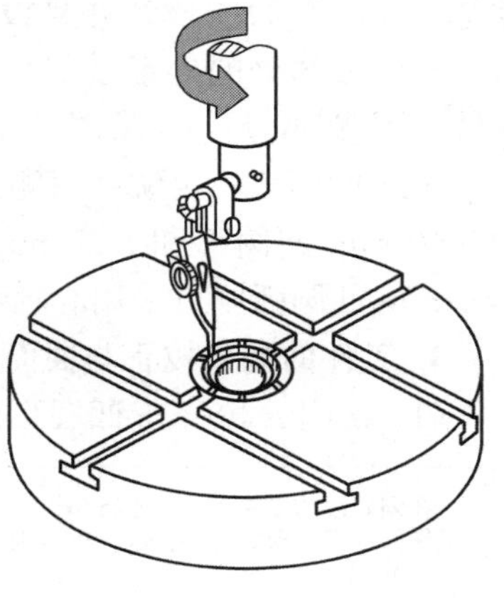

回转工作台与铣床主轴校正同轴后，在纵、横向进给手柄的刻度盘上做好标记，作为调整主轴与回转工作台中心距离及确定工件圆弧与相邻表面相切位置的依据。

图6-12　环表校正法

五、工件与回转工作台同轴的校正

完成铣床主轴与回转工作台同轴度校正后，可在立铣头主轴上插入顶尖，将工作台纵向（或横向）移动等于工件圆弧半径的距离，然后将已划好线的工件放在回转工作台上，调整工件，使转动回转工作台时顶尖描出的轨迹与工件圆弧线重合，如图6-13所示。也可以用划针或在铣刀上用润滑脂粘上大头针进行校正，如图6-14所示。

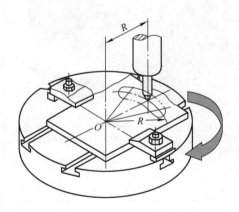

图6-13　用顶尖校正

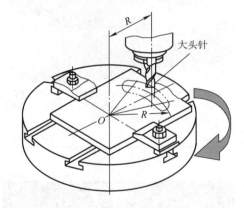

图6-14　用大头针校正

对于工件上有孔，且外形与孔同轴的曲面，可利用回转工作台的中心孔，直接用心轴定位。

◎ 工艺过程

1. 校正回转工作台

用环表法，将回转工作台的回转中心与铣床主轴轴线的同轴度误差校正到0.02 mm之内，记住此时工作台的纵、横向位置和手柄刻度及最终的移动方向并做出标记，以作为半径调整时的工作原点。

2. 拟定曲面板的加工顺序

根据在回转工作台上铣曲面的加工顺序确定原则及图6-8所示曲面板零件图可知该零

件基准面廓形为线段,并且没有与凹圆弧相切,所以可将线段廓形部分的外形铣好后再划出圆弧部分的轮廓线并铣削圆弧部分;圆弧部分的铣削顺序是先铣削中间 $R40$ mm 凹圆弧,再铣削两侧的凸圆弧(见图 6-15)。其中 $R40$ mm 凹圆弧和 $R25$ mm 凸圆弧采用按划线找正,$R40$ mm 凸圆弧则可采用心轴装夹校正。

图 6-15 圆弧轮廓的铣削顺序

3. 工件的装夹校正与曲面的铣削

(1) 铣削 $R40$ mm 凹圆弧面

在划好线的工件下垫上平行垫铁,平行垫铁不应露出轮廓线外,紧固用的压板、螺栓及平行垫铁长度要适合,以免损伤回转工作台和妨碍铣削。用压板、螺栓轻轻压住工件后开始校正

用钢直尺对中心。用钢直尺的侧面通过回转工作台内孔的中心,调整工件上的圆弧曲线与钢直尺上等于工件圆弧半径的刻度对齐

用划针校正。在立铣头上固定一划针,以回转工作台内孔的中心为基准,调整工作台使工件圆弧线对准划针尖,转动工作台并调整工件使划针尖的轨迹与工件圆弧线重合

装上直径为22 mm的铣刀进行铣削。先粗铣,再精铣。精铣时铣床工作台相对原点刻度移动的距离应为 $S=40$ mm-11 mm=29 mm;铣削时,铣刀顺时针旋转,回转工作台逆时针方向旋转

紧固工件,再复核一次

（2）铣削 $R25$ mm 凸圆弧面

铣削完 $R40$ mm 凹圆弧后，重新装夹工件，并校正 $R25$ mm 凸圆弧与回转工作台同轴，校正方法与铣削 $R40$ mm 凹圆弧时基本相同。精铣最后一刀时，铣床工作台相对原点刻度移动的距离应为 $S = 25$ mm$+ 11$ mm$= 36$ mm；铣削时，铣刀和回转工作台均顺时针旋转。铣削时应注意与 $R40$ mm 凹圆弧的光滑连接，如图 6 - 16 所示。

（3）铣削 $R40$ mm 凸圆弧面

在铣削 $R40$ mm 凸圆弧时，由于工件上有一与该圆弧同轴的 $\phi32$ mm 孔，故可直接用该孔进行定位装夹。

图 6 - 16　铣削 $R25$ mm 凸圆弧面

在回转工作台的中心孔内插入台阶心轴

利用工件上的孔，将工件插入心轴中定位

夹紧工件，即可达到工件与回转工作台同轴的目的

调整好与 $R40$ mm 凹圆弧相切的切入转角及中心距 51 mm，转动回转工作台即可铣出工件上的 $R40$ mm 凸圆弧部分。铣削结束时应注意与侧面直边的光滑连接，防止转过角度而造成"少肉"

曲面的其他加工方法

在实际生产中，批量生产时常常采用仿形法加工曲面。利用仿形夹具和专用仿形装置在通用机床上加工曲面或在专用仿形机床上加工曲面，可以大大提高生产效率，降低加工难度。实际上我们常见的电动配钥匙机就是一台简易的仿形铣床。另外采用数控铣床、线切割等数控技术加工曲面，更具有高精度、高效率的特点。

◎ 作业测评

完成图 6-8 所示曲面板上各圆弧面的铣削后，填写表 6-2，对自己的作业进行测评。

表 6-2 在回转工作台上铣曲面作业评分表

测评内容		测评标准	测评结果与得分	总分	100 分
图号	06—L2				
R40 mm 凹圆弧面		25 分		总得分	
R40 mm 凸圆弧面		25 分			
R25 mm 凸圆弧面		25 分			
表面粗糙度		25 分			

说明：装夹、校正的各项内容应在 1 h 内完成，每超时 1 min 扣 1 分。尺寸检测用半径样板进行。曲面上每有一处深啃，视程度扣 5～10 分；圆弧与圆弧连接不光滑，每处扣 15 分；连接部分不光滑，每处扣 10 分。操作中有不文明生产行为，酌情扣 5～10 分。

§6-3 用成形铣刀铣成形面

◎ 工作任务——铣成形滑板

1. 了解成形铣刀的相关知识。
2. 掌握用成形铣刀铣削成形面的方法和步骤。
3. 掌握成形面的检测方法。

本任务要求用成形铣刀完成图 6-17 所示成形面的铣削。

◎ 工艺分析

图 6-17 所示成形滑板的廓形曲线的曲率均较小（R8 mm、R10 mm），而直素线较长（100 mm），所以无法用立铣刀的圆周刃进行加工，而要用专用的成形铣刀在卧式铣床上进行铣削。其加工工艺步骤如下：

划线，用普通铣刀粗铣 ——→ 安装成形铣刀精铣 ——→ 用样板检测

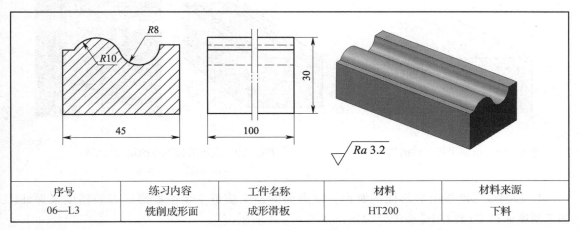

序号	练习内容	工件名称	材料	材料来源
06—L3	铣削成形面	成形滑板	HT200	下料

图 6-17　成形滑板

◎ 相关工艺知识——成形铣刀

　　成形铣刀要求其切削刃的截面形状和工件的成形表面完全吻合。成形铣刀为了刃磨后仍然保持原截面形状，其齿形一般为铲齿结构，齿背曲线为阿基米德螺线，前角一般为 0°，如图 6-18 所示。当工件加工余量较大时，应先用普通铣刀粗铣去除大部分余量后，再用成形铣刀精铣。精铣时铣削用量应适当降低。

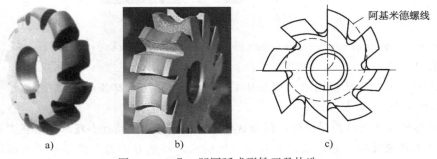

图 6-18　凸、凹圆弧成形铣刀及构造

　　成形铣刀用钝后应及时刃磨，以减少刃磨量，提高刀具的使用寿命。成形铣刀刃磨时只刃磨前面。

　　成形铣刀分为盘形成形铣刀和组合成形铣刀，分别用来铣削较窄和较宽的成形表面。

◎ 工艺过程

　　1. 用划线样板在毛坯表面划出成形表面的加工线，如图 6-19 所示。

　　2. 安装、校正平口钳，装夹、校正工件，用普通铣刀粗铣去除大部分余量，如图 6-20a 所示。

　　3. 用 R10 mm 凹圆弧成形铣刀对成形滑板上的凸圆弧进行精铣（见图 6-20b），用 R8 mm 凸圆弧成形铣刀对成形滑板上的凹圆弧进行精铣。精铣时铣刀切入进给速度要慢，以防止铣刀因振动而折断刀齿。

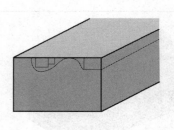
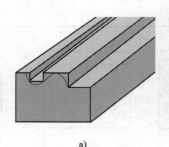

图 6-19 成形滑板工件的划线　　　图 6-20 成形滑板工件的粗铣与精铣
　　　　　　　　　　　　　　　　　　　a) 粗铣　b) 精铣

4. 检测成形滑板上成形面的廓形。成形面的加工质量主要由成形铣刀的精度来保证，加工精度通过专用检测样板进行检测，如图 6-21 所示。

图 6-21 成形面廓形的检测

操作提示

1. 成形铣刀制造比较困难，刃磨比较费时，为了提高刀具的耐用度，铣削速度应比圆柱形铣刀低 25% 左右。

2. 成形铣刀不允许用得很钝，因为这样会失去成形面的精度和增加刃磨铣刀的难度。

3. 当工件接近铣刀时，应使铣刀慢慢地切入，以免刀齿因为突然撞击而损坏。

◎ **作业测评**

完成图 6-17 所示成形滑板的铣削，填写表 6-3，对自己的作业进行测评。

表 6-3　　　　　　　　　　成形滑板作业评分表

测评内容		测评标准	测评结果与得分	总分	100 分
图号	06—L3				
装夹、校正		40 分		总得分	
R8 mm 凹圆弧		10 分			
R10 mm 凸圆弧		10 分		说明：装夹、校正的各项内容应在 1 h 内完成，每超时 1 min 扣 1 分。操作中有不文明生产行为，酌情扣 5~10 分
廓形准确性		25 分			
表面粗糙度		15 分			

§6-4 铣外球面

◎ **工作任务——铣削单柄外球面手柄**

1. 了解球面的铣削原理。
2. 掌握带柄外球面的铣削方法和加工步骤。
3. 了解球面的检测方法。
4. 了解其他形状球面的铣削方法。

本任务要求完成图6-22所示外球面的铣削。

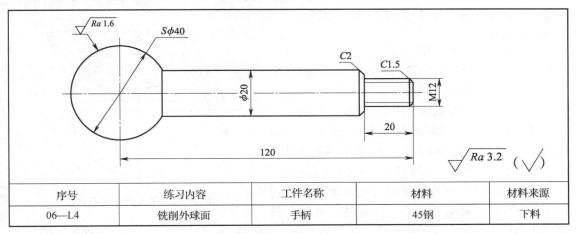

序号	练习内容	工件名称	材料	材料来源
06—L4	铣削外球面	手柄	45钢	下料

图6-22 手柄

◎ **工艺分析**

图6-22所示为单柄外球面手柄，球面直径 $D_球 = 2R_球 = 40$ mm，柄部直径 $D = 20$ mm。铣削外球面时，一般均用硬质合金铣刀在立式铣床上用展成法铣削，如图6-23所

图6-23 用硬质合金铣刀采用展成法铣削球面

示。其工艺步骤如下：

```
相关准备计算 → 安装、调整分度头 → 安装、调整铣刀
球面质量检测 ← 对刀铣削 ← 装夹、校正工件
```

◎ 相关工艺知识

一、球面的铣削原理

1. 球面的特点及铣削加工原理

半圆曲线绕其直径回转一周所形成的曲面称为球面。球面具有以下特点：

（1）球面上任意一点到其中心（球心）的距离都相等，这个距离就是球的半径 R。

（2）任一个平面与球面相截，所得截面图形都是一个圆。

（3）任一截形圆的圆心 O_1 是球心 O 在截面上的投影，截形圆的半径 r 由球的半径 R 和球心到截面的距离 e 的大小决定，如图 6-24 所示。由图可知：

$$r = \sqrt{R^2 - e^2}$$

式中　r——截形圆的半径，mm；

　　　R——球半径，mm；

　　　e——球心到截面的距离，mm。

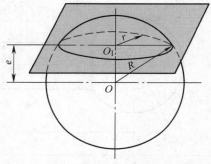

图 6-24　平面截球的截形圆

由上式可知，到球心距离相等的不同平面截同一个球时，截得的各截形圆半径都相等。球面铣削就是基于这一原理的一种加工方法。

铣削时，只要铣刀回转时刀尖运动的轨迹圆与被加工球面的截形圆重合，同时使工件绕与铣刀回转轴线相交的自身轴线回转，就能加工出所需的球面。铣刀回转轴线与工件轴线的交点即球心。

2. 球面铣削的基本原则

根据上述加工原理，球面铣削的三个基本原则：

（1）铣刀回转轴线必须通过球心，以使刀尖的回转运动轨迹与球面的某一截形圆重合。

（2）以铣刀刀尖回转半径及截形圆所在截平面到球心的距离确定球面的半径尺寸。

（3）以铣刀回转轴线与球面工件轴线的交角确定球面的加工位置。

二、加工外球面用的铣刀

外球面一般采用机夹式刀盘上安装硬质合金铣刀头来加工，以便于调整刀尖回转直径。铣刀及刀头的形状和角度如图 6-25 所示。

三、铣削单柄球面时的相关调整

在铣削单柄球面时，铣刀或工件应扳一个角度 α，使铣刀旋转轴线与工件回转轴线相交于球心。其目的是使铣刀的刀尖在完成铣削时，应分别通过球面顶点 a（回转轴线与球面的交点）和球面与柄的上素线的连接点 b，主轴或分度头扳角度的目的就是为了使工件仰起一个起度角 α 后，工件上的这两点的连线恰好处于与主轴轴线垂直的位置，此时铣刀轴线与工

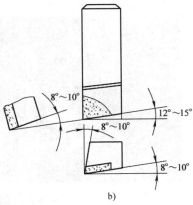

图 6-25 铣削球面用的铣刀及刀头

a) 铣刀 b) 刀头

件轴线应交于球心 O，而截形圆的直径（铣刀直径 d_c）即为这两点间的线段距离 ab，如图 6-26 所示。由图可知：

$$\alpha = \frac{1}{2}\arcsin\frac{d}{2R}$$

$$r_c = R\cos\alpha$$

式中　r_c ——铣刀刀尖回转半径，mm；

　　　R ——球面半径，mm；

　　　d ——球柄的直径，mm。

◎ 工艺过程

1. 计算分度头起度角 α 和刀尖回转半径 r_c

$$\alpha = \frac{1}{2}\arcsin\frac{d}{2R} = \frac{1}{2}\arcsin\frac{20}{40} = 15°$$

$$r_c = R\cos\alpha = 20\ mm \times \cos 15° \approx 19.32\ mm$$

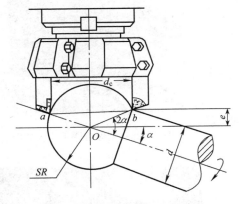

图 6-26　单柄球面的铣削原理

2. 安装、校正分度头

调整分度头主轴轴线与工作台面平行及与纵向进给方向平行。

3. 安装、调整铣刀盘（见图 6-27）

采用切痕调整法调整铣刀盘刀尖回转半径 r_c 等于计算值（19.32 mm）。即先将刀头装在刀盘上，大体测量一下两刀尖间尺寸，并通过手动回转刀盘，用游标高度卡尺检测两刀尖回转半径是否一致。固定后试铣出一个圆形刀痕，测量圆形刀痕后对刀头进行调整，使刀尖回转直径符合要求。

4. 装夹、校正工件

（1）以毛坯端面为基准，以球面半径 R 值为尺寸，在球面毛坯圆周划线，如图 6-28 所示。

（2）将工件装夹在分度头的三爪自定心卡盘上并用百分表校正，如图 6-29 所示。

（3）用游标高度卡尺划出中心线，与圆周线相交于 O 点，转动分度头分度手柄使交点转过 90°与立铣头主轴相对，如图 6-30 所示。

（4）按计算值精确调整分度头起度角 α（15°），如图 6-31 所示。

图 6-27 安装、调整铣刀盘

图 6-28 划球心距端面位置线

图 6-29 安装、校正工件

图 6-30 划出球心位置（O点）

图 6-31 调整分度头起度角

5. 对中心

在铣床主轴锥孔内插入一顶尖，将尖端对准中心 O 点（见图 6-32a）后，先降下工作台，然后将工作台纵向移动距离 S，即可对中。由图 6-32b 可知：

$$S = R\sin\alpha$$

式中　R ——球面半径，mm；

　　　α ——工件倾斜角度，(°)。

故工作台只要沿纵向移动距离 $S = R\sin\alpha = 20 \text{ mm} \times \sin 15° \approx 5.18 \text{ mm}$，铣刀盘回转轴线即可通过球心。

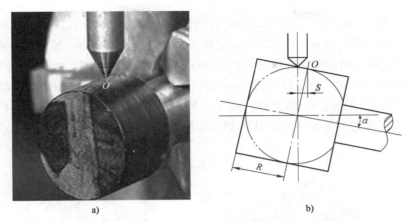

图 6 - 32　主轴对中

6. 球面的铣削（见图 6 - 33）

对好中心后，锁紧工作台纵向、横向紧固手柄，装上铣刀盘，启动机床主轴，利用垂直进给调整切深，转动分度头手柄带动工件铣削。若工件表面呈网状刀纹，则说明工件回转轴线与铣刀回转轴线已相交，工件每转一周调整切深一次。粗铣后检测球面直径，并根据余量

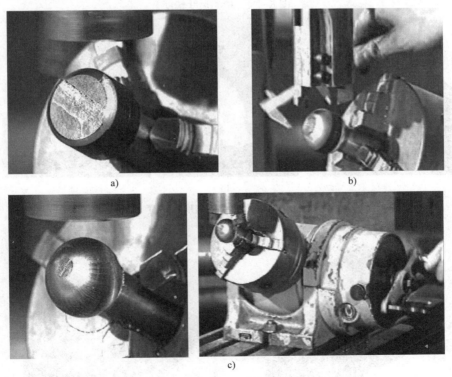

图 6 - 33　外球面的铣削过程

a）利用垂直进给调整切深　b）粗铣后检测球面直径　c）根据余量采用分层补充进刀

采用分层补充进刀，直至符合尺寸要求时再光铣两周，等表面粗糙度符合要求时先降下工作台，再停止工件转动。

7. 检测

球面的尺寸精度用游标卡尺或千分尺直接测量，如图 6-34 所示。

形状精度用检测样板检测。检测时，应使样板平面通过球面中心，转动工件或样板，利用透光法观察球面与样板曲面的贴合情况，来检测球面加工的形状精度，如图 6-35 所示。形状精度还可通过目测法检测。通过目测观察加工好的球面的切削纹路，如果切削纹路为交叉网纹，表示球面形状是正确的；若切削纹路为单向，则表明该球面形状不正确，如图 6-36 所示。

表面粗糙度可通过目测法或比较法检测，如图 6-37 所示。

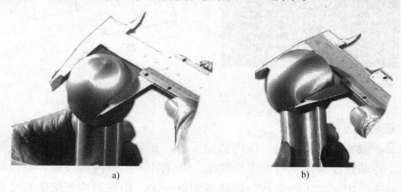

图 6-34　检测尺寸精度

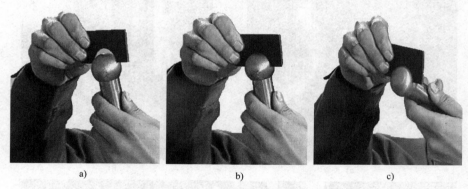

图 6-35　用样板检测形状精度

图 6-36　用目测法检测形状精度

图 6-37　用比较法检测表面粗糙度

操作提示

1. 转动分度头手柄时速度应均匀，快慢应适当。

2. 铣到尺寸后应先降下工作台，再停止工件转动，以免啃伤工件表面。

3. 回转工件时应注意保持逆铣，以免因顺铣而造成窜动和梗刀。

4. 通过垂向进给进刀时，每次进刀量不宜过大，粗铣时 a_p 可取 1～3 mm，半精铣时 a_p 可取 0.5 ～1 mm，精铣时 a_p<0.5 mm。

◎ 作业测评

完成图 6-22 所示单柄外球面手柄的铣削后，填写表 6-4，对自己的作业进行测评。

表 6-4　　铣单柄外球面手柄作业评分表

测评内容		测评标准	测评结果与得分	总分	100 分
图号	06—L4				
$S\phi40$ mm		30 分		总得分	
球的形状精度		25 分		说明：工时定额 120 min，每超时 1 min 扣 1 分。操作中有不文明生产行为，酌情扣 5～10 分	
球的位置精度（与柄的连接）		25 分			
表面粗糙度		20 分			

知识链接

其他形状球面的铣削方法

对于不同形状的球面，就铣削原理而言是相同的，只是球面在工件上所处的位置不同，所以在铣削时铣刀刀尖所处的截形圆的位置有所不同，也就是说在铣削时工件与铣刀回转轴线的交角 α、截形圆直径（刀尖回转直径）d_c 和截形圆距球心的偏心距 e 有所不同。这样在铣削不同形状的球面时，相应的装夹和调整也就有所不同。

常见的其他形状的球面有等直径双柄外球面、冠状外球面、带状外球面、冠状内球面和带状内球面等。这里简单介绍前四种球面的铣削。

一、等直径双柄外球面的铣削

铣削等直径双柄球，工件装夹一般采用分度头一夹一顶的方法，铣削时铣刀轴线与工件回转轴线垂直相交于球心，如图 6-38 所示。铣削双柄球时，铣刀回转直径 d_c（刀尖回转直径）由图 6-39 可知：

$$d_c = \sqrt{4R^2 - d^2} = \sqrt{D^2 - d^2}$$

式中 R、D 分别为球面半径与直径，d 为柄直径。

铣刀头从刀盘中伸出的长度应大于被加工球面半径与柄部半径之差。

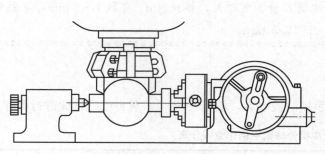

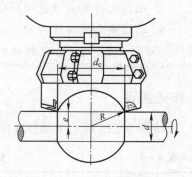

图 6-38　铣削等直径双柄球的装夹　　　　图 6-39　铣削等直径双柄球
　　　　　　　　　　　　　　　　　　　　　　　　　　　　时的位置关系

二、冠状外球面的铣削

铣削冠状外球面工件时，通常用三爪自定心卡盘将其装夹于回转工作台上，在立式铣床上用偏转立铣头的方法进行加工，如图 6-40 所示。由图可知：在铣削冠状球面时，相当于铣削一个只有小半个球面的单柄球；铣床主轴倾斜角度的目的是在铣刀的刀尖通过球冠顶点的同时，使其轴线与工件轴线相交于球心。此时另一侧的刀尖可落在冠状球面与轴的接点上或以外的一定区域内，即其最小刀尖回转直径 d_{cmin} 为顶点与接点间的弦长，由于轴线必须交于球心，因此当铣刀刀尖回转直径 d_c 增大时，铣床主轴所扳角度 α 也随之增大。这样，铣刀刀尖回转直径 $d_{c实}$ 和轴线实际倾斜角度 $\alpha_实$ 均可在一定范围内选择，二者之间存在以下关系：

$$\alpha_实 = \arcsin \frac{d_{c实}}{2R} = \arcsin \frac{d_{c实}}{D}$$

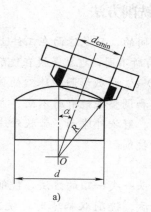

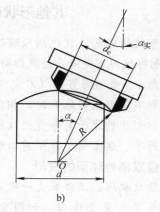

a)　　　　　　　　　　　　　　　　　　b)

图 6-40　铣削冠状外球面

三、带状外球面的铣削

铣削带状外球面，相当于铣削一个两端带有不同直径"柄"的外球面。由于铣削时的安装方法与铣削冠状球面时相同，工件轴线垂直于工作台面安装，因此必须要将立铣床主轴倾斜一个角度才能使其轴线与工件轴线相交于球心，而球带（球台）的上、下实际并无"柄的阻碍"，故刀尖截形圆直径和主轴所扳角度均可在一定范围内选择，如图 6-41 所示。由图 6-41a 可得：

$$d_{cmin} = 2R \sin \frac{\theta_2 - \theta_1}{2}$$

式中 $\theta_1 = \arcsin \dfrac{d_1}{2R}$，$\theta_2 = \arcsin \dfrac{d_2}{2R}$。

实际加工中，铣刀刀尖回转直径 $d_{实}$ 可略大于 d_{cmin}。$d_{实}$ 确定后，立铣头的偏转角度也可在一定范围内选择，即 $\alpha_{min} \leqslant \alpha \leqslant \alpha_{max}$。

由图 6-41a 可得：

$$\sin\beta = \frac{d_{c实}}{2R}$$

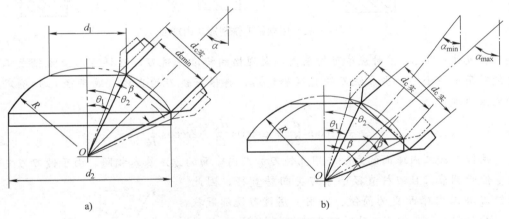

图 6-41　铣削带状外球面

由图 6-41b 可得：

$$\alpha_{max} = \theta_1 + \beta, \quad \alpha_{min} = \theta_2 - \beta$$

四、冠状内球面的铣削

铣削冠状内球面时，可采用立铣刀和镗刀在立式铣床上利用倾斜主轴法加工。

立铣刀一般只适合半径较小、深度较浅的内球面铣削。而镗刀由于刀尖回转半径调整较方便，故加工范围较大、铣削时调整方式较灵活，实际生产中应用更为普遍。它们的加工方法与铣外球面基本相同。

无论是用镗刀还是用立铣刀加工内球面，铣削时必须保证当刀尖进给到要求的深度时，回转的刀尖必须通过内球面的顶点（回转轴线与球面的交点），而此时铣刀的轴线也恰好与工件的回转轴线相交于球心所在位置上。理论上讲，刀尖回转半径可在内球面半径

（最大值）与内球面顶点至端口的弦长（最小值）之间选择。无论是工件扳角度还是主轴扳角度，都是为了两轴线能正确地相交于球心位置，当刀尖回转半径等于内球面半径时，则两轴线应垂直相交于球心，但用立铣刀铣削时，由于铣刀直径越大所扳角度越小，而角度过小时铣刀的圆周刃就会铣伤球面的边沿，因此用立铣刀铣削内球面时，铣刀直径有最小直径和最大直径之限制，即 $d_{c\min} \leqslant d_c \leqslant d_{c\max}$。由图6-42可得：

$$d_{c\min} = \sqrt{2RH} = \sqrt{DH}$$

$$d_{c\max} = \sqrt{4R^2 - 2RH} = \sqrt{D^2 - DH}$$

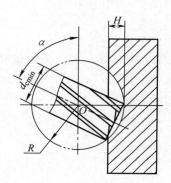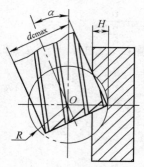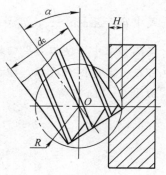

图6-42　用立铣刀铣削冠状内球面

在具体确定 d_c 值时应尽可能采用较大规格的标准立铣刀，这样可以使主轴或工件的倾斜角度较小些。当立铣刀的直径确定后，再根据铣刀的直径（或半径 r_c）确定主轴应扳角度 α：

$$\alpha = \arccos \frac{d_c}{2R} = \arccos \frac{d_c}{D} = \arccos \frac{r_c}{R}$$

用镗刀加工内球面的方法与用立铣刀加工内球面的方法基本相同。由于镗刀刀尖伸出量便于调节，且刀杆直径小于刀尖回转直径，因此用镗刀加工内球面更为简便、实用。用镗刀铣削冠状内球面如图6-43所示。此时可先确定倾斜角 α，倾斜工件或刀具的目的是避免铣削时刀杆碰到工件。所以只要条件允许，倾斜角度越小越好。若刀尖回转半径与刀杆半径之差大于内球面深度时，就可以不用倾斜角度（镗刀回转轴线与工件回转轴线垂直相交）。

当刀尖回转半径 r_c 和所扳角度 α 中一个被确定后，则另一个的值也就确定了。两者间的关系为：

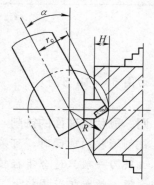

图6-43　用镗刀铣削冠状内球面

$$r_c = R\cos\alpha$$

课题七 孔 加 工

具有一定精度要求的孔的加工，通常是在镗床上进行的。但作为铣床的扩大使用或对某些条件不具备的情况来说，中小型孔和孔相互位置不太复杂的多孔工件也可以在铣床上加工，如钻孔、铰孔和镗孔。

§7-1 在铣床上钻孔

◎ **工作任务——钻孔**

1. 掌握在铣床上钻孔的工艺方法。

2. 掌握钻头的相关知识。

3. 能正确选择并刃磨钻头。

本任务要求完成图7-1所示孔板的钻孔工作。

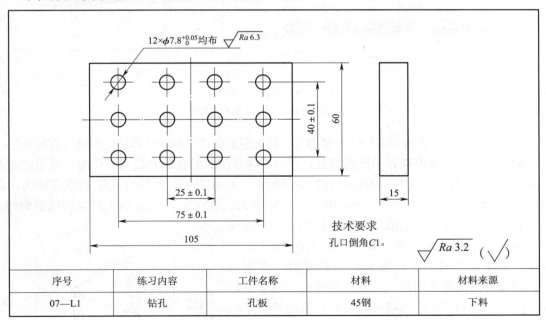

序号	练习内容	工件名称	材料	材料来源
07—L1	钻孔	孔板	45钢	下料

图7-1 孔板

◎ **工艺分析**

用钻头在实体材料上加工孔的方法称为钻孔。

在铣床上钻孔时，钻头的回转运动是主运动，工件（工作台）或钻头（主轴）沿钻头的轴向移动是进给运动。

钻孔大多采用麻花钻进行。图 7－1 所示孔板，其 12 个孔的位置对称且均匀分布，但孔的尺寸精度要求并不高。为保证加工时孔与孔间的位置精度要求，钻孔前需要对各孔的位置进行确定。对于单件或小批量加工，通常是对各孔先进行划线、冲眼定位，再钻孔。钻孔时，选用 φ7.8 mm 标准麻花钻直接进行钻孔即可。

对工件进行划线后，在各孔中心位置冲眼，这样既可以使划线明显，又能起到引钻的作用。按划线钻孔的步骤如下：

涂色、划线 ⟶ 冲眼 ⟶ 装夹工件 ⟶ 引钻 ⟶ 钻孔

◎ 相关工艺知识

一、麻花钻

1. 麻花钻的结构

常用的麻花钻有很多种分类方法，如按材料可分为高速钢麻花钻和硬质合金麻花钻，按刀柄形式可分为直柄式和锥柄式，按刀体形式可分为标准式和加长式等等。麻花钻主要由刀体、颈部和刀柄构成，如图 7－2 所示。

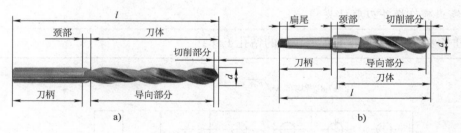

图 7－2 麻花钻的结构

a）直柄麻花钻 b）锥柄麻花钻

麻花钻的颈部是刀体与刀柄的过渡部分，标记着商标、材料牌号和钻头规格（直径）等。

麻花钻的刀柄是麻花钻的夹持部分，用来传递切削时的转矩并起定心作用。麻花钻的刀柄有锥柄（莫氏标准锥度）和直柄两种。一般将 13 mm 以下直径的麻花钻制成直柄的，直径为 13～20 mm 的既可制成直柄的也可制成锥柄的，直径为 20 mm 以上的均制成锥柄的。

麻花钻的刀体包括切削部分和导向部分。切削部分主要起切削工件的作用，其各部分名称如图 7－3 所示。麻花钻在其轴线两侧对称分布着两个切削部分。两螺旋槽面是其前面，位于顶端的两个曲面是后面，两后面的相交线称为横刃，前面与后面相交形成主切削刃。导向部分在钻削时沿进给方向起引导和修光孔壁的作用，同时还是切削部分的后备。导向部分包括副切削刃、第一副后面（刃带）、第二副后面及其螺旋槽等。

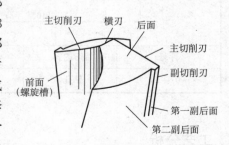

图 7－3 麻花钻刀体各部分名称

2. 麻花钻的主要几何角度（见图 7-4）

（1）顶角 $2\kappa_r$

顶角是指麻花钻两主切削刃在与它们平行的轴平面上投影的夹角。顶角的大小影响麻花钻的尖端强度、前角和轴向抗力。顶角大，麻花钻的尖端强度大，并可增大前角，但钻削时轴向抗力大，且由于主切削刃短，定心较差，钻出的孔径容易扩大。加工钢与铸铁的标准麻花钻，其顶角 $2\kappa_r = 118° \pm 2°$。

（2）前角 γ_o

前角是指麻花钻前面与基面 P_r 的夹角，在正交平面 P_o 内测量。前角的大小与螺旋角 β、顶角和钻心直径有关，影响最大的是螺旋角。螺旋角越大，前角也越大。

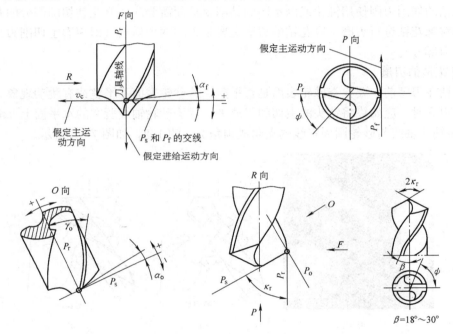

图 7-4 麻花钻的主要几何角度

P_r—基面　P_s—切削平面　P_f—假定工作平面　P_o—正交平面

麻花钻主切削刃上各点处的前角大小是不同的。外缘处前角最大，约为 30°；自外缘向中心逐渐减小，在钻心至 $d/3$ 范围内前角为负值；靠近横刃处的前角约为 $-30°$，横刃上的前角则小至 $-50° \sim -60°$。前角的大小影响切屑的形状和主切削刃的强度，决定切削的难易程度。前角越大，切削越省力，但刃口强度降低。

（3）后角 α_o

后角是指在正交平面 P_o 内测量的后面与切削平面 P_s 的夹角。

（4）侧后角 α_f

侧后角是指在假定工作平面 P_f 内测量的后面与切削平面的夹角。钻削中实际起作用的是侧后角 α_f。麻花钻主切削刃上各点处的后角也不一样。外缘处的侧后角最小，为 $8° \sim 14°$；越近中心越大，靠近钻心处为 $20° \sim 25°$。侧后角的大小影响后面处的摩擦和主切削刃的强度。侧后角越大，麻花钻后面与工件已加工面的摩擦越小，但刃口强度则降低。

（5）横刃斜角 ψ

横刃斜角是指横刃与主切削刃在端面上投影线之间的夹角，一般取横刃斜角 $\psi=50°\sim55°$。横刃斜角的大小与后面的刃磨（即后角的大小）有关，它可用来判断钻心处的后角是否刃磨正确。当钻心处后角较大时，横刃斜角就较小，横刃长度相应增长，钻头的定心作用因此而变差，轴向抗力增大。

（6）螺旋角 β

螺旋角是指麻花钻外圆柱面与螺旋槽表面的交线（螺旋线）上任意一点处的切线与麻花钻轴线之间的夹角。标准麻花钻的螺旋角 $\beta=18°\sim30°$，直径大的麻花钻 β 取大值。

二、麻花钻的刃磨与修磨

麻花钻的切削刃因使用钝化或因不同的钻削要求而需要改变麻花钻切削部分的几何形状时，需要对麻花钻进行刃磨。麻花钻的刃磨主要是刃磨两个后面（即刃磨主切削刃）并修磨前面（横刃部分）。

1. 麻花钻的刃磨

麻花钻在刃磨前，要检查砂轮表面是否平整，若砂轮表面不平整或有跳动现象，必须进行修整。刃磨时，应始终将钻头的主切削刃放平，置于砂轮轴线所在的水平面上（略高出一些），并使钻头轴线与砂轮圆周素线的夹角成顶角 $2\kappa_r$ 的 1/2，如图 7-5 所示。

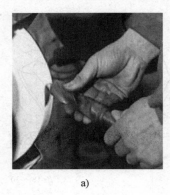
a)

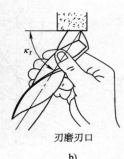
刃磨刃口
b)

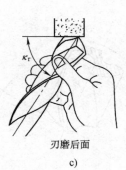
刃磨后面
c)

图 7-5 刃磨麻花钻

刃磨麻花钻后角时，一手握钻头前端以定位钻头，一手捏刀柄进行上下摆动并略转动，如图 7-6 所示。将钻头的后面磨去一层，形成新的切削刃口。刃磨时，钻头转动与摆动的幅度都不能太大，以免磨出负后角和磨坏另一条切削刃。用同样的方法刃磨另一主切削刃和后面，也可以交替刃磨两条主切削刃。刃磨后检查合格方可使用。

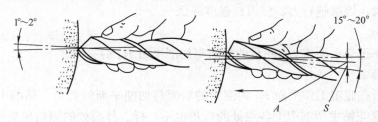

图 7-6 麻花钻后角的刃磨

A—钻头摆动止点 S—钻头摆动范围

2. 麻花钻横刃的修磨

修磨横刃（见图7-7）就是把麻花钻的横刃磨短。用砂轮缘角刃磨钻心处的螺旋槽，一方面可将钻心处的前角增大，另一方面能将钻头的横刃磨短。这样可以有效地减小切削阻力，增强钻头的定心效果。

通常直径大于5 mm的麻花钻都需要修磨横刃，修磨后的横刃长度为原来长度的1/3～1/5，同时要严格保证修磨后的螺旋槽面仍对称分布于钻头
轴线的两侧。

3. 麻花钻刃磨基本要求

（1）麻花钻的两条主切削刃应长度相等，同时两刃与轴线的夹角也应相等（保持对称），刃口上不允许有钝口或崩刃存在。

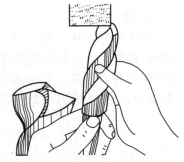

（2）根据加工材料确定合适的顶角$2\kappa_r$。$2\kappa_r$一般为80°～140°，工件材料硬选较大的$2\kappa_r$值，工件材料软则选较小的$2\kappa_r$值。

（3）刃磨出合适的后角，以确定正确的横刃斜角ψ，通常横刃斜角ψ为50°～55°。

图7-7 修磨横刃

操作提示

1. 刃磨时应用力均匀，不能过猛，并随时观察钻头几何角度，以便及时修正。

2. 注意磨削温度不宜过高，要经常在水中冷却钻头，防止退火降低刃口硬度，影响切削性能。

3. 不能由刃背磨向刃口，以免造成刃口退火。

4. 钻头切削刃的位置应略高于砂轮轴线的水平面，以免磨出负后角，使钻头无法切削（见图7-8）。

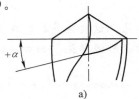

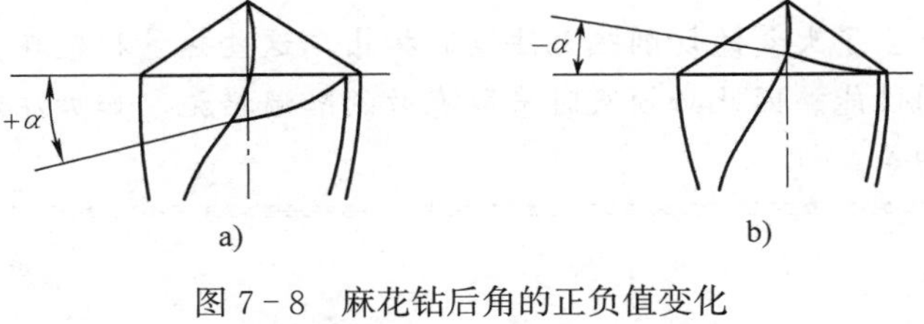

图7-8 麻花钻后角的正负值变化

a）正后角的钻头 b）负后角的钻头

三、钻削用量

1. 切削速度 v_c

麻花钻切削刃外缘处的切削速度（v_c，单位为m/min）与其直径（d，单位为mm）、主轴转速（n，单位为r/min）之间的计算公式为：

$$v_c = \frac{\pi d n}{1\,000}$$

钻孔时，钻头切削速度v_c主要根据钻头材质、工件材料和所钻孔的表面粗糙度要求等来确定。一般在铣床上钻孔时，由工件完成进给运动，因此钻削速度应选低一些。此外，当所钻孔直径较大时，钻削速度也应选择低一些。高速钢钻头钻削速度的选择见表7-1。

加工材料	v_c	加工材料	v_c
低碳钢	25～30	铸铁	20～25
中、高碳钢	20～25	铝合金	40～70
合金钢、不锈钢	15～20	铜合金	20～40

表 7-1　　　　　　　　　　　钻削速度 v_c 选用表　　　　　　　　　　　m/min

2. 进给量 f

麻花钻每回转一周，与工件在进给方向（麻花钻轴向）上的相对位移量，称为每转进给量 f，单位为 mm/r，如图 7-9 所示。麻花钻为多刃刀具，有两条切削刃（即刀齿），其每齿进给量 f_z（单位为 mm/z）等于每转进给量 f 的一半，即

$$f_z = \frac{1}{2}f$$

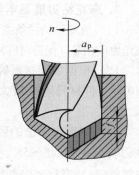

钻孔时进给量的选择也与所钻孔直径的大小、工件材料及孔表面质量要求等有关。在铣床上钻孔一般采用手动进给，但也可采用机动进给。每转进给量 f 在加工铸铁和有色金属材料时可取 0.15～0.50 mm/r，加工钢件时可取 0.10～0.35 mm/r。

图 7-9　钻削用量

3. 背吃刀量 a_p

背吃刀量 a_p 一般指已加工表面与待加工表面间的垂直距离，如图 7-9 所示。钻孔时的背吃刀量等于麻花钻直径的一半，即 $a_p = \frac{1}{2}d$。

> **操作提示**
>
> 　　由于钻孔时产生了大量的切削热无法及时排出，这些热量积聚在钻头周围，会使钻头退火而失去切削性能。因此必须及时采取有效的降温措施，如加注切削液、及时退出钻头在空气中冷却等。

◎ 工艺过程

1. 涂色、划线并冲眼

检查工件尺寸合格后，在工件表面涂色，按图 7-1 的尺寸、位置要求进行划线，将样冲尖对准划线交点冲眼，用来确定孔的加工位置，以方便引钻，如图 7-10 所示。

2. 装夹工件

由于工件尺寸不大，故采用平口钳装夹工件，在 X5032 型立式铣床上进行钻孔。在安装平口钳时，应注意检测并校正其固定钳口平面与工作台纵向进给方向平行。选择一对厚度小于 6 mm、高度大于 20 mm 的平行垫铁，擦净放在钳身导轨面上，分别紧靠两个钳口面，以防钻孔时碰伤平口钳和垫铁。将工件表面擦净后放在垫铁上进行装夹。

3. 钻孔

用钻夹头将 ϕ7.8 mm 标准麻花钻直接夹紧在铣床主轴上，将主轴转速调整为 950 r/min。

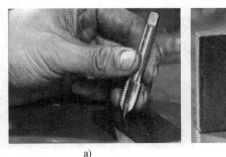

图 7-10　冲眼

a）使样冲尖对准划线交点　b）使孔的位置明显并方便引钻

调整工作台位置，使钻头轴线对准样冲眼（钻孔中心位置）后，将其纵向和横向进给机构锁紧。采用垂直方向进给，对样冲眼进行引钻，若引钻的孔坑位置正确，则可正式钻孔。在钻头即将钻通时应减慢进给速度，以防止钻头突然出孔折断钻头。钻孔操作过程如图 7-11 所示。

　　每钻完一个孔后，可利用铣床工作台进给手柄刻度盘上的刻度来控制工作台的移动距离，准确地按孔中心距对下一孔的位置进行定位，同时可以参照孔的划线位置进一步确定孔的位置是否正确。根据图 7-1 中位置尺寸的要求，现将工作台纵向移动 25 mm，再将纵向进给紧固，以 75 mm/min 的进给速度，采用垂向机动进给依次完成同一行其他各孔的加工。行间距离通过工作台横向移动 20 mm 实现，用同样的方法依次完成第二行、第三行其他各孔的加工。钻孔时应选用合适的切削液对加工区域进行冷却。钻孔完毕再选用合适的倒角钻头对各孔口进行倒角。

a)　　　　　　　　　　b)

c)　　　　　　　　　　d)

e)   f)

图 7-11　在铣床上钻孔的过程

a）调整工作台位置　b）使钻头对准样冲眼　c）引钻　d）观察孔坑的引钻效果

e）即将钻通工件　f）钻头横刃钻通瞬间

操作提示

1. 钻孔时，严禁用手拉或用嘴吹切屑。

2. 可以通过暂停进给的方法进行断屑，并用毛刷或切削液清除切屑。

3. 钻孔时调整好合适的切削液流量，并经常退出钻头，既可清除切屑，又可冷却钻头。

◎ **作业测评**

完成操作后，结合钻孔作业评分表（见表 7-2），对自己的作业进行评价，对出现的质量问题分析原因，提出改进措施。

表 7-2　　　　　　　　　　钻孔作业评分表

测评内容		测评标准	测评结果与得分	总分	100 分
图号	07—L1				
$\phi 7.8^{+0.05}_{0}$ mm		24 分		总得分	
（25±0.1）mm		36 分			说明：加工过程中钻头折断扣 20 分；工时定额为 100 min，每超时 1 min 扣 1 分；钻孔清理切屑时不用毛刷或切削液，每次扣 5 分
（40±0.1）mm		16 分			
（75±0.1）mm		12 分			
Ra 6.3 μm		12 分			操作中有不文明生产行为，酌情扣 5~10 分

§7-2　在铣床上铰孔

◎ **工作任务——铰孔**

1. 掌握铰孔的工艺方法。

2. 掌握铰孔的相关知识。

3. 能正确选择、安装铰刀，精确调整、校正工件。

4. 能够准确地对工件进行对刀，严格按照要求控制铰孔精度。

本任务要求完成图 7 - 12 所示孔板的铰孔工作。

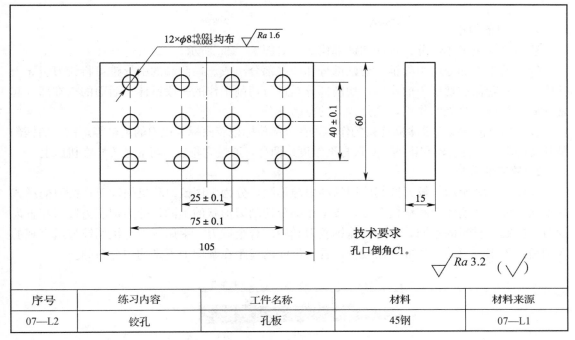

图 7 - 12　孔板

序号	练习内容	工件名称	材料	材料来源
07—L2	铰孔	孔板	45钢	07—L1

◎ 工艺分析

　　铰孔是用铰刀在工件孔壁上切除微量金属层，以提高孔的尺寸精度并减小其表面粗糙度值的方法。铰孔是普遍应用的孔的精加工方法之一，其尺寸精度可达 IT9～IT7，表面粗糙度 Ra 值可小于 1.6 μm。

　　铰孔之前，一般先经过钻孔、扩孔，然后镗孔；对精度高的孔，还需分粗铰和精铰。选用合适的铰孔余量和切削液，会最大限度地提高工件加工表面的质量。

　　图 7 - 12 所示孔板铰孔作业，是对钻孔后的孔进行精加工。由图中孔的尺寸极限偏差可知，孔的尺寸精度比钻孔作业时有了更高的要求。铰孔时，由于铰刀随铣床主轴做主运动，因此必须保证铰刀轴线与孔的轴线重合，否则铰出的孔会产生孔口扩大或孔不符合加工要求的问题。本任务中的孔板铰孔作业，钻孔练习后的孔径符合铰孔余量要求，因此可通过使用浮动铰孔刀杆安装铰刀，来满足铰孔时铰刀轴线与孔的轴线重合的要求。

特别提示

　　铰孔只能够保证孔的尺寸精度、形状精度和表面粗糙度，而无法改变孔的位置精度。若能够在钻孔之后进行一次镗孔，则可以较好地控制铰孔余量及孔位置精度，有效地提高铰孔质量。

◎ 相关工艺知识

一、铰刀

1. 铰刀的构成

铰刀主要由工作部分、颈部和柄部构成，如图 7 - 13a 所示。

铰刀的工作部分由引导锥、切削部分和校准部分组成。最前端的引导锥可将铰刀引导入孔中，并起着保护切削刃的作用；切削部分是进行切削工作的一段锥体；后面的校准部分起着导向、校准和修光的作用，也是铰刀的备磨部分。

铰刀的颈部主要起着中间连接的作用，在该部位标记着商标及铰刀的规格等。铰刀的柄部是其夹持部分，有直柄和锥柄（莫氏标准锥度）两种，通过它将铰刀可靠地安装在机床上。

2. 铰刀的分类

如图 7 - 13 所示，铰刀按其使用的动力源不同，分为手用铰刀和机用铰刀；按刀柄形式的不同，分为直柄铰刀和锥柄铰刀；按工作部分切削刃形状的不同，分为螺旋齿铰刀和直齿铰刀；按铰刀材料的不同，分为高速钢铰刀和硬质合金铰刀。手用铰刀与机用铰刀最直观的区别是：手用铰刀的工作部分比较长，且刀齿间的齿距在圆周上不是均匀分布的。

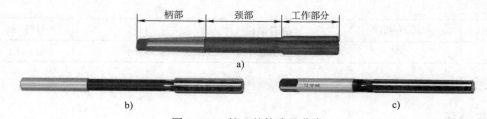

图 7 - 13 铰刀的构成及分类

a）锥柄机用铰刀 b）直柄机用铰刀 c）手用铰刀

手用铰刀的切削部分制作得比较长的目的有两个：一是手用铰刀要靠自身切削部分定心，增加切削部分的长度可以提高定心作用；二是用来减小铰削时的轴向抗力；使工作省力。由于铰孔的切削余量很小，因此铰刀的前角对切屑变形影响不大，一般铰刀的前角 $\gamma_o = 0°$，铰削近似于刮削，可减小孔壁的表面粗糙度值。铰刀切削部分与校准部分的后面一般都磨成 6°～8°。因为手用铰刀的倒锥量很小，所以其校准部分都做成倒锥而无圆柱部分。标准手用铰刀柄部为直柄，直径范围为 1～71 mm，主要用于单件、小批量生产或装配工作中。

机用铰刀的切削部分和校准部分较短，且分圆柱和倒锥两部分，其倒锥量较大（0.04～0.08 mm）。由于机用铰刀工作时其柄部与机床连接在一起，铰削时连续、稳定，不会像手用铰刀铰削时那样进给不均匀，因此为了制造方便，机用铰刀各刀齿间的齿距在圆周上均布。机用铰刀主要用于成批生产，装在钻床、车床、铣床、镗床等机床上进行铰孔。成批生产中铰削直径较大的孔时使用套式机用铰刀，铰刀套装在专用的 1：30 锥度心轴上进行铰削，其直径范围为 25～100 mm。更大的孔则可用硬质合金可调节浮动铰刀铰削。

3. 铰刀的研磨

工具厂制造出厂的高速钢通用标准铰刀，一般均留有 0.005～0.02 mm 的研磨量，待使用者按需要的尺寸研磨。出厂的铰刀直径尺寸精度分为 H7、H8、H9 三种。如果要铰削精度较高的孔，新铰刀不宜直接使用，需经研磨至所要求的尺寸后才能使用，以保证铰孔尺寸精度。

二、浮动铰刀杆

由于铰孔时必须保证铰刀轴线与孔轴线严格重合，这就需要操作者在铰孔过程中反复地调整工作台位置，消耗的调整工时量太大。因此，解决铰孔中调整铰刀位置的问题是一个关键。铰刀的安装有浮动连接和固定连接两种方式。固定连接时必须防止铰刀偏摆，最好钻孔、镗孔和铰孔连续进行，以保证加工精度。采用浮动连接装置可以极大地提高铰孔的效率。

图7-14所示为一种浮动铰刀杆，由于安装铰刀的套筒与浮动套筒有一定的径向间隙量，可使铰刀因其自身的几何形状及其铰削特点自动地随孔做径向调整，使铰刀与孔两者的轴线自动重合，从而保证了铰刀与孔的同轴度，这样节省了大量的孔位调整时间，使铰孔效率大大提高。在浮动铰刀杆中，固定销的作用是将套筒与浮动套筒松动连接起来，使铰刀能在任何方向上浮动。淬硬的钢珠嵌在臼座里，以保证进给作用力沿轴线方向传递给铰刀，同时保证其具有灵活性。

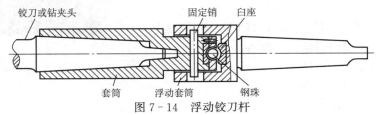

图7-14 浮动铰刀杆

三、铰削方法

1. 铰孔余量

铰孔余量的大小直接影响铰孔质量。余量太小，上道工序残留的加工痕迹不能被全部铰去；余量太大，则会使加工精度降低，表面粗糙度值增大。选择铰孔余量时，应考虑铰孔精度、表面粗糙度、孔径大小、工件硬度和铰刀类型等因素，具体见表7-3。

表7-3			铰孔余量			mm
孔径	≤6	>6～10	>10～18	>18～30	>30～50	>50～80	>80～120
粗铰	0.10	0.10～0.15	0.10～0.15	0.15～0.20	0.20～0.30	0.35～0.45	0.50～0.60
精铰	0.04	0.04	0.05	0.07	0.07	0.10	0.15

注：如仅用一次铰孔，铰孔余量为表中粗铰和精铰余量之和。

2. 切削速度与进给量

在铣床上用普通高速钢铰刀铰孔，加工材料为铸铁时，切削速度 $v_c \leqslant 10$ m/min，进给量 $f \leqslant 0.8$ mm/r；加工材料为钢时，切削速度 $v_c \leqslant 8$ m/min，进给量 $f \leqslant 0.4$ mm/r。

3. 切削液

由于铰削的加工余量小，切屑细碎，容易黏附在切削刃上，会夹在孔壁与铰刀棱边之间，将已加工表面刮毛。因此，所选用的切削液应具有较好的流动性和润滑性。具体选择时，铰削韧性材料可采用乳化液或极压乳化液，铰削铸铁等脆性材料可选用煤油或煤油与矿物油的混合油。

◎ 工艺过程

1. 看清图样，了解加工要求。检查钻孔孔板练习用件的孔径是否符合要求。

2. 选择直径为7.97 mm的粗铰铰刀和直径为8.01 mm的精铰铰刀各一支。

3. 在X5032型立式铣床上安装浮动铰刀杆，在浮动铰刀杆的锥孔中插入锥柄钻夹头，并安装铰刀。

4. 采用平口钳装夹并校正工件。选择一对厚度小于 6 mm、高度大于 20 mm 的平行垫铁，擦净放在钳身导轨面上，分别紧靠两个钳口面，将工件表面擦净后放在垫铁上进行装夹。

5. 铰孔。根据推荐的切削速度 $v_c = 8$ m/min，进给量 $f = 0.4$ mm/r 进行计算，选择主轴转速为 300 r/min，进给速度为 118 mm/min。铰孔分为粗铰和精铰两道工序进行。采用乳化液作为铰孔时的切削液。

调整工作台位置，目测使铰刀轴线对准孔位置，将纵向和横向进给机构锁紧，采用垂直方向进给进行铰孔，并加注切削液（见图 7-15）。此时铰刀会因切削力的作用而自动地做径向调整，也是一个其自身轴线与孔轴线重合的过程。

图 7-15　铰孔

铰完第一个孔后，重新调整工作台位置，依次完成其他孔的粗铰。

完成粗铰后，换装精铰铰刀，重复上述操作精铰孔。

6. 对孔径和孔表面质量进行检查。

特别提示

1. 铰通孔时，铰刀的校正部分不能全部退出孔外。

2. 铰刀不能采用反转退刀，一般不采用停车退刀。

3. 铰刀是精加工刀具，用过后应擦净并涂油，妥善放置。

4. 选择铰刀直径时，应通过对试件的试铰来确定。

◎ **作业测评**

完成铰削操作后，结合铰孔作业评分表（见表 7-4），对自己的作业进行评价，对出现的质量问题分析原因，提出改进措施。

表 7-4　　　　　　　　　　　　　　铰孔作业评分表

测评内容		测评标准	测评结果与得分	总分	100 分
图号	07—L2				
$\phi 8^{+0.021}_{+0.005}$ mm		60 分		总得分	
$Ra1.6$ μm		24 分			说明：工时定额为 60 min，每超时 1 min 扣 1 分；孔壁有明显划伤，每处扣 3～5 分；铰刀碰伤、折断扣 20 分。操作中有不文明生产行为，酌情扣 5～10 分
孔口倒角 C1		16 分			

---

§7-3　在铣床上镗孔

◎ **工作任务——镗孔**

1. 掌握镗孔的工艺方法和加工步骤。

2. 掌握孔位置误差的检测方法。

本任务要求完成图 7 - 16 所示箱体上孔的镗孔工作。

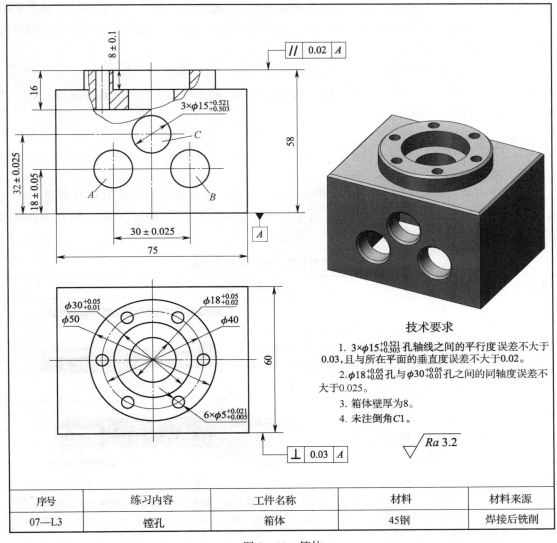

技术要求

1. $3×\phi15^{+0.521}_{+0.503}$孔轴线之间的平行度误差不大于0.03，且与所在平面的垂直度误差不大于0.02。

2. $\phi18^{+0.05}_{+0.02}$孔与$\phi30^{+0.05}_{+0.01}$孔之间的同轴度误差不大于0.025。

3. 箱体壁厚为8。

4. 未注倒角$C1$。

$\sqrt{Ra\,3.2}$

序号	练习内容	工件名称	材料	材料来源
07—L3	镗孔	箱体	45钢	焊接后铣削

图 7 - 16　箱体

◎ **工艺分析**

　　钻孔的加工精度较低，只能用于孔的粗加工。而铰孔虽然能提高孔的尺寸精度和表面质量，却无法改变其位置精度。另外，工件的孔径尺寸受铰刀（或钻头）尺寸的约束而不能加工成任意尺寸。因此大多数有较高尺寸精度和位置精度要求的孔需要选择镗削来完成。

　　用镗削扩大工件孔径的工艺方法称为镗孔。在铣床上镗孔，孔的尺寸经济精度可达IT9～IT7，表面粗糙度值可达 $Ra\,3.2～0.8\ \mu m$，孔距精度可控制在 0.05 mm 左右。镗削时，以镗刀的旋转为主运动，工件或镗刀沿孔的轴线方向做进给运动。在铣床上镗孔，主要镗削中、小型工件上不太大的孔和相互位置不太复杂的孔系。

　　图 7 - 16 所示箱体镗孔作业是分别对箱体上顶面中心 $\phi18^{+0.05}_{+0.02}$ mm 和 $\phi30^{+0.05}_{+0.01}$ mm 同

轴孔、圆周均布的六个 $\phi 5^{+0.021}_{+0.005}$ mm 小孔和正面（壁厚为 8 mm）上的三个 $\phi 15^{+0.521}_{+0.503}$ mm 平行孔进行加工。可采用钻孔、铰孔和镗孔相结合的方法在铣床上加工。因孔的位置状态的需要，采用平口钳装夹工件和在回转工作台上装夹相结合的方法，以满足平行孔和圆周均布孔的加工要求。加工步骤为：

$$\boxed{钻孔} \longrightarrow \boxed{粗镗孔} \longrightarrow \boxed{检测} \longrightarrow \boxed{精镗孔} \longrightarrow \boxed{孔口倒角} \longrightarrow \boxed{检测}$$

工件上大多数小直径孔的加工，需要从钻孔开始。而工件上大直径的孔在制造毛坯时已预制，故可直接进行镗孔。

◎ 相关工艺知识

一、镗刀

镗孔所用的刀具称为镗刀。按照切削刃形式划分，镗刀分为单刃镗刀和双刃镗刀两大类。在铣床上镗孔大多使用单刃镗刀。按照对镗刀刀头的夹紧固定形式划分，镗刀分为整体式镗刀、机械夹固式镗刀和浮动式镗刀，见表 7-5。

表 7-5　　　　　　　　　　按照镗刀刀头的夹紧固定形式分类

类型	结构及说明
整体式镗刀	整体式镗刀的切削部分与镗刀杆是一体的，安装在镗刀盘中即可进行镗削，一般用于小孔径工件的镗孔。常见的有焊接式镗刀、高速钢整体式镗刀 整体式镗刀
机械夹固式镗刀	机械夹固式镗刀将镗刀头固定在镗刀杆上进行镗孔 锥柄　　　紧固螺钉 镗刀头 机械夹固式镗刀 　按照镗孔类型的不同，镗刀头分为镗通孔用镗刀头和镗不通孔用镗刀头。其根本区别就在于主偏角 κ_r 的大小。镗通孔用镗刀头的主偏角 $\kappa_r < 90°$，只能镗通孔；镗不通孔用镗刀头的主偏角 $90° \leqslant \kappa_r \leqslant 93°$，主要用于镗不通孔和台阶孔 镗通孔用的镗刀头　　　镗不通孔和台阶孔用的镗刀头 机械夹固式镗刀
浮动式镗刀	浮动式镗刀是一种精镗孔刀具。因其两端都有切削刃，也称双刃镗刀。它的安装特点是镗刀不固定，而是浮动地放在镗刀杆的方孔中的。镗孔时，两端的切削刃会自动随切削力的平衡而保持伸出量相等。图示镗刀由上下两块组成，两切削刃间的尺寸可通过松开槽孔中的内六角螺钉进行调整，从而满足不同孔径的加工要求

类型	结构及说明
浮动式镗刀	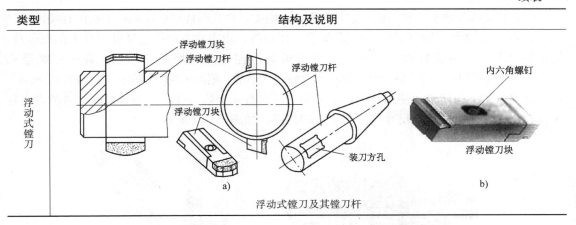 浮动式镗刀及其镗刀杆

二、镗刀杆

镗刀杆是安装在机床主轴孔中，用以夹持镗刀头的杆状工具。镗刀杆按照能否准确控制镗孔尺寸，分为简易式镗刀杆和可调式镗刀杆，见表 7 - 6。

表 7 - 6   镗刀杆类型

类型	结构及说明
简易式镗刀杆	简易式镗刀杆结构简单，制造容易。其缺点是，用敲刀法控制工件孔径尺寸，调整过程较费时。根据装刀槽的设计形式不同，分为镗通孔用镗刀杆和镗不通孔用镗刀杆 镗通孔用镗刀杆　　镗不通孔用镗刀杆 简易式镗刀杆
可调式镗刀杆	使用可调式镗刀杆，在调整镗刀位置时，先松开内六角紧固螺钉，然后用专用扳手转动调整螺母，使镗刀头按需要伸缩，最后用内六角紧固螺钉将镗刀头紧固。调整螺母上的刻度为 40 等分，镗刀头螺纹的螺距为 0.5 mm，则调整螺母每转过一小格时，镗刀头的伸缩量为 0.012 5 mm。由于镗刀头与镗刀杆的轴线倾斜 $53°8'$，因此刀尖在半径方向的实际调整距离为 0.012 5 mm × sin$53°8' \approx 0.01$ mm，即调整螺母每转过一小格，刀尖在半径方向的实际调整距离为 0.01 mm，实现了准确调整的目的 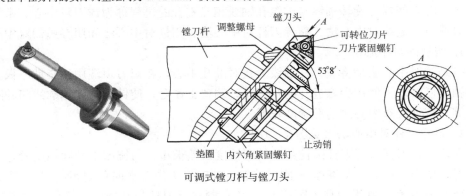 可调式镗刀杆与镗刀头

三、镗刀盘

镗刀盘又称为镗头或镗刀架。它具有良好的刚度，镗孔时能够精确地控制孔的直径尺寸。

安装镗刀盘时，其锥柄与主轴锥孔配合。使用时，用内六方扳手转动镗刀盘上的刻度盘，使其螺杆转动，根据转过的刻度数，即可精确地控制燕尾块的移动量。若螺杆螺距为 1 mm，其刻度盘有 50 等分的刻线，刻度盘每转过 1 小格，则燕尾块的径向移动量为 0.02 mm。

镗刀盘的结构简单，使用方便。燕尾块上分布有几个装刀孔，可用紧刀螺钉将镗刀固定在装刀孔内，使可镗孔的尺寸范围有更大的扩展，如图 7-17 所示。

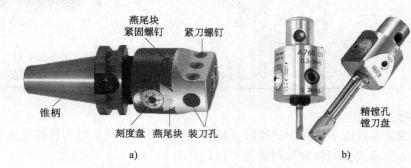

图 7-17 镗刀盘

四、镗刀杆和镗刀头的选择

为保证镗刀杆和镗刀头有足够的刚度，镗刀杆的直径应为工件孔径的 7/10 左右，且镗刀杆上装刀孔的边长为镗刀杆直径的 1/5～2/5，具体见表 7-7。当工件的孔径小于 30 mm 时，最好采用整体式镗刀。工件孔径大于 120 mm 时，只要镗刀杆和镗刀头有足够的刚度就行，镗刀杆的直径不必很大。另外，在选择镗刀杆直径时还需考虑孔的深度和镗刀杆所需要的长度。镗刀杆长度较短，其直径可适当减小；镗刀杆长度较长，其直径应选得大些。

表 7-7 镗刀杆直径与装刀孔尺寸推荐 mm

孔径	30～40	40～50	50～70	70～90	90～120
镗刀杆直径	20～30	30～40	40～50	50～65	65～90
装刀孔尺寸	8×8	10×10	12×12	16×16	20×20

五、镗刀的对中心方法

镗孔时，使镗刀旋转轴线与被镗孔轴线相互重合的过程称为镗刀对中心。常用的镗刀对中心方法有按划线对中心法、靠镗刀杆对中心法、测量对中心法和用寻边器对中心法。

1. 按划线对中心法

按划线对中心法是将镗刀杆轴线大致对准孔中心，在镗刀顶端用油脂粘一根大头针。扳动主轴缓慢转动，使针尖靠近孔的轮廓线，调整工作台，使针尖与孔轮廓线间的距离尽量均匀相等。按划线对中心法的准确度较低。

2. 靠镗刀杆对中心法（见图 7-18）

安装好镗刀杆，镗刀杆圆柱部分的圆柱度误差很小，与铣床主轴同轴度较好。调整工作台位置，使镗刀杆先与基准面 A 刚好接触，此时将工作台横向移动距离 S_1，然后使镗刀杆与基准面 B 接触，并纵向移动距离 S_2。为控制好镗刀杆与基准面之间的松紧程度，可在两者之间置一量块，接触的松紧程度以用手能轻轻推动量块，而手松开量块又不落下为宜。也可采用标准心轴进行对刀。

3. 测量对中心法（见图7－19）

当镗刀杆圆柱部分的圆柱度误差很小，并与铣床主轴同轴时，调整工作台位置，用游标深度卡尺或深度千分尺测量镗刀杆（或心轴）圆柱面至基准面 A 和 B 的距离，以测量数据为参照，可以精准地确定镗刀杆的工作位置。若测量数据与加工要求不符，仍可以重新调整工作台的位置，直至工件的位置符合要求为止。

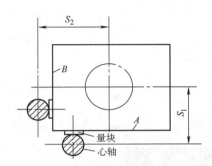

图7－18　靠镗刀杆对中心法

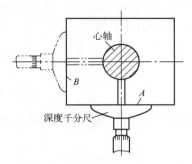

图7－19　测量对中心法

4. 用寻边器对中心法

寻边器又称偏心式对刀棒，如图7－20所示，它是一种非常有用的对刀工具。寻边器上有一个具有内置弹簧的浮动杆，其端部是一个精磨过的定尺寸圆柱测头，测头的直径通常为5 mm、10 mm 或 13 mm。对刀时先将寻边器夹在铣床主轴上，把寻边器的端部推至一侧使其偏心，将主轴调整到 $600\sim800$ r/min。启动主轴，调整工作台，使寻边器调至工件要对刀的一个侧面。移动工作台使工件慢慢接触正在旋转的寻边器端部，继续慢慢移动工作台直到寻边器偏心合拢后顶端又突然偏向一侧，立即停止移动（见图7－21），此时铣床主轴轴线距工件对刀侧面的距离即为寻边器端部圆柱测头的半径（误差<0.01 mm）。然后按要求将工作台移动相应的距离，移距方法与靠镗刀杆对中心法相同。

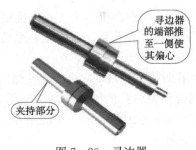

图7－20　寻边器

图7－21　用寻边器对中心

六、孔的位置误差的检测

采用专用量规检测孔的位置误差，比较适用于批量生产孔工件的检测。其操作简单、快捷、准确，但量规的生产、检验需要专业生产厂家配合。

1. 孔的同轴度误差的检测

孔的同轴度误差可用同轴度量规检测。检测孔的同轴度误差时，只要量规能通过即为合格，如图 7-22 所示。

2. 孔轴线的平行度及中心距误差的检测

检测方法如图 7-23 所示。分别在两孔内装入配合精度较高的测量棒，在两端测出两棒外侧距离 L_1 和内侧距离 L_2，两测量棒直径为 d_1 和 d_2，则两孔中心距为：

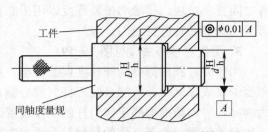

图 7-22　用同轴度量规检测孔的同轴度误差

$$A_1 = L_1 - \frac{1}{2}(d_1 + d_2)$$

$$A_2 = L_2 + \frac{1}{2}(d_1 + d_2)$$

两端的中心距 A_1 和 A_2 之差值即其平行度误差值。

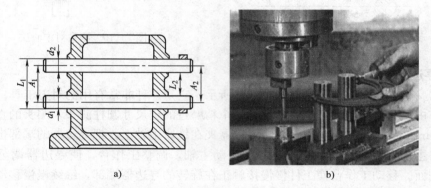

a)　　　　　　　　　　　　　　b)

图 7-23　两孔轴线间的平行度及中心距误差的检测

◎ 工艺过程

1. 加工前的准备工作

根据图 7-16 所示零件图样的加工要求，宜分散成钻、铰、镗多个加工工序来完成孔的加工工作。先完成两个同轴孔的镗孔加工，再对六个圆周均布孔进行钻、铰加工，最后完成三个 ϕ15 mm 平行孔的镗孔加工。

检查 X5032 型立式铣床主轴零位。若零位不准，在镗孔时用工作台垂向进给会使镗出的孔呈椭圆状，使孔的圆柱度超差；若采用主轴套筒进给，则会使镗出孔的轴线与基准面不垂直。检查时，主轴轴线对工作台面的垂直度误差在回转直径 300 mm 范围内应小于 0.02 mm。然后安装并校正平口钳，并在工件表面涂色，按图样进行划线并冲眼。

选用 ϕ14 mm 钻头，在三个 ϕ15 mm 孔位置和 ϕ18 mm 与 ϕ30 mm 同轴孔中心处预钻孔，并注意保证钻的孔与基准面 A 的位置精度。

2. 对箱体上的孔进行加工

选择镗刀盘，安装整体式镗刀及简易镗刀杆进行加工。分别选择 ϕ16 mm 简易镗刀杆及直径为 10 mm、14 mm 和 20 mm 的整体式镗刀，整体式镗刀在镗刀盘上的伸出量应不超过 25 mm。

因被加工孔径较小，宜采用高速钢刀具。选择的切削用量为：粗镗时 $v_c = 30$ m/min，进给量 $f = 0.2$ mm/r，$a_p = 0.5 \sim 2$ mm；精镗时 $v_c = 10$ m/min，进给量 $f = 0.05$ mm/r，$a_p = 0.1 \sim 0.5$ mm。按照加工的孔径计算并选择主轴转速以及相应的进给速度。镗孔时采用乳化液为切削液。

（1）镗同轴孔

在 X5032 型立式铣床工作台上安装回转工作台，在铣床主轴上安装顶尖，校正回转工作台轴线与铣床主轴轴线重合后，取下顶尖，换装心轴。通过主轴套筒下降，利用 $\phi 14$ mm 心轴对工件定位，使工件上已钻好的孔与回转工作台同轴，再用压板压紧工件，将纵向和横向进给机构锁紧，如图 7 - 24 所示。

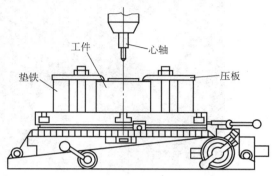

图 7 - 24　用回转工作台加工同轴孔

换装镗刀盘，安装 $\phi 14$ mm 镗刀。调整镗刀盘中镗刀的工作位置，每次在半径方向外扩 $0.5 \sim 1$ mm，如图 7 - 25 所示。采用工作台垂直方向进给，分 $2 \sim 3$ 刀完成 $\phi 18^{+0.05}_{+0.02}$ mm 孔的粗镗加工，为精镗留 $0.5 \sim 1$ mm 余量。精镗时，先对工件浅浅地试镗一刀，然后根据测量的孔径对镗刀进行调整，在孔口试镗合格后完成整个孔的加工，如图 7 - 26 所示。

图 7 - 25　调整镗刀

a)　　　　　　　　　　　　　b)

图 7 - 26　试切调整精镗孔径

换装简易镗刀杆，利用敲刀法（见图 7 - 27），分几刀完成 $\phi 30^{+0.05}_{+0.01}$ mm 孔的粗、精镗加工。$\phi 30^{+0.05}_{+0.01}$ mm 孔为台阶孔，粗镗时的每次进刀孔深应保持一致，并为精镗留 0.5 mm 余量；精镗刀的主偏角 κ_r 应等于 90°，切削刃长度应大于 6 mm，这样当直径和深度进到规定尺寸时，可同时将台阶面锪平。

精镗结束后，应先停车，然后用手转动镗刀将刀尖面向自己（与床身相反），再降下工作台退出镗刀，这样可利用工作台下降时的外倾，避免刀尖划伤孔壁而影响孔的表面质量。

（2）钻、铰圆周均布孔

完成同轴孔的镗削后，松开工作台横向紧固手柄，工作台横向调整均布孔相对中心的半径 20 mm，再锁紧横向紧固手柄。换装 $\phi4.85$ mm 钻头进行钻孔，钻完一个孔后分别换装 $\phi5$ mm 粗、精铰铰刀直接完成孔的铰削。

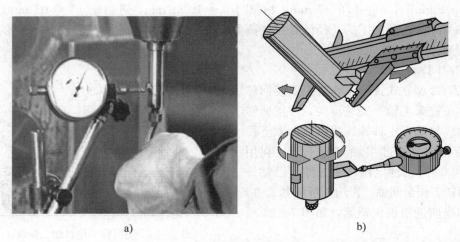

图 7-27　用敲刀法控制刀头伸出量

完成一个孔的加工后，利用回转工作台进行圆周分度。由于回转工作台的定数为 90，故每加工完一个孔后，回转工作台手柄应转过 $n=\dfrac{90}{z}=\dfrac{90}{6}=15$ 转。按加工第一个孔的方法完成其余各孔的加工。

（3）镗三个平行孔

在铣床工作台上换装并校正平口钳，重新装夹工件后，调整工作台位置，目测使镗刀杆对准孔 A 位置，采用测量对中心法进行镗刀对中心，对刀过程如图 7-28 所示。然后将纵向和横向进给机构锁紧，采用工作台垂直进给方式进行镗孔。

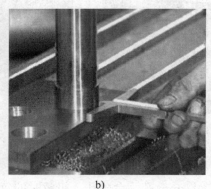

图 7-28　测量对中心法对刀过程

调整主轴转速和进给速度。利用镗刀盘采用两把直径为 10 mm 的镗刀，分别用于粗镗和精镗。先用粗镗刀对孔 A 进行半精加工，并为其精加工留 0.3 mm 余量，然后换装精镗刀进行精加工，满足图样 $\phi15^{+0.521}_{+0.503}$ mm 的精加工要求。

精镗孔 A 后，用百分表和量块精确控制工作台纵向移动 30 mm，精镗孔 B。如图 7-29

所示，移距时先将百分表用夹座固定在工作台手拉油泵的加油孔上，按照需要移动的距离选择一组（最好是一块）30 mm 量块，将量块放在百分表测头与角铁之间，调整使百分表指针指向"零"位，然后抽出量块，纵向移动工作台，使角铁面与百分表测头接触，直到指针指向"零"位为止，即可将工作台准确地纵向移动 30 mm 距离。

精镗孔 A 和孔 B 后，用百分表和量块精确控制工作台横向偏移量，移动方法如图 7 - 30 所示。将百分表夹座固定在铣床横向导轨上（为防损坏导轨面，应在紧固螺钉与导轨面之间垫铜皮），用百分表与量块进行参照，可以对工作台的横向偏移量精确调整，其方法与控制纵向偏移量的调整方法基本相同。通过此法使工作台横移 14 mm，同时纵向回移 15 mm，精镗孔 C。

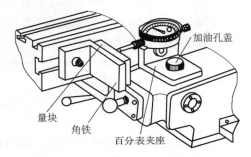

图 7 - 29　用百分表和量块精确控制
工作台纵向偏移量

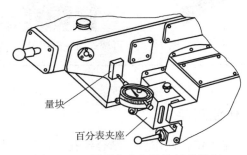

图 7 - 30　用百分表和量块精确控制
工作台横向偏移量

3. 质量检测

采用合适的检测方法对各孔径及孔距进行检测。

操作提示

1. 启动主轴之前，手动空转镗刀 1～2 转，观察镗刀与周围有无碰撞。

2. 镗孔时，应将其他方向的进给机构锁紧。

3. 退刀时要先停车，将刀尖朝外再退出。

4. 每完成一道工序，应注意去除毛刺、倒角，再进行检查。

知识链接

先 进 镗 刀

为了更好地完成精镗孔，还可以使用更为先进的一些镗刀具，如可调式动平衡镗刀（见图 7 - 31）、回转式微调精镗刀（见图 7 - 32）等。

回转式微调精镗刀通过回转刀杆或刀头的偏心距离，结合刀体上的刻度，精确地控制镗刀的径向移动量。使用时，松开锁紧螺钉，转动刀杆使镗刀做径向移动。这种镗刀的偏心距离较小，工作中的动平衡好，操作简单、精确，切削转速可达 20 000 r/min，所以最适于精镗孔。

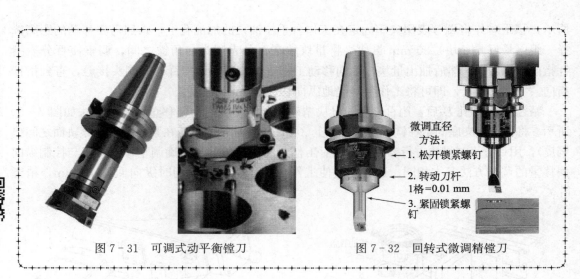

图 7-31　可调式动平衡镗刀　　　　图 7-32　回转式微调精镗刀

微调直径
方法：
1. 松开锁紧螺钉
2. 转动刀杆
1 格=0.01 mm
3. 紧固锁紧螺钉

◎ 作业测评

完成镗孔操作后，结合镗孔作业评分表（见表 7-8），对自己的作业进行评价，对出现的质量问题分析原因，提出改进措施。

表 7-8　　　　　　　　　　　　镗孔作业评分表

测评内容		测评标准	测评结果与得分	总分	100 分
图号	07—L3				
$\phi 18^{+0.05}_{-0.02}$ mm		10 分		总得分	
$\phi 30^{+0.05}_{-0.01}$ mm		10 分			
$\phi 15^{+0.521}_{+0.503}$ mm		30 分			
$\phi 5^{+0.021}_{+0.005}$ mm		6 分			
C1		5 分			
(8±0.1) mm		4 分			
(18±0.05) mm		6 分		说明：孔壁有啃伤、退刀痕，每处扣 2 分；因余量不足、初孔偏斜等造成留有钻孔痕迹，每处扣 5 分，留有粗镗孔痕迹，每处扣 2 分；工时定额为 4.5 h，每超时 1 min 扣 1 分。操作中有不文明生产行为，酌情扣 5～10 分	
(30±0.025) mm		6 分			
(32±0.025) mm		6 分			
$\phi 40$ mm		5 分			
两孔同轴度误差不大于 0.025 mm		6 分			
$Ra3.2$ μm		6 分			

课题八 螺旋槽和凸轮的铣削

机械传动的零部件中，有许多工作表面是由螺旋线形成的。常见的螺旋线可分为圆柱螺旋线、圆锥螺旋线和平面螺旋线，而其中由圆柱螺旋线和平面螺旋线轨迹构成的零件最为普遍。如各种圆柱面螺旋齿刀具、等速圆柱凸轮、蜗杆、斜齿轮等，其齿槽均为圆柱螺旋槽；而等速盘形凸轮、平面螺纹等零件的工作曲线均为平面螺旋线。本课题将介绍圆柱螺旋槽、等速圆柱凸轮和等速盘形凸轮的铣削方法。

§8-1 铣圆柱螺旋槽

◎ 工作任务——铣圆柱螺旋槽

1. 掌握螺旋槽的相关知识。
2. 掌握圆柱螺旋槽铣削的工艺方法和加工步骤。

本任务要求完成图 8-1 所示圆柱螺旋槽的铣削。

◎ 工艺分析

图 8-1 所示的轴上有两条封闭的圆柱螺旋槽，螺旋槽的廓形为 $R3$ mm 的圆弧，两螺旋槽旋向相反，180°对称分布于轴的圆柱面上。

铣削圆柱螺旋槽时，需要工件在绕轴转动实现圆周进给运动的同时，还沿其轴线方向做直线进给运动，所以铣削圆柱螺旋槽时的进给运动必须是圆周旋转运动与直线移动这两种进给运动的复合运动，这一要求必须在铣床上利用分度头与工作台纵向传动丝杠间配挂传动齿轮的方法来实现。因所加工的螺旋槽廓形为半圆弧，所以应使用球头铣刀在立式铣床上进行铣削。本次练习仅对螺旋槽部分进行铣削加工。其加工的基本工艺过程为：

$$\boxed{\text{加工准备计算}} \rightarrow \boxed{\text{工件的装夹与调整}} \rightarrow \boxed{\text{铣圆柱螺旋槽}}$$

◎ 相关工艺知识

一、圆柱螺旋槽简介

圆柱螺旋槽的工作表面，就是在圆柱上若干螺旋线的组合。圆柱上任一点，在随着圆柱做等速旋转的同时，又沿圆柱的轴线方向做等速直线移动，形成了螺旋运动，则该点的运动轨迹就是圆柱螺旋线。螺旋线的主要要素有导程 P_h、螺距 P、导程角 λ、螺旋角 β、头数 n，以及螺旋线的旋向等，见表 8-1。

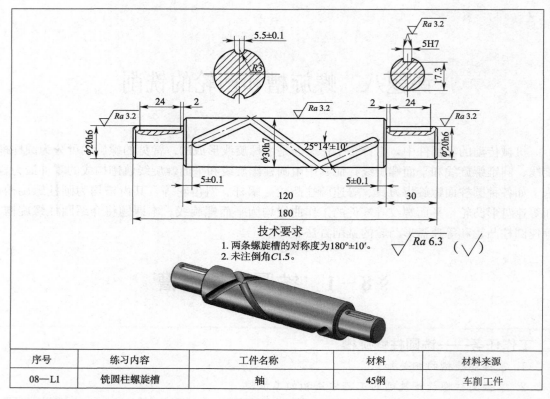

技术要求

1. 两条螺旋槽的对称度为180°±10′。
2. 未注倒角C1.5。

序号	练习内容	工件名称	材料	材料来源
08—L1	铣圆柱螺旋槽	轴	45钢	车削工件

图8-1 轴

表8-1 螺旋线的主要要素

项目	图示	说明
螺旋线的主要参数	双头螺旋线展开图	导程 P_h：$P_h = \pi D \cot\beta$ 螺距 P：$P = \dfrac{P_h}{n}$ 螺旋角 β：$\beta = \arctan\dfrac{\pi D}{P_h}$ 导程角 λ：$\lambda = 90° - \beta$
螺旋线的旋向	右旋　左旋 螺旋线的旋向	将工件轴线垂直于水平面放置，看螺旋线由底部向上的走向。若螺旋线由左下方向右上升起则为右旋，若螺旋线由右下方向左上方升起则为左旋。即螺旋线"向左为左旋，向右为右旋"

在铣床上铣螺旋槽的工作原理与螺旋线的形成原理是相同的。即在铣削加工的操作中，只要能使工件在随分度头圆周转动的同时，又随铣床工作台做匀速直线进给运动，复合形成匀速的螺旋进给运动，并通过铣刀的铣削运动完成螺旋槽廓形的切削，就能铣出螺旋槽。

二、交换齿轮

在铣床上铣削圆柱螺旋槽需要的匀速螺旋进给运动，是通过交换齿轮将工作台直线进给运动与分度头的圆周进给运动联系起来实现的。

由于交换齿轮能使分度头按一定的速比带动工件做匀速的螺旋运动，而切入工件的铣刀切削刃上各点就相当于工件圆柱上的动点，这样通过几种运动合成的实现，在工件的圆柱面上就可以形成一条截面形状与铣刀廓形相似的螺旋槽。通过分度头的圆周分度，还可以加工多线螺旋槽。因此，铣削圆柱螺旋槽最重要的问题是如何正确地安装交换齿轮。

在铣床上铣螺旋槽，必须将铣床工作台的纵向传动丝杠通过交换齿轮与分度头的侧轴连接起来，以保证分度头主轴每旋转一周，工作台带动工件沿纵向移动一个导程。交换齿轮传动比 i 的计算公式为：

$$i = \frac{z_1 z_3}{z_2 z_4} = \frac{40 P_{丝}}{P_h}$$

式中　　z_1、z_2、z_3、z_4 ——交换齿轮齿数；

$P_{丝}$——工作台纵向传动丝杠螺距，mm；

P_h——工件导程，mm。

交换齿轮的齿数选择，可以根据工件导程 P_h 或传动比 i 的值，在附表 1 或有关手册中的速比、导程、交换齿轮表中直接查出。

铣削时，可以通过增加中间轮的方法改变交换齿轮传动系统的转动方向。交换齿轮的安装如图 8-2 所示。

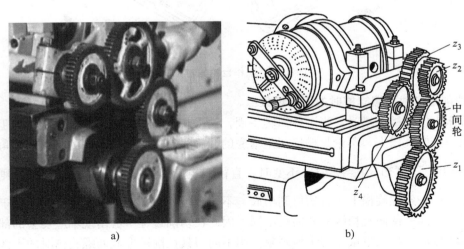

a)　　　　　　　　　　　　　b)

图 8-2　交换齿轮的安装

三、圆柱螺旋槽的铣削

1. 铣刀的选择

加工圆柱螺旋槽所用铣刀的廓形一般与螺旋槽的法向截面形状相符。常用的铣刀主要是立铣刀和三面刃铣刀。由于同一圆柱螺旋槽在不同直径处的螺旋角不相等，因此造成加工中存在着干涉现象，导致螺旋槽侧面被过切而出现畸形。为减轻槽面的干涉程度，在铣削法向截面形状为矩形的螺旋槽时，只能用较小直径的立铣刀进行精加工，盘形槽铣刀只能用于粗加工。在铣削其他截面形状的螺旋槽时，应尽可能选择直径较小的盘形槽铣刀。

2. 铣削位置的调整

铣刀采用划线与试切相结合的对中心方法，即在调整工作台横向位置时，目测使铣刀切痕在划出的两条对称于中心的平行线段间居中即可，使工件的轴线与铣刀的廓形中心线重合，然后锁紧工作台横向进给机构才能对工件进行铣削。

若采用盘形槽铣刀在卧式铣床上铣削螺旋槽，盘形槽铣刀的对称平面应与工件轴线倾斜一个螺旋角 β 而同螺旋槽的切向一致，故需要对工作台在水平面方向进行偏转。工作台偏转方向由螺旋槽的旋向决定，即操作者站立在铣床正面前，松开回转台紧固螺母。铣右旋螺旋槽时，逆时针方向（向右）偏转工作台；铣左旋螺旋槽时，顺时针方向（向左）偏转工作台，如图 8-3 所示。工作台的偏转通常在铣刀对中心以后进行，而采用立铣刀则不需做任何调整。

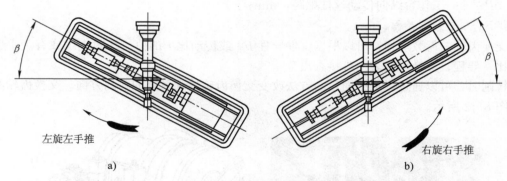

左旋左手推

a)

右旋右手推

b)

图 8-3　工作台的偏转方向

3. 铣削矩形截面螺旋槽时的干涉现象

在铣床上铣削螺旋槽时，当工件回转一周，铣刀相对于工件在轴线方向移动的距离等于导程。在一条螺旋槽上，不论是槽口还是槽底的螺旋线，其导程是相等的。由螺旋角 β 的计算公式 $\tan\beta=\dfrac{\pi D}{P_h}$ 可知，在导程 P_h 不变时，直径 D 越大，螺旋角 β 越大，D 减小则 β 也减小。因此，在一条螺旋槽上，自槽口到槽底，不同直径处的螺旋角是不相等的。由于螺旋角大小不同，在同一截面上切线的方向也不同，因此在切削过程中会出现不应切去的部分被切去，使槽的截面形状发生偏差的干涉现象。用不同刀具铣削矩形截面螺旋槽时的干涉现象见表 8-2。

表 8-2	用不同刀具铣削矩形截面螺旋槽时的干涉现象
铣刀	干涉现象及说明
用三面刃 铣刀铣削	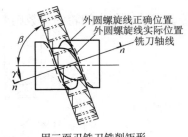 用三面刃铣刀铣削矩形 截面螺旋槽时的干涉现象	如果使用三面刃铣刀铣削矩形截面螺旋槽,由于三面刃铣刀侧面切削刃的运动轨迹是一个圆形平面,而矩形截面螺旋槽两侧是螺旋形曲面,因此导致无法贴合,即产生过切干涉现象。三面刃铣刀直径越大,螺旋槽越深,槽侧与铣刀接触长度就越长,干涉就越严重。另外,槽侧越接近槽口,干涉越多,切去量也越多。所以,用三面刃铣刀铣削矩形截面螺旋槽时,槽口会被铣大,干涉现象比用立铣刀铣削时严重得多,因此,精铣矩形截面螺旋槽时一般不采用三面刃铣刀而用立铣刀

 (外圆螺旋线正确位置 外圆螺旋线实际位置 铣刀轴线)

用立铣刀铣削矩形截面螺旋槽时的干涉现象:

(1) 从螺旋槽的槽口到槽底,不同直径上的螺旋线的螺旋角 β 逐渐减小,到槽底时螺旋角最小,立铣刀铣削时产生的干涉从零开始逐渐增大,到槽底处干涉最严重,槽底宽度被扩到最大

(2) 螺旋槽的螺旋角 β 越小,产生的干涉程度也越小,当 $\beta = 0°$ 时则不会有干涉现象存在

(3) 螺旋槽的深度尺寸越小,干涉也越小。在矩形截面螺旋槽的螺旋角 β 和槽深 h 确定后,要获得好的法向截面形状,应使用直径小的立铣刀铣削,且立铣刀的直径越小,干涉也越小

用立铣刀
铣削

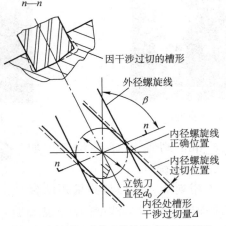

因干涉过切的槽形
外径螺旋线
内径螺旋线正确位置
内径螺旋线过切位置
立铣刀直径 d_0
内径处槽形干涉过切量 Δ

用立铣刀铣削矩形截面螺旋槽时的干涉现象

◎ 工艺过程

1. 加工准备

看清图样，了解加工要求，计算工件螺旋槽导程和交换齿轮。

（1）计算工件螺旋槽导程

$$P_h = \pi D \cot\beta \approx 3.14 \times 30 \text{ mm} \times \cot 25°14' \approx 200 \text{ mm}$$

（2）计算并验证交换齿轮

$$\frac{z_1 z_3}{z_2 z_4} = \frac{40 P_丝}{P_h} = \frac{240}{200} = \frac{60}{50}$$

以上计算说明只需要一对交换齿轮即可满足传动要求，而中间轮的个数则要根据所加工螺旋线的旋向而定。

（3）计算槽口至槽底的深度 h

由图 8-4 可得：

$$h = r - \sqrt{r^2 - 2.75^2} = 3 \text{ mm} - \sqrt{9 - 7.562\ 5} \text{ mm} \approx 1.8 \text{ mm}$$

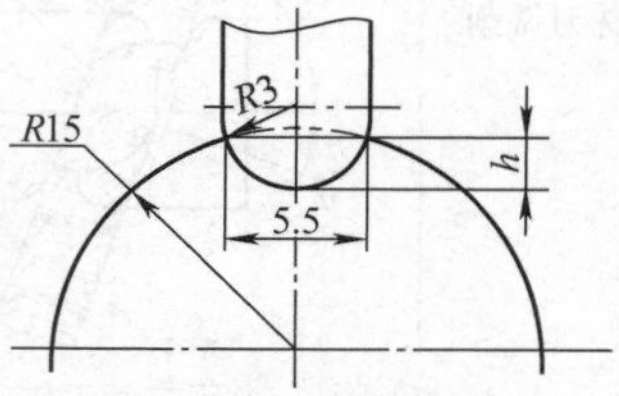

图 8-4　槽深的计算

2. 工件的装夹与调整

（1）在 X5032 型立式铣床上，安装并校正分度头及尾座。然后将 60 齿交换齿轮安装在工作台纵向传动丝杠一端，将 50 齿交换齿轮作为从动轮安装在分度头侧轴上，如图 8-5 所示。中间轮的个数根据螺旋槽的旋向而定。

（2）采用一夹一顶方式装夹工件，并校正其径向圆跳动，如图 8-6 所示。

图 8-5　安装交换齿轮

图 8-6　装夹并校正工件

（3）选择一把 $\phi6$ mm 高速钢球头铣刀，如图 8-7 所示。用弹簧夹头安装铣刀。

（4）铣刀对中心。采用划线、试切与测量相结合

图 8-7　球头铣刀

的对中心方法，使铣刀的轴线与工件轴线上的起刀点重合，然后紧固工作台横向进给机构。

3. 铣螺旋槽

（1）确定铣削速度 $v_c = 10$ m/min，进给量 $f = 0.05$ mm/r。

（2）铣削第一条螺旋槽。

螺旋槽的槽口宽为 5.5 mm 时，槽深约为 1.8 mm，先对工件按 $a_p = 1.5$ mm 进行粗加工；铣后检测槽宽、槽深及槽口边缘距端面的尺寸，根据实测情况再调整深度和纵向位置，精铣以保证槽宽尺寸（5.5±0.1）mm，距两端面距离（5±0.1）mm 及表面粗糙度的要求。

（3）铣削另一条螺旋槽

完成第一条螺旋槽加工后，旋紧分度盘紧固螺钉，拔出定位插销，将分度手柄摇过 20 转，使工件转过 180°，再铣第二条螺旋槽。

螺旋槽的旋向是由工件的旋转方向和工件的进给方向决定的，需通过挂轮来控制。挂轮时应注意：铣右旋螺旋槽时，应使工件旋转方向与工作台丝杠旋转方向一致（中间轴数为两根）；铣左旋螺旋槽时，应使工件旋转方向与工作台丝杠旋转方向相反。铣好第一条螺旋槽后，如果第二条螺旋槽旋向相反，则应将挂轮架上的中间轮增加（或减去）一个，重新安装好交换齿轮后，再以同样的方法完成第二条螺旋槽的铣削。

4. 铣削键槽

采用 $\phi 5$ mm 键槽铣刀铣削两端键槽。

5. 检验

分别对封闭螺旋槽的轴向位置精度、螺旋槽导程、圆弧槽尺寸及其表面质量进行检验。

操作提示

1. 铣圆柱螺旋槽时，由于分度头主轴必须随工作台移动而回转，因此需松开分度头主轴紧固手柄和分度盘紧固螺钉，并将分度手柄的插销插入分度盘孔中，铣削时不允许拔出，以免铣坏螺旋槽。

2. 在安装交换齿轮时，螺母应紧固在挂轮轴的端面上，而不要紧固在过渡套或齿轮上，以免影响交换齿轮的正常运转。

3. 铣削导程 $P_h < 60$ mm 的螺旋槽时，由于传动比 $i > 4$，因此工作台在移动时会使分度头回转过快，易造成铣削时"打刀"，这时应将工作台的机动进给改为手动进给，即手摇动分度手柄进给，减小进给量以保证切削平稳。

4. 铣削多线螺旋槽时，在铣完一条螺旋槽后，应先拧紧分度盘紧固螺钉，再将定位插销拔出分度盘进行分度，定位插销拔出分度盘孔后，不能移动工作台位置，以免造成螺旋槽的几何误差增大而使工件报废。分度后，待定位插销插入分度盘后，再松开分度盘紧固螺钉，进行下一螺旋槽的铣削。

5. 交换齿轮安装的间隙应松紧适度，不要过松或过紧，以用手刚好能轻轻转动齿轮为宜。

6. 完成对刀纵向退出工件后，应将横向进给机构锁紧。

7. 螺旋槽铣完需要纵向退刀时，必须先降下工作台再进行退刀，否则铣刀会将螺旋槽的一个侧面铣伤，将槽的宽度铣大。

完成铣削操作后，结合铣削圆柱螺旋槽作业评分表（见表 8-3），对自己的作业进行评价，对出现的质量问题分析原因，提出改进措施。

表 8-3 　　　　　　　　　　　　铣削圆柱螺旋槽作业评分表

测评内容		测评标准	测评结果与得分	总分	100 分
图号	08—L1				
螺旋角 25°14′±10′		20 分		总得分	
(5±0.1) mm（4 处）		40 分		说明：铣削中工件有夹伤、啃伤，每处扣 3 分；槽面有明显振纹扣 2～5 分，两螺旋线铣成同一旋向扣 10 分；工时定额为 4.5 h，每超时 1 min 扣 1 分。操作中有不文明生产行为，酌情扣 5～10 分	
(5.5±0.1) mm（2 处）		20 分			
R3 mm		10 分			
两端键槽尺寸 5H7（2 处）		10 分			

§8-2　铣等速圆柱凸轮

凸轮是具有曲线或曲面轮廓的一种构件。常见的凸轮有盘形凸轮和圆柱凸轮。通常在铣床上加工的是等速凸轮，其工作型面一般为阿基米德螺旋面。等速凸轮工作时，凸轮做匀速回转，从动件做等速移动。等速圆柱凸轮的工作曲线是圆柱螺旋线，故等速圆柱凸轮的铣削方法与铣圆柱螺旋槽基本相同，一般均在立式铣床上用立铣刀或键槽铣刀铣削。

◎ 工作任务——铣等速圆柱凸轮

1. 掌握等速圆柱凸轮的相关知识。
2. 掌握等速圆柱凸轮铣削的工艺方法和加工步骤。

本任务要求完成图 8-8 所示等速圆柱凸轮的铣削。

◎ 工艺分析

图 8-8 所示等速圆柱凸轮共由四段工作曲线组成，槽宽为 16 mm。与凸轮相接触的从动件滚子直径 $d=16$ mm。工作曲线 AB 段，升高量 $H_{AB}=60$ mm，升角 $\theta_{AB}=150°$，用于工作进给；BC 段为环形槽，升高量 $H_{BC}=0$，远停止角 $\theta_{BC}=60°$，用于工作停止（保持原位，不进给）；CD 段为回程段，使从动件回到初始位置，升高量 $H_{CD}=-60$ mm，回程角 $\theta_{CD}=90°$，用于实现快速退出；DA 段也是环形槽，升高量 $H_{DA}=0$，近停止角 $\theta_{DA}=60°$，为停止段。四段槽形曲线衔接处接刀痕要求不大于 0.1 mm。凸轮基准孔精度等级为 IT7，凸轮外圆柱面与基准孔的同轴度公差为 $\phi0.02$ mm。其铣削步骤为：

导程及挂轮的相关计算 → 工件的装夹与调整 → 各段凸轮槽的铣削 → 质量检测

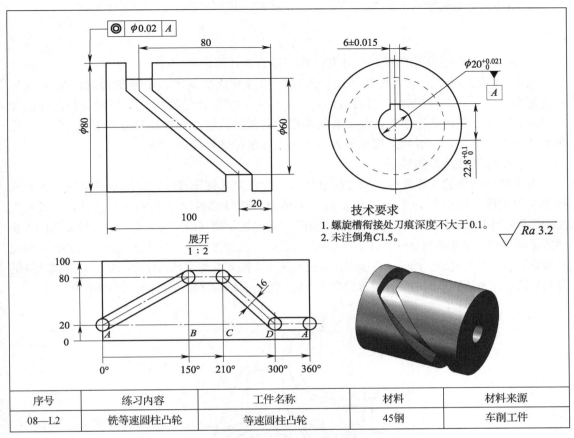

技术要求
1. 螺旋槽衔接处刀痕深度不大于0.1。
2. 未注倒角C1.5。

$\sqrt{Ra\,3.2}$

序号	练习内容	工件名称	材料	材料来源
08—L2	铣等速圆柱凸轮	等速圆柱凸轮	45钢	车削工件

图8-8　等速圆柱凸轮

◎ 相关工艺知识

一、等速圆柱凸轮的导程计算

等速圆柱凸轮的工作廓线是圆柱螺旋线，即凸轮圆柱面上的一动点在凸轮转过相等转角时，沿圆柱轴线方向的位移量相等。等速圆柱凸轮的导程计算方法与圆柱螺旋槽的导程计算基本相同。在实际工作中，图样给定的条件各有差异，具体计算时分为以下几种方式。

1. 图样给定螺旋角 β 和圆柱直径 D，计算导程 P_h。计算公式为：

$$P_h = \pi D \cot\beta$$

2. 图样给定螺旋槽所占的圆周角 θ 及升高量 H，计算导程 P_h。计算公式为：

$$P_h = \frac{360°}{\theta}H$$

3. 通过放大图上实测的螺旋角 β 和已知直径 D，计算导程 P_h。

用 5:1 或 10:1 的放大比例将凸轮外圆柱面展开成平面图，用量角器测出螺旋角 β，然后根据 β 值计算出导程 P_h。这种方法有一定误差，但如测绘准确，一般能达到凸轮的加工要求。对于在各段凸轮槽连接处带有缓冲过渡圆弧的凸轮，直接计算导程 P_h 反而会产生很大的误差。因此，一般均采用作放大图实测螺旋角计算导程的方法。

二、等速圆柱凸轮的铣削

等速圆柱凸轮的工作曲线是圆柱螺旋线，一般在立式铣床或卧式万能铣床上用立铣刀或键槽铣刀铣削。如图 8-9 所示，铣削时铣刀的直径按从动件滚子直径进行选择，以便加工出的槽形能够与从动件滚子有良好的接触。由于凸轮的螺旋槽（面）有左右之分，螺旋角的大小一般也不相同，因此必须分段调整交换齿轮进行铣削。其加工方法与铣削螺旋槽方法相似，但比一般螺旋槽铣削要复杂。凸轮工件多采用分度头装夹，配置几组交换齿轮进行加工，通过不同的交换齿轮速比来达到不同的导程要求。交换齿轮的配置有侧轴挂轮法和主轴挂轮法两种方法。

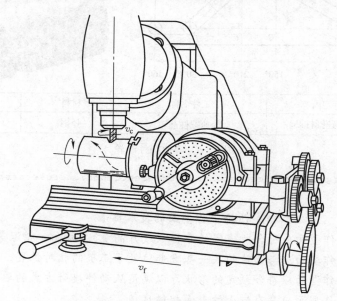

图 8-9　等速圆柱凸轮的铣削

1. 侧轴挂轮法

采用侧轴挂轮法铣削等速圆柱凸轮时，其交换齿轮的计算方法与铣削圆柱螺旋槽相同，即：

$$\frac{z_1 z_3}{z_2 z_4} = \frac{40P_{丝}}{P_h}$$

2. 主轴挂轮法

若等速圆柱凸轮的导程 P_h 较小，当其导程 $P_h < 16.67$ mm 时，采用侧轴挂轮法会出现无法配置交换齿轮的问题。这时应采用主轴挂轮法来缩小交换齿轮的速比，如图 8-10 所示。主轴挂轮法是将交换齿轮配置在工作台纵向传动丝杠与分度头主轴后端的挂轮轴之间。

由于传动链不再经过分度头的蜗杆蜗轮副，因此交换齿轮按下式进行计算：

$$\frac{z_1 z_3}{z_2 z_4}=\frac{P_{丝}}{P_h}$$

采用分度头主轴挂轮法加工小导程圆柱凸轮时，只能直接用手摇动分度手柄或工作台纵向进给手柄实现进给。若要机动进给，分度头上蜗杆蜗轮必须脱开。未脱开之前绝不能采用机动进给，否则将会损坏机床的进给传动部分。另外，采用主轴挂轮法加工圆柱凸轮时，由于分度头已失去分度功能，因此当凸轮的型面为多线而需要分度时，只能在分度头主轴上加设分度装置来进行分度，或者在分度时将交换齿轮脱开，把分度头主轴后端的从动交换齿轮 z_4 作为分度的依据，因此在确定交换齿轮的齿数时，应使 z_4 的齿数为工件线数的整数倍。

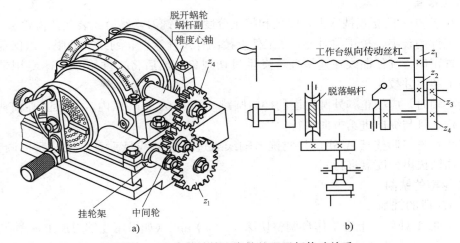

图 8 - 10 主轴挂轮法齿轮的配置与传动关系

三、铣刀的选择

用立铣刀铣削圆柱凸轮，其实质和用立铣刀铣削圆柱螺旋槽的情况是一样的，因此必然存在干涉现象，但是在铣刀的选择上则有所不同。铣削圆柱矩形截面螺旋槽时，选用的立铣刀直径越小，产生的干涉（槽底尺寸变大）也越小；而当矩形截面螺旋槽用作凸轮槽（即铣削圆柱凸轮）时，立铣刀或键槽铣刀的直径应该按凸轮从动件滚子直径大小选取，与选取小于滚子直径的铣刀铣削相比，虽然矩形槽干涉要大些，法向截面上矩形两侧的直线度要差些，但槽形与从动件滚子的贴合良好。

◎ 工艺过程

1. 相关计算

看清图样，了解加工要求，按从动件滚子直径选择立铣刀的直径为 16 mm，进行相关计算。

（1）各段导程的计算

$$P_{hAB}=\frac{360°}{\theta_{AB}}H_{AB}=\frac{360°}{150°}\times 60 \text{ mm}=144 \text{ mm}$$

$$P_{hCD}=\frac{360°}{\theta_{CD}}H_{CD}=\frac{360°}{90°}\times（-60）\text{ mm}=-240 \text{ mm}$$

$$P_{hBC}=P_{hDA}=0$$

计算值出现负号表示回程，螺旋槽旋向相反（左旋）。

（2）交换齿轮的计算

AB 段：$\dfrac{z_1 z_3}{z_2 z_4} = \dfrac{40 P_{丝}}{P_{hAB}} = \dfrac{240}{144} \approx \dfrac{5}{3} = \dfrac{100 \times 60}{40 \times 90}$

$z_1 = 100$ 齿轮安装在工作台纵向传动丝杠上，$z_4 = 90$ 齿轮安装在分度头侧轴上，检查工件转动方向应与工作台丝杠转动方向相同。

CD 段：$\dfrac{z_1 z_3}{z_2 z_4} = \dfrac{40 P_{丝}}{P_{hCD}} = \dfrac{240}{-240} = -\dfrac{80 \times 25}{40 \times 50}$

出现负号表示在挂轮时应增或减一个中间轮，使工件转动方向与工作台丝杠转动方向相反。

2. 加工准备

（1）在 X5032 型立式铣床上，安装和校正分度头和铣刀，然后安装交换齿轮。

（2）工件的装夹、校正与对刀。在工件上按图样尺寸涂色、划线、冲眼，以保证加工时的铣削位置正确，并使曲线在连接处不发生过切现象。然后将工件用 $\phi 20h6$ 专用带键心轴在分度头上装夹并校正。

安装心轴时，应校正其外圆柱面的径向圆跳动在 0.02 mm 以内，并保证心轴轴线与工作台面平行，且与纵向进给方向平行。

按划线将铣刀调整至 A 处，并使铣刀轴线通过工件轴线且垂直（挂轮后再调整位置，需将定位插销拔出分度盘进行）。

3. 凸轮槽的铣削

（1）AB 段的铣削

铣刀对准 A 处后，上升工作台调整切深 $a_p = 10$ mm（如果用立铣刀加工，须在 A 处预先钻好落刀孔），手动逆时针方向摇动工作台纵向传动丝杠（从挂轮一侧看为顺时针）或做同向的机动进给，铣削 AB 段凸轮槽至 B 处。

（2）BC 段的铣削

AB 段铣好后，锁紧工作台纵向进给机构。拔出定位插销，根据 $\theta_{BC} = 60°$，在 54 孔的孔圈上缓慢、匀速摇动分度手柄 6 圈又 36 个孔距，铣削 BC 段至 C 处。停止铣削，松开纵向进给机构紧固螺钉，并锁紧分度头主轴。

（3）CD 段的铣削

根据计算结果换装第二组交换齿轮（注意加 1 个中间轮），松开分度头主轴紧固手柄，先拔出定位插销，反摇丝杠手柄以消除间隙，然后将定位插销插回分度盘并启动铣床，用与铣 AB 段时相反的方向进给铣削 CD 段至 D 处。

（4）DA 段的铣削

CD 段加工好后，再次锁紧工作台纵向进给机构，拔出定位插销，按 $\theta_{DA} = 60°$，同样在 54 孔的孔圈上缓慢、匀速摇动分度手柄 6 圈又 36 个孔距，手动进给铣削 DA 段至 A 处。切痕接齐后，降下工作台，停止铣削并松开纵向进给机构紧固螺钉。

4. 等速圆柱凸轮的检测

（1）升高量的检测

等速圆柱凸轮的升高量可利用塞规检测，将塞规塞入凸轮螺旋槽的拐点处，用百分表分段测量，如图 8-11a 所示。

（2）工作型面形状精度的检测

使用塞规和塞尺检测螺旋槽各处法向截面的形状精度，如图 8 - 11b 所示。

（3）工作型面起始位置的检测

对于圆柱凸轮工作型面起始位置，可用游标卡尺测量或将凸轮的基准端面放在平板上用百分表检测，型面到基准端面距离最小的临界位置即是工作型面的起始位置。

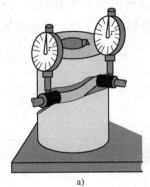
a)

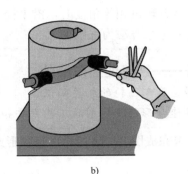
b)

图 8 - 11　等速圆柱凸轮的检测

a）升高量的检测　　b）工作型面形状精度的检测

特别提示

1. 凸轮工件用心轴定位装夹时，最好用键连接，且轴向用细牙螺母紧固。

2. 必须松开分度头主轴紧固手柄，以免损坏分度头。

3. 工件在铣削时应采用逆铣方式。

4. 铣削导程 P_h ＜60 mm 的凸轮螺旋槽时，应采用手摇分度手柄带动分度头转动实现手动进给，不允许采用机动进给，以免发生事故。

◎ **作业测评**

完成铣削操作后，结合铣等速圆柱凸轮作业评分表（见表 8 - 4），对自己的作业进行评价，对出现的质量问题分析原因，提出改进措施。

表 8 - 4　　　　　　　　　　铣等速圆柱凸轮作业评分表

测评内容		测评标准	测评结果与得分	总分	100 分
图号	08—L2				
AB 段	H_{AB}＝60 mm	20 分		总得分	
	θ_{AB}＝150°	10 分			
BC 段	θ_{BC}＝60°（H_{BC}＝0）	10 分		说明：各段工作曲线工作角度，每相差 10′ 扣 1 分；升高量每差 0.1 mm 扣 2 分；衔接处接刀痕深度超过 0.1 mm，每处扣 3 分；工时定额为 4.5 h，每超时 1 min 扣 1 分。操作中有不文明生产行为，酌情扣 5～10 分
CD 段	H_{CD}＝−60 mm	20 分			
	θ_{CD}＝90°	10 分			
DA 段	θ_{DA}＝60°（H_{DA}＝0）	10 分			
槽宽 16 mm，环形槽位置尺寸 20 mm、80 mm 及槽面质量		20 分			

§8-3 铣等速盘形凸轮

由于等速盘形凸轮的工作曲线是平面等速螺旋线（阿基米德螺旋线），因此，凸轮周边上的一动点在凸轮转过相等角度时，沿半径方向的位移量是相等的。等速盘形凸轮的加工方法很多，传统的工艺方法为铣削加工。

◎ 工作任务——铣等速盘形凸轮

1. 掌握等速盘形凸轮的相关知识。
2. 掌握等速盘形凸轮铣削的工艺方法和加工步骤。

本任务要求完成图 8-12 所示等速盘形凸轮的铣削。

◎ 工艺分析

由图 8-12 可知，该等速盘形凸轮由 AB 和 BC 两段工作曲线组成。AB 段工作曲线的工作角度为 90°，最大半径为 45 mm，最小半径为 30 mm，升高量为 15 mm；BC 段工作曲线最大半径为 66 mm，最小半径为 45 mm，升高量为 21 mm。两段螺旋线具有不同的导程。根据平面螺旋线的形成原理，铣削等速盘形凸轮时，需要工件在绕自身轴线转动做圆周进给的同时，还要沿其径向直线进给。因此两种形式进给的复合运动同样需要在铣床上通过分度头与工作台纵向传动丝杠间挂交换齿轮来实现。等速盘形凸轮加工的简单工艺过程为：

$$\boxed{\text{相关准备计算}} \rightarrow \boxed{\text{工件划线}} \rightarrow \boxed{\text{粗铣去余量}} \rightarrow \boxed{\text{装夹、校正工件}} \rightarrow \boxed{\text{精铣凸轮廓形}}$$

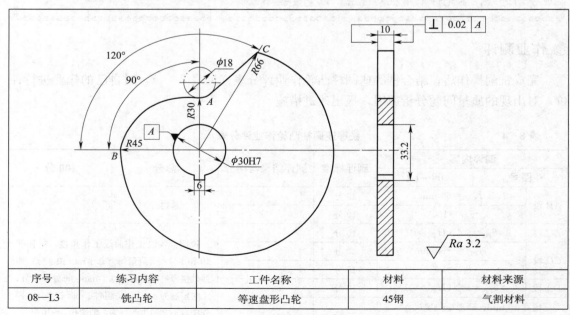

序号	练习内容	工件名称	材料	材料来源
08—L3	铣凸轮	等速盘形凸轮	45钢	气割材料

图 8-12 等速盘形凸轮

由于该盘形凸轮工件内孔已加工好键槽，故以内孔为定位基准，用心轴安装在分度头上。可用带键心轴安装，以防止铣削时工件发生松动。

本次练习仅对等速盘形凸轮螺旋面部分进行铣削加工。

◎ 相关工艺知识

一、等速盘形凸轮的特点

等速盘形凸轮的工作曲线是平面等速螺旋线（阿基米德螺旋线），凸轮在周边上的一动点在凸轮转过相等角度时，沿半径方向的位移量是相等的。这种情形可由凸轮的三要素升高量 H、升高率 h 和导程 P_h 来表示。等速盘形凸轮的主要几何要素如图 8-13 所示。

1. 升高量 H ——工作曲线的半径极值之差。

$$H = R_{max} - R_{min}$$

2. 升高率 h ——单位工作角度（或圆周等分）的升高量。

$$h = \frac{H}{\theta} \quad \text{或} \quad h = \frac{H}{z}$$

3. 导程 P_h ——工作曲线按一定升高率 h 转过一周的升高量。

$$P_h = \frac{360°H}{\theta} \quad \text{或} \quad P_h = \frac{100H}{z}$$

二、等速盘形凸轮的加工原则与铣削方法

等速盘形凸轮在立式铣床上用立铣刀铣削。铣削时，铣刀轴线与工件轴线互相平行。按照铣刀旋转轴线与铣床工作台面的位置状态划分，等速盘形凸轮的铣削方法分为垂直铣削法和倾斜铣削法两种。

1. 加工原则

无论采用哪种方法铣削，为保证铣削时始终处于逆铣状态，都应遵守以下加工原则：

（1）铣削时工件旋转方向必须与铣刀旋转方向相同，如图 8-14 所示。

（2）交换齿轮机构的转动方向最好是使铣刀从最小半径处开始铣削，逐渐铣向半径最大处。即无论是垂直铣削（$\alpha = 90°$）还是倾斜铣削，纵向进给方向应使工件中心逐渐远离铣刀。

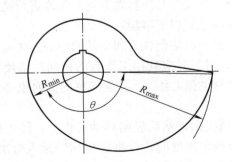

图 8-13　等速盘形凸轮的
主要几何要素

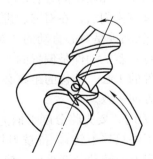

图 8-14　铣削等速盘形凸轮时铣刀
与工件的旋转方向

2. 铣削方法

（1）垂直铣削法

采用垂直铣削法铣等速盘形凸轮时，铣刀轴线与工件轴线互相平行，并同时垂直于铣床工作台面，如图 8-15 所示。垂直铣削法最适用于铣削半径大于 160 mm 且只有一条工作曲线，或虽有几条工作曲线但它们的导程都相等的等速盘形凸轮。如果铣削半径小于 160 mm，就需要在分度头侧轴与挂轮架之间安装接长轴来铣削。

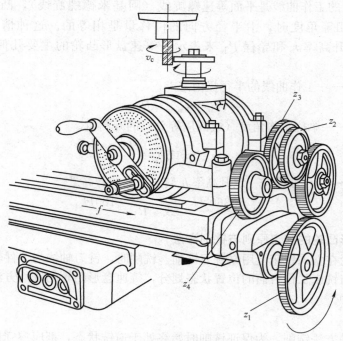

图 8-15　垂直铣削法

用垂直铣削法加工等速盘形凸轮时交换齿轮的计算公式与铣螺旋槽时相同，即：

$$\frac{z_1 z_3}{z_2 z_4} = \frac{40 P_{丝}}{P_h}$$

如果凸轮由几段不同导程的工作曲线组成，则需分几次挂轮分别对各段进行铣削。

采用垂直铣削法，在对刀、进刀及退刀时应注意以下事项：

1）若从动件是对心直动的"对心凸轮"，对刀时应使铣刀和工件的中心连线与工作台纵向进给平行；若从动件是偏置的"偏心凸轮"，对刀时应利用工作台的横向进给使铣刀的中心偏离工件的中心，偏移的距离必须等于从动件的偏心距 e，并且偏移的方向也必须与从动件的偏置方向一致。

2）进刀时，要先将分度手柄上的定位插销拔出，然后纵向移动工作台，使工件靠近铣刀（此时工件只移不转），待铣刀切入工件到预定深度时，再将定位插销插入分度盘孔内；接着按预定方向转动分度手柄，使之带动分度盘及工件转动（工件边转边移）进行铣削。

3）退刀时，可将工作台横向移动退出（移动前先记准刻度），使工件先离开铣刀；再反向摇动分度手柄（定位插销不要拔出），使工件反向转动，退回到起始位置。然后将工作台横向复位，拔出插销进行下一次进刀，直至工件铣削至符合要求为止。

（2）倾斜铣削法

采用倾斜铣削法铣等速盘形凸轮时，铣刀轴线与工件轴线互相平行，并同时与铣床工作台面倾斜一个角度。因此，分度头仰起角度 α 后，立铣头也必须相应倾斜角度 β。为使两轴线相互平行，$\beta = 90° - \alpha$，如图 8-16 所示。

倾斜铣削法加工等速盘形凸轮，具体操作方法与垂直铣削法基本相同，但与之相比具有计算准确、加工范围广泛、不需更换交换齿轮即可加工不同导程的曲线等优点，而且操作简便、不受凸轮尺寸的限制。此法在等速盘形凸轮的加工中，只要安装一组固定不变的交换齿轮，就可以铣出几段不同导程的曲线，所以较为常用。

采用倾斜铣削法铣等速盘形凸轮时，选取一个便于计算交换齿轮的假设导程 $P_{h假}$，并以此假设导程 $P_{h假}$ 计算交换齿轮。工件回转一周，工作台带着工件水平移动假设导程 $P_{h假}$ 距离，而工件轴线相对铣刀轴线恰好移动一个导程 P_h。分度头起度角 α 与 P_h、$P_{h假}$ 之间的关系由图 8-17 可知：

$$P_h = P_{h假} \sin\alpha$$

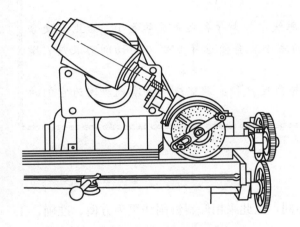

图 8-16　用倾斜铣削法铣等速盘形凸轮

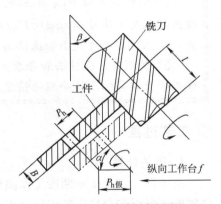

图 8-17　倾斜铣削法原理

铣削时，工件随着工作台水平移动的同时，又相对于铣刀的切削位置上下移动，所以要求铣刀有足够切削刃长度，所选铣刀切削刃长度 l 应满足凸轮升高量 H 的要求。即：

$$l = B + H\cot\alpha + （5 \sim 10） \text{mm}$$

式中　B——凸轮的厚度，mm；

　　　H——凸轮轮廓线的升高量，mm；

　　　α——分度头起度角，(°)。

采用倾斜铣削法加工等速盘形凸轮，需计算等速盘形凸轮导程 P_h 和确定假设导程 $P_{h假}$。若凸轮由若干不同升高量的曲线组成，应按前述公式分别计算各段导程 P_{h1}、P_{h2}、…，然后根据其计算结果确定一个假设的导程 $P_{h假}$ 用来配置交换齿轮。$P_{h假}$ 是一个便于与各实际导程计算的相对数值，且是其中的最大值。$P_{h假}$ 也可在相关铣削用表中直接选取，并直接得到交换齿轮的齿数。在加工过程中，只需按 $P_{h假}$ 数值计算选取交换齿轮：

$$\frac{z_1 z_3}{z_2 z_4} = \frac{40 P_丝}{P_{h假}}$$

在铣削各段不同导程的曲线时，只要改变分度头和立铣头的倾斜角度就可进行加工。分度头起度角 α 和立铣头倾斜角度 β 可由下面公式确定：

$$\alpha = \arcsin \frac{P_{\text{h}}}{P_{\text{h假}}}$$

$$\beta = 90° - \alpha$$

与垂直铣削法相比，倾斜铣削法既可以弥补垂直铣削法因行程不够限制加工或需要接长装置等的缺陷，又可以避免铣削多导程凸轮时的多次齿轮安装，还解决了一些大质数或带小数的导程用垂直铣削法铣削时无法精确挂轮的问题。

另外，用倾斜铣削法加工凸轮时，只需操作升降台即可方便地实现进刀和退刀，使铣削的操作过程更为简单、方便。

特别提示

1. 假设的导程 $P_{\text{h假}}$ 必须大于或等于凸轮上各段工作廓线中的最大导程，并且能方便地计算交换齿轮齿数。

2. 假设的导程 $P_{\text{h假}}$ 与凸轮上各段工作廓线中最大导程之差应尽量小，否则会使分度头起度角 α 减小（$\sin\alpha = P_{\text{h}}/P_{\text{h假}}$），$\alpha$ 的减小又会使选择立铣刀的切削刃长度 l 增大，使立铣刀刚度减小和选择困难。

3. 铣削时，立铣头和分度头主轴的扳转角度 β 和 α 调整应尽量准确，因为它们的误差将直接影响凸轮导程的精度。

◎ 工艺过程

1. 相关计算

由于图 8-12 所示两段工作曲线的导程不同，因此采用倾斜铣削法更为方便、准确，工件螺旋面导程和交换齿轮齿数计算如下。

（1）计算工件螺旋面导程

$$P_{\text{hAB}} = \frac{360°H_{\text{AB}}}{\theta_{\text{AB}}} = \frac{360°}{90°} \times 15 \text{ mm} = 60 \text{ mm}$$

$$P_{\text{hBC}} = \frac{360°H_{\text{BC}}}{\theta_{\text{BC}}} = \frac{360°}{240°} \times 21 \text{ mm} = 31.5 \text{ mm}$$

（2）设定假定导程 $P_{\text{h假}}$，计算并验证交换齿轮齿数

现设假定导程 $P_{\text{h假}} = 70$ mm，则：

$$\frac{z_1 z_3}{z_2 z_4} = \frac{40P_{\text{丝}}}{P_{\text{h假}}} = \frac{240}{70} = \frac{100 \times 60}{25 \times 70}$$

（3）分度头起度角计算

1）铣 AB 段时：

$$\sin\alpha_{\text{AB}} = \frac{P_{\text{hAB}}}{P_{\text{h假}}} = \frac{60}{70} \approx 0.857\,14$$

$$\alpha_{\text{AB}} \approx 59°$$

2）铣 BC 段时：

$$\sin\alpha_{BC}=\frac{P_{hBC}}{P_{h假}}=\frac{31.5}{70}=0.45$$

$$\alpha_{BC}\approx26°45'$$

（4）立铣头偏转角度计算

1）铣 AB 段时：

$$\beta_{AB}=90°-\alpha_{AB}\approx90°-59°=31°$$

2）铣 BC 段时：

$$\beta_{BC}=90°-\alpha_{BC}\approx90°-26°45'=63°15'$$

2. 加工准备

（1）确定铣床和铣刀

1）由于在铣削 BC 段时，铣床主轴偏转角度要达到 $63°15'$，故应在 X6132 型卧式铣床上安装万能立铣头进行铣削。

2）铣刀的选择与安装。铣刀直径应等于滚子直径，铣刀长度 l 应满足：

$$l=B+H_{BC}\cos\alpha_{BC}=10\ mm+21\ mm\times\cos26°45'\approx51.7\ mm$$

现选择直径为 18 mm，刃部长度大于 60 mm 的锥柄立铣刀。

（2）划线、粗铣

对工件表面进行涂色、划线、冲眼后，用双手联合进给铣曲面的方法对工件进行粗铣去余量（见图 8-18），使划线周边余量均匀保留 2 mm 左右。最后将凸轮直线型面部分 CA 段按划线直接铣出。

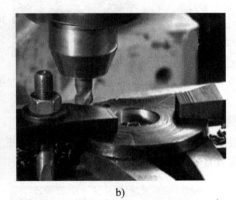

a)   b)

图 8-18 工件去余量

（3）安装工件

将莫氏 4 号锥度心轴安装在分度头主轴前端，在分度头主轴后端用拉杆将心轴紧固，并检测其径向圆跳动量是否合格；再将工件以内孔定位，衬以垫圈，用螺母紧固，如图 8-19 所示。

（4）安装交换齿轮

按计算结果 $z_1=100$，$z_2=25$，$z_3=60$，$z_4=70$，将 z_1 安装于工作台丝杠上，z_4 安装于分度头侧轴上，并检查旋转方向与移动方向之间的关系是否正确。

图 8 - 19　工件的安装

a）用拉杆拉紧心轴　b）检测心轴径向圆跳动量　c）以内孔定位　d）用螺母紧固

（5）调整铣削位置

所加工的凸轮为对心直动凸轮，调整立铣刀轴线与分度头轴线在纵向进给方向的同一平面内，按照计算数值调整分度头起度角（见图 8 - 20）和立铣头偏转角，然后分别移动和转动工件，使铣刀接触在工件 0°位置，记录升降台刻度读数，将分度手柄插销插入分度盘孔中。

图 8 - 20　分度头起度角的调整

a）扳转回转体　b）紧固回转体

3. 精铣凸轮的廓形

调整分度头和工作台位置，然后对刀，使工件处于需要加工的位置，并将横向进给机构锁紧，然后开始铣削，如图 8 - 21 所示。

图 8 - 21　精铣凸轮廓形

（1）铣削 AB 段曲面型面。上升升降台，进刀铣削 AB 段（0°～90°）工作型面至符合要求。

（2）铣削 BC 段曲面型面。重新调整分度头起度角和立铣头偏转角度，以同样的方法完成 BC 段工作型面的铣削。

4. 检验

分别对凸轮各段曲线的位置精度、导程、圆弧尺寸及其表面质量进行检查。

（1）主要项目

1）凸轮工作廓线的主要参数。包括导程、升高量、工作廓线所占的圆心角等。

2）凸轮工作型面的形状和位置精度。主要是螺旋型面素线的直线度和工作型面的起始位置。

（2）检测方法

1）凸轮升高量的检测。检测等速盘形凸轮的升高量时，将工件装夹在分度头的心轴上。按从动件位置安置百分表。摇动分度头，测量并记录用百分表测量最小半径到最大半径时指针的变动数值、工作曲线的圆心角，确认是否等于升高量 H 和设计工作角度，并可以用测得的数值计算出等速盘形凸轮的导程，如图 8-22 所示。

2）凸轮工作型面几何精度的检测。盘形凸轮工作型面的素线应为线段且平行于凸轮轴线，检测时可使用直角尺检查各点处素线对垂直于凸轮轴线的基准面的垂直度，如图 8-23 所示。

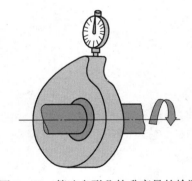
图 8-22　等速盘形凸轮升高量的检测

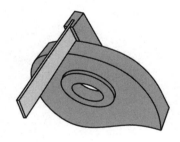
图 8-23　等速盘形凸轮工作型面几何精度的检测

3）凸轮工作型面起始位置的检测。对于盘形凸轮采用测量凸轮基圆半径的方法，用游标卡尺直接量得工作廓线上最低点到凸轮中心的距离即为基圆半径，最低点所在位置即是工作型面的起始位置。

◎ **作业测评**

完成铣削操作后，结合等速盘形凸轮作业评分表（见表 8-5），对自己的作业进行评价，对出现的质量问题分析原因，提出改进措施。

表 8 - 5 　　　　　　　　　　　　　　等速盘形凸轮作业评分表

测评内容		测评标准	测评结果与得分	总分	100 分
图号	08—L3				
CA 段	$\theta_{CA}=30°$	10 分		总得分	
	A 处 R9 mm 凹圆弧及与线段的衔接	10 分			
AB 段	$\theta_{AB}=90°$	10 分		说明：各段工作曲线工作角度，每相差 10′ 扣 1 分；升高量每差 0.1 mm 扣 2 分；衔接处接刀痕深度超过 0.1 mm，每处扣 5 分；深啃、碰伤每处扣 3 分；工时定额为 4 h，每超时 1 min 扣 1 分。操作中有不文明生产行为，酌情扣 5～10 分
	R30 mm、R45 mm 及 $H_{AB}=15$ mm	20 分			
BC 段	$\theta_{BC}=240°$	10 分			
	R45 mm、R66 mm 及 $H_{BC}=21$ mm	20 分			
外观、型面的形状精度及 Ra 3.2 μm		20 分			

课题九　齿轮和齿条的铣削

齿轮轮齿的切削加工方法有很多，基本分为两大类，一类是成形法，另一类是展成法。成形法是利用切削刃形状与齿槽形状相同的铣刀在普通铣床上铣制齿形的加工方法。在铣床上铣制齿轮的经济精度为 9 级，且生产效率不高。采用成形法加工齿轮，不需要专用齿轮加工机床，一般用于生产精度不高、单件或小批量的齿轮。与展成法相比较，采用成形法加工齿轮的优点是不需要专用机床和价格昂贵的展成刀具。

齿轮的轮齿形态有很多，在机械设备的齿轮传动机构中，应用最多、最普遍的齿轮是渐开线齿轮。渐开线齿轮按照其分度曲面形状，可分为圆柱齿轮和圆锥齿轮。按照齿线形状的不同，圆柱齿轮又分为直齿圆柱齿轮（简称直齿轮）和斜齿圆柱齿轮（简称斜齿轮）。

§9-1　铣直齿圆柱齿轮

◎ **工作任务——铣直齿圆柱齿轮**

1. 掌握直齿圆柱齿轮的铣削方法和加工步骤。
2. 掌握直齿圆柱齿轮的检测方法。

本任务要求完成图 9-1 所示直齿圆柱齿轮的铣削。

◎ **工艺分析**

图 9-1 所示直齿圆柱齿轮属典型的盘类圆周等分零件。而就铣削齿轮的齿槽而言，实际上是用成形铣刀在圆柱面上铣削成形面；由于齿轮的工作性质及传动特点，对齿轮的齿数、模数、齿廓形状、齿的等分性及齿厚、齿高、齿形角等参数均有非常严格的要求，因此在齿轮的铣削过程中如何正确选择齿轮铣刀，正确地对齿轮进行检测、补充进刀，在加工中对工件的圆跳动量的控制，对工件正确、均匀分度等问题都直接影响到齿轮的加工质量。因此，必须做好每一个工作环节。在铣床上铣削直齿轮的工艺过程为：

$$\boxed{\text{齿轮坯的检测}} \rightarrow \boxed{\text{选择齿轮铣刀}} \rightarrow \boxed{\text{装夹与校正工件}} \rightarrow \boxed{\text{齿槽的铣削}} \rightarrow \boxed{\text{检测}}$$

由于齿轮轮齿的形状特殊，无法采用常规的检测方法，故在学习铣削齿轮之前，首先应学习齿轮几何尺寸的计算及检测方法。

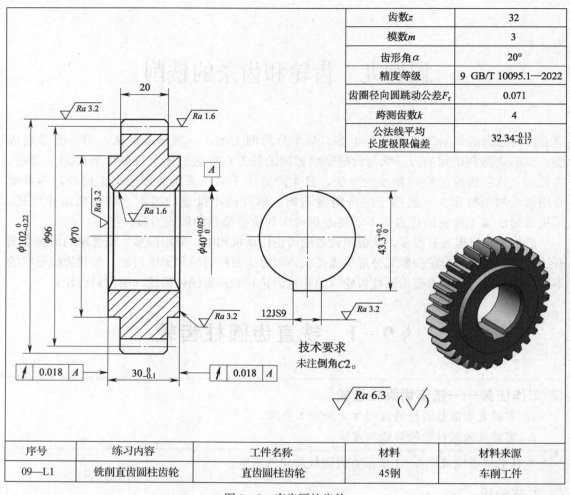

齿数z	32
模数m	3
齿形角α	20°
精度等级	9 GB/T 10095.1—2022
齿圈径向圆跳动公差F_r	0.071
跨测齿数k	4
公法线平均 长度极限偏差	$32.34^{-0.13}_{-0.17}$

技术要求
未注倒角C2。

$\sqrt{Ra\,6.3}$ $(\sqrt{})$

序号	练习内容	工件名称	材料	材料来源
09—L1	铣削直齿圆柱齿轮	直齿圆柱齿轮	45钢	车削工件

图 9-1 直齿圆柱齿轮

◎ 相关工艺知识

一、标准直齿圆柱齿轮几何尺寸的计算

采用标准模数 m，齿形角 $\alpha = 20°$，齿顶高系数 $h_a^* = 1$，顶隙系数 $c^* = 0.25$，端面齿厚 s 等于齿槽宽 e 的渐开线直齿圆柱齿轮称为标准直齿圆柱齿轮，简称为标准直齿轮。标准直齿圆柱齿轮几何要素（见图 9-2）的名称、代号、定义和计算公式见表 9-1。

二、直齿圆柱齿轮的测量

1. 齿厚的测量

在齿轮生产中经常要测量齿厚。齿厚测量分为分度圆弦齿厚测量和固定弦齿厚测量。进行齿

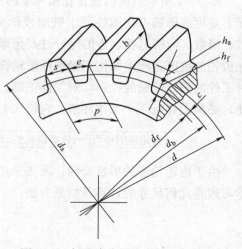

图 9-2 标准直齿圆柱齿轮几何要素

厚测量的量具主要是齿厚游标卡尺。齿厚游标卡尺是由两个互相垂直的尺身和游标组成的，专门用来测量齿轮、齿条、蜗轮和蜗杆弦齿厚，如图 9-3 所示。其工作原理及读数方法与普通游标卡尺基本相同。

表 9-1　　　　　　　　标准直齿圆柱齿轮几何要素的名称、代号、定义和计算公式

名称	代号	定　义	计算公式
模数	m	齿距除以圆周率所得的商	$m=p/\pi=d/z$ 取标准值
齿形角	α	基本齿条的法向压力角	$\alpha=20°$
齿数	z	齿轮的轮齿总数	由传动比计算确定
齿距	p	分度圆上两个相邻轮齿同侧齿面之间的弧长	$p=\pi m$
分度圆直径	d	分度圆柱面和分度圆的直径	$d=mz$
齿顶圆直径	d_a	齿顶圆柱面和齿顶圆的直径	$d_a=m(z+2)=d+2h_a$
齿根圆直径	d_f	齿根圆柱面和齿根圆的直径	$d_f=m(z-2.5)=d-2h_f$
齿顶高	h_a	齿顶圆与分度圆之间的径向距离	$h_a=m$
齿根高	h_f	齿根圆与分度圆之间的径向距离	$h_f=1.25m$
齿高	h	齿顶圆与齿根圆之间的径向距离	$h=h_a+h_f=2.25m$
齿厚	s	一个轮齿在齿廓之间的分度圆弧长	$s=p/2=\dfrac{\pi m}{2}$
槽宽	e	一个齿槽在齿廓之间的分度圆弧长	$e=p/2=\dfrac{\pi m}{2}=s$
基圆直径	d_b	基圆柱面和基圆的直径	$d_b=d\cos\alpha=mz\cos\alpha$
齿宽	b	齿轮轮齿部分的分度圆柱两端面的长度	$b=(6\sim10)m$
中心距	a	齿轮副两轴线间的距离	$a=(d_1+d_2)/2=m(z_1+z_2)/2$

　　测量弦齿厚时，应先将垂直游标尺调整到弦齿高的高度上并与齿顶圆柱面靠紧，然后移动水平游标尺，使两个测量爪与被测轮齿的两侧面接触。此时水平游标尺上的读数即为齿厚。

　　由于齿高会受齿顶圆直径尺寸误差的影响，从而会影响齿厚的测量精度。

　　（1）分度圆弦齿厚的测量

　　如图 9-3 所示，测量齿轮的分度圆弦齿厚时，应注意测得的齿厚尺寸是齿轮分度圆上 a、b 两点间的弦长，故称为（分度圆）弦齿厚，而非齿厚（a 和 b 两点间的弧长）。

　　分度圆弦齿厚 $\bar{s}$ 和弦齿高 $\bar{h}_a$ 的数值，可查附表 2，将齿轮模数 $m=1$ mm 对应的数值乘以被测齿轮的模数，计算出被测齿轮的分度圆弦齿厚和弦齿高的数值：

$$\bar{s}=m\bar{s}^*$$
$$\bar{h}_a=m\bar{h}_a^*$$

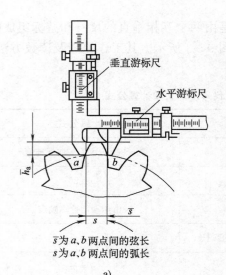

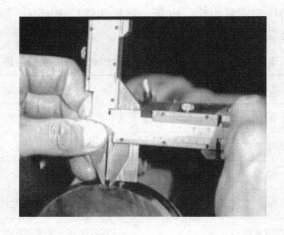

$\bar{s}$为a、b两点间的弦长
s为a、b两点间的弧长

a)　　　　　　　　　　b)

图 9-3　用齿厚游标卡尺测量分度圆弦齿厚

（2）固定弦齿厚的测量

固定弦齿厚的检测与分度圆弦齿厚的检测方法相同，只是检测部位有所不同，如图 9-4 所示。

固定弦齿厚是指齿轮的一个轮齿与基本齿条的两个齿对称相切时，两个切点之间的距离。固定弦齿厚 $\bar{s}_c$ 和固定弦齿高 $\bar{h}_c$，在齿形角 $\alpha = 20°$ 时，可通过查附表 3 直接得到，也可以按照齿轮模数 m 进行计算：

$$\bar{s}_c = 1.387m$$

$$\bar{h}_c = 0.747\,6m$$

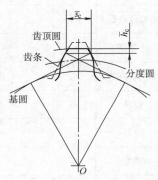

图 9-4　固定弦齿厚的测量

2. 公法线长度的测量

齿轮公法线长度 W_k 的测量，是用公法线千分尺或游标卡尺上的测量面，在跨过规定的齿数时，与轮齿面接触后相切所测得的两个切点之间的距离，如图 9-5 所示。这种测量方法的优点是操作方便、简单，而且不受齿顶圆直径的影响，比齿厚测量法精确。

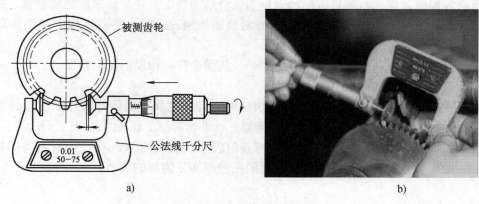

a)　　　　　　　　　　b)

图 9-5　公法线长度的测量

规定的跨测齿数 k 是根据齿轮的齿数和齿形角确定的，其目的是在检测公法线长度时使量具测量面与轮齿相切点的位置尽量接近其分度圆周。

齿轮的公法线长度 W_k 和跨测齿数 k 可按如下公式进行计算（当齿形角 $\alpha=20°$ 时）：

$$W_k=m[2.952\ 1(k-0.5)+0.014z]$$

$$k=0.111z+0.5\text{（用四舍五入的方法将计算出的小数圆整）}$$

为简化计算，标准直齿圆柱齿轮的公法线长度 W_k，可先根据齿轮齿数 z 查附表 4 来确定跨测齿数 k 值，然后由表中查出 $m=1$ mm 时的公法线长度 W_k^* 值（单位为 mm），再乘以齿轮的实际模数 m 后求得，即 $W_k=mW_k^*$。

3. 齿圈径向圆跳动的测量

检测齿圈的径向圆跳动时，先将齿轮用心轴安装于偏摆仪上，调整好百分表，将适当直径的圆柱量棒放在齿槽内，转动齿轮，即可在百分表上读出该齿槽的检测数值，如图 9-6 所示。用同样的方法检测各个齿槽，一周内其检测数值的最大差值，即为该齿轮齿圈的径向圆跳动量。

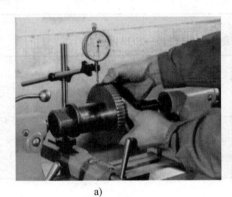
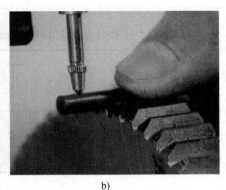

a)   b)

图 9-6　齿圈径向圆跳动的测量

三、选择铣削直齿圆柱齿轮的铣刀

直齿圆柱齿轮铣刀有盘形和指形两种形式，如图 9-7 所示。盘形齿轮铣刀用于在卧式铣床上铣制齿轮，已经标准化。指形齿轮铣刀用在立式铣床上铣制齿轮（模数 10～40 mm 的大模数齿轮）。

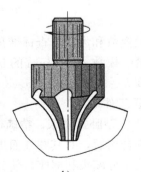

a)   b)

图 9-7　直齿圆柱齿轮铣刀

a) 盘形齿轮铣刀　b) 指形齿轮铣刀

齿轮铣刀的制造，是将同一模数、同一齿形角的齿轮铣刀，按其加工的齿数划分为段，每段规定一个铣刀号。因此在齿轮铣刀上标记着齿形角、模数、铣刀号，以及可以加工的齿数。在选用铣刀时，按其模数、齿形角和齿数，查标准盘形齿轮铣刀和指形齿轮铣刀号表（见表 9-2、表 9-3），以确定需要的铣刀号。

表 9-2   标准盘形齿轮铣刀号表（摘自 GB/T 28247—2012）

铣刀号		1	$1\frac{1}{2}$	2	$2\frac{1}{2}$	3	$3\frac{1}{2}$	4	$4\frac{1}{2}$
齿轮齿数	8 把一套	12～13		14～16		17～20		21～25	
	15 把一套	12	13	14	15～16	17～18	19～20	21～22	23～25
铣刀号		5	$5\frac{1}{2}$	6	$6\frac{1}{2}$	7	$7\frac{1}{2}$	8	
齿轮齿数	8 把一套	26～34		35～54		55～134		≥135	
	15 把一套	26～29	30～34	35～41	42～54	55～79	80～134	≥135	

表 9-3   指形齿轮铣刀号表（摘自 JB/T 11749—2013）

铣刀号	1	$1\frac{1}{2}$	2	$2\frac{1}{2}$	3	$3\frac{1}{2}$	4	$4\frac{1}{2}$	5	$5\frac{1}{2}$	6	$6\frac{1}{2}$	7	$7\frac{1}{2}$	8
齿轮齿数	12	13	14	15～16	17～18	19～20	21～22	23～25	26～29	30～34	35～41	42～54	55～79	80～134	≥135

◎ 工艺过程

1. 确定加工数据

看清图样，检测齿轮坯各部尺寸，了解加工要求，确定加工数据。

（1）根据工件的齿数，拟采用简单分度法计算分度手柄转数 n：

$$n = \frac{40}{z} = \frac{40}{32} = 1\frac{7}{28}$$

（2）根据齿轮模数和齿数，查标准盘形齿轮铣刀号表（见表 9-2），确定选择的盘形齿轮铣刀为 8 把一套、模数 $m = 3$ mm 的 5 号盘形齿轮铣刀。

（3）计算齿高 $h = 2.25m = 2.25 \times 3$ mm $= 6.75$ mm。确定粗加工量为 6.50 mm。

2. 装夹与校正工件

（1）选用 X6132 型卧式铣床，精确校正工作台"零"位。

（2）齿坯检查合格后，对其圆柱面进行涂色。

（3）安装并校正分度头和尾座，使其前、后顶尖的公共轴线与工作台面平行，并同时与其纵向进给方向平行，如图 9-8 所示。

（4）安装铣刀，检查铣刀的径向圆跳动量，应在 0.03 mm 以内，以保证铣刀各齿刃均匀切削，如图 9 - 9 所示。

（5）装夹并校正工件（齿轮坯），以使齿轮坯圆跳动量控制在最小，如图 9 - 10 所示。

图 9 - 8　分度头的校正

图 9 - 9　铣刀径向圆跳动的检测

a）

b）

图 9 - 10　齿轮坯的装夹与校正

a）在心轴上安装好齿轮坯　b）检测并校正齿轮坯的圆跳动

3. 铣削齿轮

铣削齿槽时，应使旋转的铣刀刀齿朝向分度头一端，以使轴向的铣削分力朝向分度头，使切削稳固。

（1）对刀

铣削时，齿轮铣刀廓形的对称中心平面要对准工件轴线。铣刀对中心的方法与在轴上对中心的方法相同，有按划线对中心法、按切痕对中心法、测量圆柱对中心法和试切法对中心。现选用试切法对中心。

采用试切法对中心可获得较高的位置精度。先使铣刀大致对中心，将齿轮坯铣出一条浅槽。把一根直径近似等于齿轮模数的圆棒放在槽中，然后分别向两侧转动 90°，用百分表检测圆棒表面的高度，如图 9 - 11 所示。若两处检测读数的差值不符合要求，则将工作台向高处圆棒一侧进行横向调整，直至铣出的齿槽居中为止。

（2）粗铣

对中后退出工件，选择主轴转速为 150 r/min，进给速度为 75 mm/min。启动主轴，将工作台升起 6.5 mm，对齿槽进行粗铣加工。若铣削模数较大的齿轮，齿槽较深时不能一次铣到，可分几次进刀进行铣削。

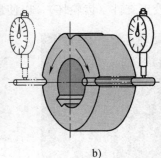

a)   b)

图 9-11 试切法对中心

（3）精铣

精铣齿轮时，应根据粗加工后测得的轮齿尺寸，计算确定精铣时铣刀的补充进刀量 Δa_e，依次完成各齿的铣削。由于对轮齿测量的方式不同，产生的测量数值也会不同，因此其补充进刀量的计算方法也是不相同的。

1）按分度圆弦齿厚实测时：

$$\Delta a_e = 1.37(\bar{s}_实 - \bar{s})$$

2）按固定弦齿厚实测时：

$$\Delta a_e = 1.17(\bar{s}_{c实} - \bar{s}_c)$$

3）按公法线长度实测时：

$$\Delta a_e = 1.462(W_{k实} - W_k)$$

式中 $\bar{s}_实$——粗铣后测量的实际分度圆弦齿厚，mm；

         $\bar{s}_{c实}$——粗铣后测量的实际固定弦齿厚，mm；

         $W_{k实}$——粗铣后测量的实际公法线长度，mm。

现用公法线千分尺检测齿轮的公法线长度。按跨测齿数 $k=4$ 测量齿轮公法线长度 $W_{k实}$，按 $\Delta a_e = 1.462(W_{k实} - W_k)$ 计算补充进刀量 Δa_e。

4. 检测

对铣削后的齿轮的公法线长度和齿圈径向跳动量进行检测。

> **操作提示**
>
> 1. 启动主轴之前，应注意观察主轴转向和刀齿朝向是否正确。
> 2. 完成对刀纵向退出工件后，应将横向和垂直方向的进给机构锁紧。
> 3. 每次分齿完毕，应将分度头主轴紧固。
> 4. 安装齿坯之前，必须对分度头及尾座进行校正。

◎ **作业测评**

完成铣削操作后，结合铣直齿圆柱齿轮作业评分表（见表 9-4），对自己的作业进行评价，对出现的质量问题分析原因，提出改进措施。

　　　　　　　　　　铣直齿圆柱齿轮作业评分表

测评内容		测评标准	测评结果与得分	总分	100 分
图号	09—L1				
齿数 $z=32$		10 分		总得分	
齿圈径向圆跳动量不大于 0.071 mm		20 分		说明：各项检测每超差 0.01 mm 扣 1 分；齿面若有振纹，每处扣 2 分；深啃、碰伤每处扣 2 分；工时定额为 2 h，每超时 1 min 扣 1 分。操作中有不文明生产行为，酌情扣 5～10 分	
公法线长度 $32.34^{-0.13}_{-0.17}$ mm		40 分			
齿面 $Ra1.6\ \mu m$		30 分			

§9 - 2　铣斜齿圆柱齿轮

齿线为螺旋线的圆柱齿轮称为斜齿圆柱齿轮，简称斜齿轮。与直齿轮相比较，斜齿轮传动具有以下特点：

1. 传动时的接触齿数较多，传动均匀、平稳，噪声较小。

2. 承载能力高，能传递较大的动力。

3. 既可用于平行轴的传动，又可用于任意角度交错轴的传动。

4. 由于轮齿倾斜，因此传动时存在轴向分力。

5. 不能用作变速滑移齿轮。

斜齿轮在传动机构中应用得非常广泛。其除了可以采用专业化很高的展成法制造以外，在精度不高的单件或小批量生产中，通常可以在铣床上铣削成形。

◎ **工作任务——铣斜齿圆柱齿轮**

1. 掌握斜齿圆柱齿轮的相关知识。

2. 掌握斜齿圆柱齿轮铣削的工艺方法和加工步骤。

本任务要求完成图 9 - 12 所示斜齿圆柱齿轮的铣削。

◎ **工艺分析**

图 9 - 12 所示为一斜齿圆柱齿轮。由于斜齿圆柱齿轮齿线为螺旋线，因此其参数与直齿圆柱齿轮有所不同，分为法面参数和端面参数；而其齿槽的铣削，则相当于铣削截面廓形为特形曲线的螺旋槽。因此，斜齿圆柱齿轮的铣削，在铣刀选择、工件铣削位置调整、齿轮检测等方面都与直齿圆柱齿轮有所不同。直齿轮在测量、调整中以其齿数为计算依据，而斜齿轮大多以其当量齿数为计算依据。通常在铣床上铣削斜齿轮的工艺过程为：

选择铣刀 → 安装交换齿轮 → 偏转工作台 → 铣削齿槽 → 检查

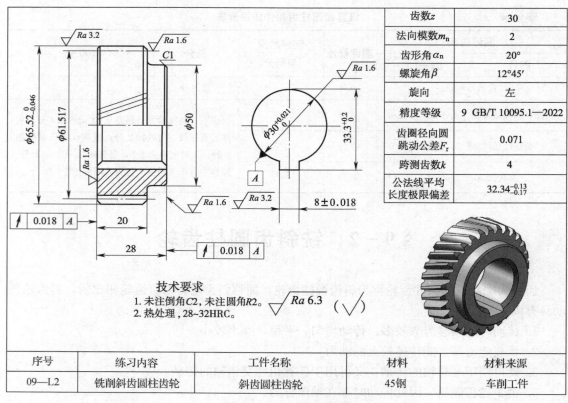

齿数z	30
法向模数m_n	2
齿形角α_n	20°
螺旋角β	12°45′
旋向	左
精度等级	9 GB/T 10095.1—2022
齿圈径向圆跳动公差F_r	0.071
跨测齿数k	4
公法线平均长度极限偏差	$32.34^{-0.13}_{-0.17}$

序号	练习内容	工件名称	材料	材料来源
09—L2	铣削斜齿圆柱齿轮	斜齿圆柱齿轮	45钢	车削工件

图 9 - 12 斜齿圆柱齿轮

◎ 相关工艺知识

一、斜齿圆柱齿轮的基本参数和几何尺寸计算

1. 斜齿圆柱齿轮的基本参数和几何要素

斜齿圆柱齿轮的参数分为法面参数和端面参数。如齿距分为法向齿距 p_n 和端面齿距 p_t，模数分为法向模数 m_n 和端面模数 m_t。斜齿轮主要以法向模数 m_n 作为标准模数，是设计和计算斜齿轮各参数的主要依据。斜齿圆柱齿轮的各基本几何要素如图 9 - 13 所示。

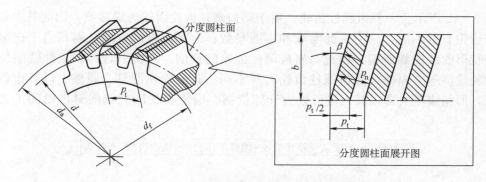

图 9 - 13 斜齿圆柱齿轮的各基本几何要素

2. 标准斜齿圆柱齿轮几何尺寸的计算

法向截面内的模数采用标准模数，齿形角采用标准齿形角，齿顶高系数 $h_a^* = 1$，顶隙系数 $c^* = 0.25$ 的斜齿圆柱齿轮称为标准斜齿圆柱齿轮，简称为标准斜齿轮。标准斜齿轮几何要素的名称、代号、定义和计算公式参照表 9-5。

表 9-5　　　　　　　　　　标准斜齿轮几何要素的名称、代号、定义和计算公式

名称	代号	定　义	计算公式
法向模数	m_n	法向齿距除以圆周率所得的商	$m_n = p_n/\pi$（m_n 作为标准模数）
端面模数	m_t	端面齿距除以圆周率所得的商	$m_t = p_t/\pi = m_n/\cos\beta$
法向齿形角	α_n	法平面内端面齿廓与分度圆交点处的齿形角	$\alpha_n = \alpha = 20°$
端面齿形角	α_t	端平面内端面齿廓与分度圆交点处的齿形角	$\tan\alpha_t = \tan\alpha_n/\cos\beta$
分度圆直径	d	分度圆柱面和分度圆的直径	$d = m_t z = m_n z/\cos\beta$
法向齿距	p_n	法向螺旋线在其分度圆柱面上，两个相邻轮齿同侧齿面之间的分度圆弧长	$p_n = \pi m_n$
端面齿距	p_t	两个相邻轮齿同侧齿面之间的分度圆弧长	$p_t = p_n/\cos\beta = \pi m_n/\cos\beta$
齿顶高	h_a	齿顶圆与分度圆之间的径向距离	$h_a = m_n$
齿根高	h_f	齿根圆与分度圆之间的径向距离	$h_f = 1.25 m_n$
齿高	h	齿顶圆与齿根圆之间的径向距离	$h = h_a + h_f = 2.25 m_n$
齿顶圆直径	d_a	齿顶圆柱面和齿顶圆的直径	$d_a = m_n\,(z/\cos\beta + 2) = d + 2h_a$
齿根圆直径	d_f	齿根圆柱面和齿根圆的直径	$d_f = m_n\,(z/\cos\beta - 2.5) = d - 2h_f$
（分度圆）螺旋角	β	分度圆螺旋线的切线与过切点的圆柱面直素线之间的夹角	设计给定
中心距	a	齿轮副两轴线间的最短距离	$a = m_n\,(z_1 + z_2)/2\cos\beta$

二、当量齿数与齿轮铣刀的确定

1. 当量齿数 z_v

斜齿圆柱齿轮齿线上的某一点 P 处的法平面与分度圆柱面的交线是一个椭圆，如图 9-14 所示。以此椭圆的最大曲率半径作为某一假想直齿圆柱齿轮的分度圆半径，并以斜齿轮的法向模数和法向齿形角作为此假想直齿圆柱齿轮的模数和齿形角，则此假想直齿圆柱齿轮的齿数称为斜齿轮的当量齿数 z_v。当量齿数 z_v 与其实际齿数 z、螺旋角 β 的关系式为：

$$z_v = \frac{z}{\cos^3\beta}$$

为简化当量齿数 z_v 的计算，可查斜齿轮当量齿数系

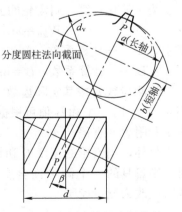

图 9-14　斜齿轮的当量齿数

数 K 值表（见附表5）。将查出的当量齿数系数 K 值乘以斜齿轮齿数 z，即可求得其当量齿数 z_v，即 $z_v = Kz$。

2. 齿轮铣刀的选择

将计算得到的当量齿数 z_v 按四舍五入方法圆整后，参照标准盘形齿轮铣刀号表（见表 9-2），并按照标准直齿圆柱齿轮铣刀号的选择方法选择合适的盘形齿轮铣刀进行铣削。

三、斜齿轮的测量

斜齿轮齿厚的测量方法与直齿轮测量方法基本相同，但必须在其法平面内测量，即应沿着齿槽螺旋线的垂直方向进行测量。计算时应按法向模数 m_n 和当量齿数 z_v 进行。

1. 齿厚的测量

斜齿轮齿厚的测量，主要是用齿厚游标卡尺测量其法向齿厚，如图 9-15 所示。

（1）分度圆弦齿厚 $\bar{s}_n$ 和弦齿高 $\bar{h}_{an}$ 的计算

分度圆弦齿厚和弦齿高可通过查表的方法计算求出。根据四舍五入圆整后的当量齿数 z_v，由分度圆弦齿厚系数与弦齿高系数表（见附表2）查得模数 $m=1$ mm 时的 $\bar{s}_n{}^*$ 和 $\bar{h}_{an}{}^*$，然后与其法向模数 m_n 相乘，即可求得分度圆弦齿厚和弦齿高。即

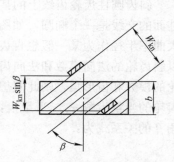

$$\bar{s}_n = m_n \bar{s}_n{}^*$$

$$\bar{h}_{an} = m_n \bar{h}_{an}{}^*$$

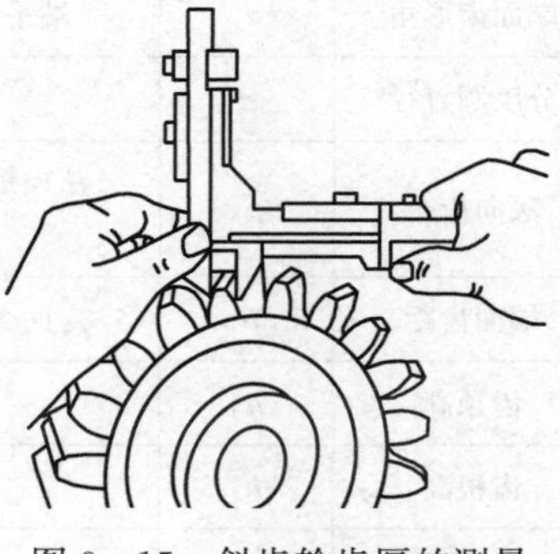

图 9-15　斜齿轮齿厚的测量

（2）固定弦齿厚 $\bar{s}_{cn}$ 和弦齿高 $\bar{h}_{cn}$ 的计算

$\alpha = 20°$ 时，固定弦齿厚 $\bar{s}_{cn}$ 和弦齿高 $\bar{h}_{cn}$ 的计算式为：

$$\bar{s}_{cn} = 1.387 m_n$$

$$\bar{h}_{cn} = 0.747\,6 m_n$$

固定弦齿厚和弦齿高也可以按其法向模数 m_n，通过固定弦齿厚与弦齿高表（见附表3）查得。

2. 公法线长度的测量

斜齿轮的公法线长度是在其法平面上测量的。

为了简化计算，斜齿轮的公法线长度 W_{kn} 可通过查表计算法计算：

$$W_{kn} = m_n (A + zB)$$

式中　A ——计算系数，$A = \pi (k - 0.5) \cos\alpha_n$；

$\quad\quad B$ ——计算系数，$B = \mathrm{inv}\alpha_t \cos\alpha_n$。

跨测齿数 k 按其实际齿数 z 和螺旋角 β 通过附表6查得。当 $\alpha_n = 20°$ 时，A 和 B 值可根据跨测齿数 k 和螺旋角 β 通过附表7和附表8查得。

另外，当齿轮的宽度 b 和螺旋角 β 的关系为 $b < W_{kn} \sin\beta$ 时，则量具的一个测量面会空悬在齿轮外面（见图 9-16），此时应改为测量齿厚。

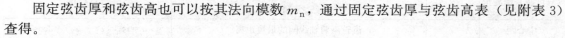

图 9-16　测量公法线长度

◎ 工艺过程

铣削斜齿轮时，齿轮坯的检查、装夹与校正，铣刀的安装与对中心，以及分度计算等都与铣直齿轮时相同。不同的是在完成铣刀对中心后，还要按其旋向将工作台扳转一个角度，并像铣削螺旋槽那样配置交换齿轮。其加工过程如下。

1. 铣刀的选择

先计算齿轮当量齿数。可以根据齿轮螺旋角和齿数计算出当量齿数 z_v：

$$z_v = \frac{z}{\cos^3\beta} = \frac{30}{(\cos12°45')^3} \approx 32.33$$

另外，也可以由斜齿轮当量齿数系数 K 值表（见附表 5）用线性插补法求得当量齿数系数 $K = \frac{1}{2}$（1.075＋1.081）＝1.078，再乘以实际齿数 z 得：

$$z_v = Kz = 1.078 \times 30 = 32.34$$

根据当量齿数 $z_v = 32.34$ 查标准盘形齿轮铣刀号表，确定选择的盘形齿轮铣刀为 8 把一套、模数 $m = 2$ mm 的 5 号盘形齿轮铣刀。

2. 配置交换齿轮

根据分度圆直径 d 及螺旋角 β 计算斜齿轮螺旋线导程 P_h：

$$P_h = \frac{\pi m_n z}{\sin\beta} \approx \frac{3.14 \times 2 \times 30}{\sin12.75°} \text{mm} \approx 853.66 \text{ mm}$$

由附表 1 得得 $P_h = 853.66$ mm 时，交换齿轮分别为 $z_1 = 90$、$z_2 = 80$、$z_3 = 25$、$z_4 = 100$。因交换齿轮齿数是按 $P_h = 853.66$ mm 选取的，所以必须对齿轮螺旋角精度进行校验。

由

$$\frac{z_1 z_3}{z_2 z_4} = \frac{240}{P_h} = \frac{240\sin\beta}{\pi m_n z}$$

得

$$\sin\beta = \frac{z_1 z_3}{z_2 z_4} \cdot \frac{\pi m_n z}{240} \approx \frac{90 \times 25 \times 3.14 \times 2 \times 30}{80 \times 100 \times 240} \approx 0.220\ 8$$

则

$$\beta \approx 12°45'18''$$

由于选用本组交换齿轮铣削的斜齿轮螺旋角，与规定要求仅差 18″，因此，交换齿轮精度较高，能够满足加工要求，可以加工。现将 $z_1 = 90$ 齿轮安装在工作台纵向传动丝杠上，$z_4 = 100$ 齿轮安装在分度头侧轴上。由于图 9-12 所示齿轮为左旋齿轮，故除以上四个齿轮外还应增加一个中间轮，如图 9-17 所示。

3. 装夹、调整齿轮坯与铣刀

装夹并校正齿轮坯，安装盘形齿轮铣刀，检查并校正铣刀的圆跳动，然后采用划线法使铣刀对准工件中心。

对好中心后，调整工作台。因该齿轮是左旋齿轮，故将工作台沿顺时针方向偏转螺旋角 12°45′，然后再将工作台紧固螺钉锁紧。

图 9-17　采用中间轮改变机构转动方向

　　铣床调整好后，先松开分度头主轴紧固手柄和分度盘紧固螺钉，将分度手柄上的插销插入分度盘相应的孔中，再逐渐升起工作台，使铣刀刚好擦到工件圆柱表面，纵向退出工件。

4. 铣削齿槽

　　观察并确认交换齿轮、导程、分度、旋向等均正确后，将主轴转速调整为 150 r/min，进给速度调整为 75 mm/min；并根据齿高 $h = 2.25 m_n = 2.25 \times 2$ mm $= 4.5$ mm，先将工作台上升4.2 mm 进行粗铣。

　　每次分度时应注意先将分度盘紧固螺钉锁紧，再拔出定位插销进行分度。分度手柄转数 $n = \dfrac{40}{z} = \dfrac{40}{30} = 1\dfrac{22}{66}$。

　　经圆周分度完成全部齿的粗铣后，用齿厚游标卡尺检测斜齿轮的分度圆弦齿厚。

　　先计算分度圆弦齿厚 $\bar{s}_n$ 和弦齿高 $\bar{h}_{an}$。按当量齿数 $z_v = 32.34$，查附表 2，并插补计算 $\bar{s}_n{}^*$ 和 $\bar{h}_{an}{}^*$：

$$\bar{s}_n{}^* = 1.570\ 2$$

$$\bar{h}_{an}{}^* = 1.019\ 1$$

　　则斜齿轮的分度圆弦齿厚 $\bar{s}_n = m_n \bar{s}_n{}^* = 2 \times 1.570\ 2$ mm $= 3.140\ 4$ mm。

　　斜齿轮的分度圆弦齿高 $\bar{h}_{an} = m_n \bar{h}_{an}{}^* = 2 \times 1.019\ 1$ mm $= 2.038\ 2$ mm。

　　最后按照计算得出的分度圆弦齿高来调整齿厚游标卡尺检测分度圆弦齿厚，并根据补充进刀公式 $\Delta a_e = 1.37(\bar{s}_{n实} - \bar{s}_n)$ 计算精铣时的补充进刀量，对齿槽进行精铣加工。

5. 检查

　　检查所铣的齿轮合格后，卸下工件。

操作提示

　　1. 偏转工作台最好在铣刀对中心后进行。

　　2. 完成铣刀对中心后，不得再拔出定位插销，直到完成铣削。

　　3. 每铣完一齿，必须先降下工作台，再纵向退刀，然后重新分齿并升起工作台后，才能铣削下一齿。

◎ **作业测评**

完成铣削操作后，结合铣斜齿圆柱齿轮作业评分表（见表9-6），对自己的作业进行评价，对出现的质量问题分析原因，提出改进措施。

表9-6 铣斜齿圆柱齿轮作业评分表

测评内容		测评标准	测评结果与得分	总分	100分
图号	09—L2				
齿数 $z=30$		20分		总得分	
旋向——左		20分			
螺旋角 $\beta=12°45'$		50分		说明：各项检测每超差0.01 mm扣1分；若齿面有振纹，每处扣2分；深啃、碰伤每处扣2分；工时定额为2 h，每超时1 min扣1分。操作中有不文明生产行为，酌情扣5~10分	
齿面 $Ra1.6\ \mu m$		10分			

§9-3 铣 齿 条

一个平板或直杆，当具有一系列等距离分布的齿时，就称为齿条。齿条通常分为直齿条（见图9-18）和斜齿条（见图9-19）。齿线是垂直于齿的运动方向的直线的齿条称为直齿条，齿线是倾斜于齿的运动方向的直线的齿条称为斜齿条。

图9-18 直齿条

图9-19 斜齿条

◎ **工作任务——铣直齿条**

掌握齿条的铣削方法和加工步骤。

本任务要求完成图9-20所示直齿条的铣削。

◎ **工艺分析**

图9-20所示齿条为一模数为3 mm的直齿短齿条。单件、小批量加工齿条，一般是在

卧式万能铣床上用盘形齿轮铣刀铣削，如图 9-21 所示。在卧式铣床上铣削齿条有两种进给方法，分别是适合于铣短齿条的纵向进给法和适合于铣长齿条的横向进给法。若采用横向进给法铣削，关键问题是要将铣刀的回转轴线转换成与进给方向（横向）垂直，所以铣刀必须采用专用的辅具安装。因图 9-20 所示齿条工件的长度只有 235 mm，所以可将工件横向装夹，直接在铣刀杆上安装铣刀，通过纵向进给铣削齿槽。其铣削过程为：

$$\boxed{\text{铣刀的安装}} \rightarrow \boxed{\text{工件的装夹}} \rightarrow \boxed{\text{工件的铣削}} \rightarrow \boxed{\text{检测}}$$

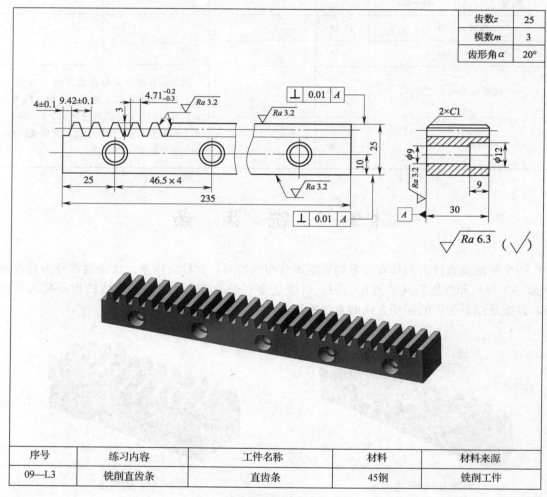

齿数 z	25
模数 m	3
齿形角 α	20°

序号	练习内容	工件名称	材料	材料来源
09—L3	铣削直齿条	直齿条	45钢	铣削工件

图 9-20 直齿条

◎ 相关工艺知识

齿条可视作齿数 z 趋于无穷大的圆柱齿轮。当这个圆柱齿轮的齿数无限增加时，其齿顶圆、分度圆、齿根圆就成为互相平行的直线，分别称为齿顶线、分度线和齿根线；其基圆半径也相应地增大到无穷大。根据渐开线的性质，当基圆半径趋于无穷大时，渐开线成为直线，使渐开线齿廓成为直线齿廓，圆柱齿轮成为齿条。

图 9-21　用盘形齿轮铣刀在卧式万能铣床上铣齿条

一、齿条的基本参数和几何尺寸计算

1. 齿条的基本参数

齿条的主要参数有齿数 z、模数 m（或法向模数 m_n）、齿形角 α（或法向齿形角 α_n）和螺旋角 β（斜齿条），以及齿顶高系数 h_a^*、顶隙系数 c^* 等。

2. 齿条几何尺寸的计算

齿条几何要素（见图 9-22）的名称、代号和计算公式见表 9-7。

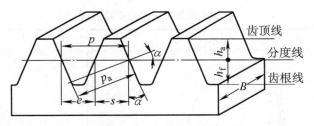

图 9-22　齿条几何要素

表 9-7　　　　　　　　　齿条几何要素的名称、代号和计算公式

名称	代号	计算公式	
		直齿条	斜齿条
模数、法向模数	m、m_n	m，取标准值	$m_n=m$，取标准值
端面模数	m_t	$m_t=m_n=m$	$m_t=m_n/\cos\beta$
齿形角、法向齿形角	α、α_n	$\alpha=20°$	$\alpha_n=\alpha=20°$
端面齿形角	α_t	$\alpha_t=\alpha_n=\alpha$	$\tan\alpha_t=\tan\alpha_n/\cos\beta$
齿顶高	h_a	$h_a=m$	$h_a=m_n$
齿根高	h_f	$h_f=1.25m$	$h_f=1.25m_n$
齿高	h	$h=2.25m$	$h=2.25m_n$
齿距、法向齿距	p、p_n	$p=\pi m$	$p_n=\pi m_n$
端面齿距	p_t	$p_t=p_n=p$	$p_t=p_n/\cos\beta=\pi m_n/\cos\beta$
齿厚	s	$s=p/2=\pi m/2$	$s=p_n/2=\pi m_n/2$
槽宽	e	$e=p/2=\pi m/2$	$e=p_n/2=\pi m_n/2$

二、铣削齿条时的铣刀选择

通常当齿条的模数较小时均在卧式铣床上用盘形齿轮铣刀铣削，此时应选用同模数中最大号的铣刀，也就是说应选用该模数的8号盘形齿轮铣刀铣削齿条。齿条精度要求较高时，可采用专用的齿条铣刀进行铣削。

对于精度不高、模数较大的齿条，可在立式铣床上用指形铣刀进行铣削，如图9-23所示。指形铣刀已有标准，可直接选用，也可将废旧的立铣刀、键槽铣刀或钻头等进行改磨，使其符合齿形要求。

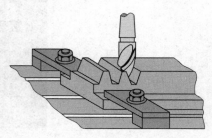

图9-23 用指形铣刀铣削齿条

三、铣刀安装与工件装夹

1. 铣刀的安装

在卧式铣床上铣削短齿条时，铣刀的安装方法与铣削齿轮时完全相同。若需要铣削长齿条，则须纵向安装工件，采用横向进给法铣削，此时要将铣刀的回转轴线转换成与进给方向（横向）垂直，需加装专用辅具，使铣刀轴线与工作台纵向进给方向平行，具体方法有两种，见表9-8。

表9-8　　　　　　　　　　　　　　　铣削长齿条时铣刀的安装方法

铣刀安装方法	图示	说明
用万能立铣头改变铣刀轴线方向	万能立铣头 铣头主轴 齿轮 专用铣头 铣刀 用万能立铣头安装铣刀	首先将万能立铣头转过一个角度，使铣头主轴轴线平行于工作台纵向进给方向。然后在万能立铣头上加装一个专用铣头，用来安装盘形齿轮铣刀，铣头的轴线同样平行于工作台纵向进给方向。这样，就可以铣削较长的齿条
用横向刀架改变铣刀轴线方向	横向刀架 铣刀 用横向刀架安装铣刀	在铣床悬梁上加装横向刀架铣削长齿条。通过一对螺旋角为45°的斜齿轮机构，使铣刀轴转过90°，则铣刀轴线与工作台纵向进给方向平行 安装横向刀架时，先将一个斜齿轮安装在铣床杆上，再将横向刀架和另一个斜齿轮装在铣床悬梁上，使两斜齿轮啮合。然后安装刀杆支架，并将横向刀架紧固。则铣床的主轴运动通过该装置使铣刀旋转

2. 工件的装夹

铣削直齿条时工件的装夹，要求其齿线与进给方向平行。可分为横向装夹工件（工作台横向分齿移距）和纵向装夹工件（工作台纵向分齿移距）。装夹时只要将齿条侧面基准面与分齿移距方向校正平行，齿顶面与工作台面校正平行即可。

斜齿条装夹后，主要要求保证其齿线与铣削时进给方向一致，而与分齿移距方向成一螺旋角。具体方法有倾斜工件法和偏转工作台法，见表9-9。

表9-9　　　　　　　　　　　　铣斜齿条时工件的装夹方法

方法	图示	说明
倾斜工件法	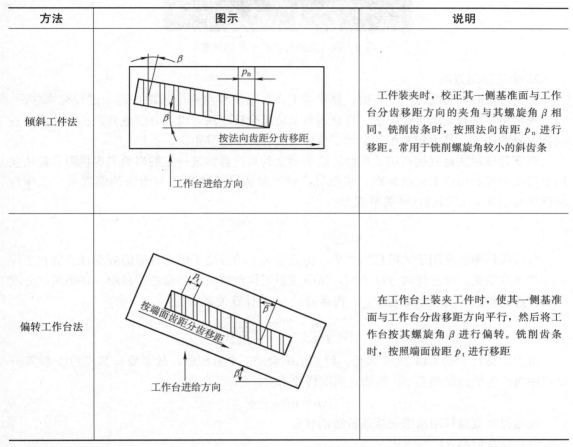	工件装夹时，校正其一侧基准面与工作台分齿移距方向的夹角与其螺旋角 β 相同。铣削齿条时，按照法向齿距 p_n 进行移距。常用于铣削螺旋角较小的斜齿条
偏转工作台法		在工作台上装夹工件时，使其一侧基准面与工作台分齿移距方向平行，然后将工作台按其螺旋角 β 进行偏转。铣削齿条时，按照端面齿距 p_t 进行移距

◎ 工艺过程

1. 确定加工方法，安装铣刀、装夹工件

根据图9-20所示零件图中的技术要求，现选用模数 $m = 3$ mm，齿形角 $\alpha = 20°$ 的8号盘形齿轮铣刀铣削该齿条。安装铣刀并检查铣刀的圆跳动。

由于该齿条为短齿条，故可采用平口钳装夹，纵向进给铣削。安装平口钳时，用百分表校正固定钳口，使固定钳口与铣床主轴轴线平行，平行度误差在钳口全长上不超过0.02 mm。然后装夹并校正齿坯。装夹时垫铁应使工件上平面高出钳口约8 mm，并用木锤敲击使其上平面与工作台面平行，如图9-24所示。

图 9-24 铣短齿条时工件的装夹

2. 确定移距方法

铣削齿条时，每铣完一个齿槽，都要使工作台精确移动一个齿距，这一过程称为移距。常用的移距方法有刻度盘移距法、百分表与量块结合移距法，以及分度盘移距法和分度头直线移距分度法等，其中较常用的是刻度盘移距法和分度盘移距法。

刻度盘移距法是直接利用工作台进给手柄上的刻度盘转过一定的格数实现移距。此法仅用于精度不高的短齿条铣削移距。移距时，刻度盘转过的格数 n 与齿条的模数 m、工作台每格移动距离 F 之间的计算关系式为：

$$n = \frac{\pi m}{F}$$

分度盘移距法常用于大批量生产中。将分度头上的分度手柄与合适的分度盘改装在工作台进给丝杠端头。通过转动分度手柄，精确控制工作台横向偏移量进行移距。移距时，分度手柄转过的转数 n 与丝杠导程 $P_{\underline{丝}}$、齿条模数 m 的计算关系式为：

$$n = \frac{\pi m}{P_{\underline{丝}}} = \frac{22m}{7 \times 6} = \frac{11}{21}m$$

由于计算式中的 π 以 22/7 代替，计算结果会是一个近似值，故需要按其齿距 p 验算分度移距时产生的齿距误差 Δp 能否达到图样要求：

$$\Delta p = nP_{\underline{丝}} - p$$

现选择分度盘移距法来完成该齿条的移距。

（1）计算齿高 h

$$h = 2.25m = 2.25 \times 3 \text{ mm} = 6.75 \text{ mm}$$

（2）采用分度盘移距法，计算移距时的分度手柄的转数 n

$$n = \frac{22}{42}m = \frac{22}{42} \times 3 = \frac{66}{42} = 1\frac{24}{42}$$

（3）验算齿距误差 Δp

$$\Delta p = nP_{\underline{丝}} - p = nP_{\underline{丝}} - \pi m \approx \frac{66}{42} \times 6 \text{ mm} - 3.141\,6 \times 3 \text{ mm} \approx 0.003\,8 \text{ mm}$$

按照 GB/Z 10096—2022 规定，9 级精度 $m < 3.5$ mm 的齿条，其齿距极限偏差为 ± 0.028 mm，上述误差未超出允许范围。

现将带有 42 孔圈的分度盘及其手柄换装并固定在横向传动丝杠端部，调整好分度叉。分度盘的安装过程如图 9 - 25 所示。

图 9 - 25 分度盘的安装过程

a) 丝杠端部安装分度装置 b) 调整分度叉开角

3. 铣削

先对刀。对刀时，先逐渐升起工作台，让旋转的铣刀刚好擦着工件上表面，按进给方向退出铣刀（见图 9 - 26a）；再纵向调整齿条位置，使铣刀对称中心与齿条端面距离 δ 符合要求（见图 9 - 26b）。由图上尺寸可知：$\delta = 4$ mm $- 4.71$ mm$/2 = 1.645$ mm。纵向调整好后，沿进给方向退出齿条。

因齿高尺寸 $h = 2.25m = 2.25 \times 3$ mm $= 6.75$ mm，所以粗铣时再将升降台升起 6.25 mm，然后用逆铣方式铣削齿条端部（见图 9 - 26c）。

完成齿条端部第一齿面的铣削后，按照规定的齿距 p 进行移距（见图 9 - 26d）铣第二齿面。分齿移距时每次转动分度手柄 $1\frac{24}{42}$ 转。以此方法完成其余齿槽的粗铣加工。

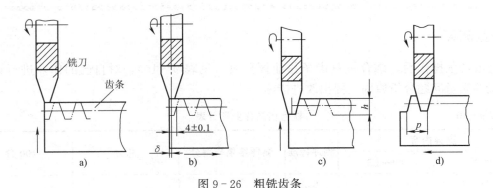

图 9 - 26 粗铣齿条

粗铣后，用齿厚游标卡尺检测试铣的齿槽合格后，按照检测结果确定的余量将工作台升起来，完成齿条的精铣。

4. 齿条的测量

齿条的测量主要是测量齿条的齿厚和齿距。

用齿厚游标卡尺测量齿条的齿厚时，应先按照齿顶高度 $h_a = m$ 的尺寸来调整垂直游标尺，然后用水平游标尺测量其实际齿厚 s，如图 9 - 27 所示。

用齿厚游标卡尺测量齿距时，先按照计算得的齿顶高度 $h_a=m$ 调整垂直游标尺，再用水平游标尺测量两个齿形间的距离 T（$T=p+s$），则齿距按 $p=T-s$ 进行计算即可，如图 9-28 所示。

另外，还可以用齿距样板检验齿距，该方法更为简单，只要样板与齿面接触间隙不超过加工要求即为齿距合格，如图 9-29 所示。

对工件做最后检查，确认无误后即可卸下工件。

图 9-27　齿厚的测量

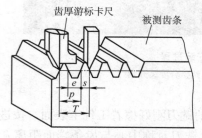

图 9-28　用齿厚游标卡尺测量齿距

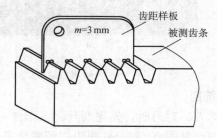

图 9-29　用齿距样板测量齿距

操作提示

1. 铣齿条所用的是规定模数的同一组中最大号的盘形齿轮铣刀。

2. 若齿条过长，受横向行程限制会使齿坯与床身相抵，则需要改为纵向装夹铣削。

3. 铣削齿条端部第一齿时，应注意按要求控制好起始位置距离。

◎ 作业测评

完成铣削操作后，结合铣直齿条作业评分表（见表 9-10），对自己的作业进行评价，对出现的质量问题分析原因，提出改进措施。

表 9-10　　　　　　　　　　　　　铣直齿条作业评分表

测评内容		测评标准	测评结果与得分	总分	100 分
序号	09—L3				
(4 ± 0.1) mm		10 分		总得分	
(9.42 ± 0.1) mm		20 分			说明：各项检测每超差 0.01 mm 扣 1 分；若齿面有振纹每处扣 2 分；深啃、碰伤每处扣 2 分；工时定额为 2 h，每超时 1 min 扣 1 分。操作中有不文明生产行为，酌情扣 5～10 分
$4.71^{-0.2}_{-0.3}$ mm		20 分			
齿数 25		10 分			
齿形形态		15 分			
齿的等分性		15 分			
齿面 $Ra\,3.2\ \mu m$		10 分			

§9-4 铣直齿锥齿轮

◎ 工作任务——铣削直齿锥齿轮

1. 掌握锥齿轮的相关知识。
2. 掌握直齿锥齿轮铣削的工艺方法和加工步骤。

本任务要求完成图9-30所示直齿锥齿轮的铣削。

◎ 工艺分析

在齿轮零件中，有一种分度曲面是圆锥面的齿轮，被称为锥齿轮。根据齿线形状的不同，锥齿轮又分为直齿、斜齿和曲线齿锥齿轮三种。其中，齿线是分度圆锥面的直素线的锥齿轮称为直齿锥齿轮，简称为锥齿轮。

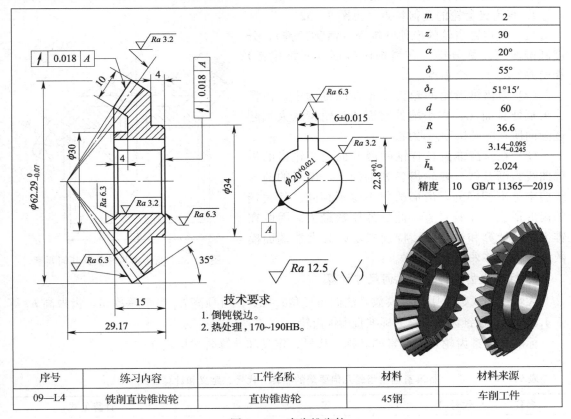

m	2
z	30
α	20°
δ	55°
δ_f	51°15′
d	60
R	36.6
$\bar{s}$	$3.14_{-0.245}^{-0.095}$
$\bar{h}_a$	2.024
精度	10　GB/T 11365—2019

技术要求
1. 倒钝锐边。
2. 热处理，170~190HB。

序号	练习内容	工件名称	材料	材料来源
09—L4	铣削直齿锥齿轮	直齿锥齿轮	45钢	车削工件

图9-30　直齿锥齿轮

图9-30所示为一大端模数为3 mm、齿宽$b=10$ mm（$b<R/3$）的30齿标准直齿锥齿轮。从立体图中不难看出：直齿锥齿轮的齿槽形状不同于直齿圆柱齿轮，其齿槽在大端处宽而深，在小端处窄而浅；大端的齿形较平直，而小端的齿形比较弯曲；齿顶和槽底与轴线既

不平行也不垂直，而成一定角度向轴线上收缩。直齿锥齿轮在几何特征上的这些特殊点，使同一齿槽两侧面由大端到小端的曲率是不断变化的，这就给锥齿轮在铣削时的装夹、校正及调整都增加了许多难度。如图 9-31 所示，用齿轮铣刀铣削齿槽是一种仿形加工，而锥齿轮这种齿形的变化，使得用一把成形铣刀无法铣出完全符合要求的锥齿轮齿形。所以，在普通铣床上采用成形铣刀铣出的锥齿轮精度较低，一般只适合精度要求不高时的单件修配或作为展成加工（刨齿）前的粗加工。

图 9-31　用齿轮铣刀铣削齿槽

直齿锥齿轮的铣削步骤通常为：

$$\boxed{齿坯检查} \rightarrow \boxed{工件装夹、校正与调整} \rightarrow \boxed{铣刀对中心} \rightarrow \boxed{铣削齿槽中部} \rightarrow \boxed{扩铣大端齿侧}$$

◎ 相关工艺知识

一、直齿锥齿轮的几何特点和几何尺寸计算

1. 直齿锥齿轮的几何特点（见图 9-32）

（1）直齿锥齿轮的齿顶圆锥面（简称顶锥）、分度圆锥面（简称分锥）和齿根圆锥面（简称根锥）相交并共处于一个顶点。

（2）直齿锥齿轮的轮齿分布在圆锥面上，齿槽在大端处宽而深、在小端处窄而浅，轮齿从大端起逐渐向所在的圆锥顶点收缩。

（3）在直齿锥齿轮背锥的展开面上，轮齿的齿廓曲线为渐开线。在轮齿各处剖面上，齿形的渐开线曲率是不相同的，齿形的大小也不相同。其大端的齿形最大，比较平直，此处的模数最大。因此在锥齿轮的计算和设计中，特别规定以其大端端面模数为依据，并采用标准模数。

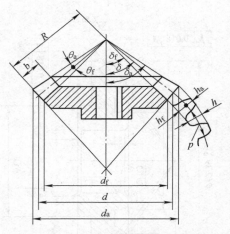

图 9-32　直齿锥齿轮及其几何要素

2. 标准直齿锥齿轮的几何尺寸计算

大端端面模数采用标准模数，法向齿形角 $\alpha = 20°$，齿顶高 h_a 等于模数 m，齿根高 h_f 等于 $1.2m$ 的直齿锥齿轮，称为标准直齿锥齿轮。

标准直齿锥齿轮几何要素的名称、代号、定义和计算公式见表 9-11。

表 9-11　　　　标准直齿锥齿轮几何要素的名称、代号、定义和计算公式

名称	代号	定　义	计算公式
模数	m	齿距除以圆周率所得的商	$m = p/\pi$
齿形角	α	背锥齿廓和分度圆交点处的切线与通过该切点且垂直于分度圆锥面的直线之间所夹的锐角	我国规定 $\alpha = 20°$
分度圆直径	d	锥齿轮分度圆锥面与背锥面交线的直径	$d = mz$

名称	代号	定　义	计算公式
齿顶圆直径	d_a	锥齿轮齿顶圆锥面与背锥面交线的直径	$d_a=d+2h_a\cos\delta=m\ (z+2\cos\delta)$
齿根圆直径	d_f	锥齿轮齿根圆锥面与背锥面交线的直径	$d_f=d-2h_f\cos\delta=m\ (z-2.4\cos\delta)$
齿距	p	锥齿轮上两个相邻的同侧齿面之间的分度圆弧长	$p=\pi m$
齿顶高	h_a	齿顶圆至分度圆之间沿背锥素线量度的距离	$h_a=m$
齿根高	h_f	分度圆至齿根圆之间沿背锥素线量度的距离	$h_f=1.2m$
齿高	h	齿顶圆至齿根圆之间沿背锥素线量度的距离	$h=2.2m=h_a+h_f$
分度圆锥角	δ	锥齿轮轴线与分度圆锥面素线之间的夹角	$\tan\delta_1=z_1/z_2$, $\tan\delta_2=z_2/z_1$
顶圆锥角	δ_a	锥齿轮轴线与顶锥素线之间的夹角	$\delta_a=\delta+\theta_a$
根圆锥角	δ_f	锥齿轮轴线与根锥素线之间的夹角	$\delta_f=\delta-\theta_f$
齿顶角	θ_a	顶圆锥角与分度圆锥角之差	$\tan\theta_a=(2\sin\delta)/z$
齿根角	θ_f	分度圆锥角与根圆锥角之差	$\tan\theta_f=(2.4\sin\delta)/z$
外锥距	R	分度圆锥面顶点沿素线至背锥面的距离	$R=d/(2\sin\delta)$
齿宽	b	锥齿轮的轮齿沿分度圆锥面素线量度的宽度	$b\leqslant R/3$

二、铣直齿锥齿轮的铣刀选择

直齿锥齿轮的轮齿分布在圆锥面上，齿形由大端向锥顶逐渐收缩，锥齿轮大端与小端的直径不相等，大端与小端的基圆直径也不相等。大端的基圆直径大，其渐开线齿形曲线较直；小端的基圆直径小，其渐开线齿形曲线较弯曲。而直齿锥齿轮铣刀的齿形只能按分度圆锥面素线某一截面处的齿形设计，加工出来的锥齿轮的齿形也只能在该截面中比较准确，其他截面中的齿形则存在一定的误差。因此，用直齿锥齿轮铣刀成形铣削加工出来的直齿锥齿轮精度低，锥齿轮的齿数越少、齿宽 b 越大，其误差越大。

1. 直齿锥齿轮铣刀

通常直齿锥齿轮铣刀的齿形曲线是按大端的当量圆柱齿轮的齿形设计的；铣刀的厚度则是按小端的齿槽宽度设计的，以保证在铣削过程中铣刀切削刃能通过小端。因此，直齿锥齿轮铣刀要比相同模数的直齿圆柱齿轮铣刀薄。标准直齿锥齿轮铣刀的厚度是按外锥距 R 与齿宽 b 之比 $R/b=3$ 时的直齿锥齿轮小端齿槽宽度确定的，考虑到铣刀在铣削时的摆差，将厚度再减薄 0.1 mm 左右，铣刀可适用于 $R/b\geqslant3$ 的直齿锥齿轮的加工。铣削 $R/b<3$ 的直齿锥齿轮，则应另制更薄的铣刀。

与直齿圆柱齿轮铣刀一样，直齿锥齿轮铣刀每个模数有 8（或 15）个刀号，铣刀的侧面除标记有刀号数、模数、齿形角和适应加工的齿数外，还标记有"伞形"字样或"△"符号，如图 9-33 所示。

2. 直齿锥齿轮的当量齿数

由于直齿锥齿轮的大端齿廓曲线在背锥的展开面上是渐开线，且规定大端模数为标准模数，则以直齿锥齿轮的分度圆背锥距作为分度圆半径，大端端面模数为模

图 9-33　直齿锥齿轮铣刀标记

数的假想直齿圆柱齿轮称为该锥齿轮的当量圆柱齿轮，如图9-34所示。当量圆柱齿轮的齿数称为该锥齿轮的当量齿数 z_v。z_v 可根据分度圆锥角 δ 和实际齿数 z 进行计算：

$$z_v = \frac{z}{\cos\delta}$$

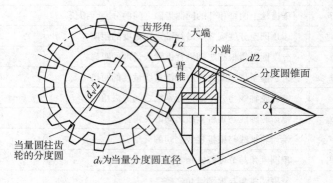

图 9-34　直齿锥齿轮的当量圆柱齿轮

直齿锥齿轮铣刀的号数按照当量齿数 z_v 依照直齿圆柱齿轮的铣刀号数分段来选择。

三、扩铣大端齿侧的方法

完成铣刀对中心即可按其齿高尺寸调整铣削齿槽中部。由于直齿锥齿轮铣刀的厚度是按照标准直齿锥齿轮小端齿槽的宽度制造的，当直齿锥齿轮齿槽中部铣削完成后，其小端齿槽的宽度已达到尺寸要求，而大端齿槽的宽度还不够。因此，就要对大端齿槽进行扩铣，使之符合要求。

大端齿槽的扩铣可采用分度头回转法和分度头偏转法两种方法，即分度头绕其主轴回转与工作台横向偏移相结合的方法和分度头在水平面内偏转与工作台横向偏移相结合的方法。

1. 分度头回转法扩铣齿侧

采用分度头回转法扩铣齿侧（见图9-35）可使锥齿轮小端的厚度比理论值稍薄一些，这种方法因计算和操作简单而得到了普遍应用，但仅用于齿轮啮合的接触精度不高的情况。

（1）以分度头主轴回转量为基准扩铣齿侧

先将分度头按其回转量 N 进行转动，然后横向调整工作台（使铣刀切削刃刚好擦到齿槽小端的一个侧面，又不碰伤另一侧面），即可对齿槽同一侧面进行扩铣，然后按 $2N$ 回转量反向转动分度头铣削另一侧齿槽面。分度头回转量 N 与齿坯基本回转角 θ（'）、齿轮齿数 z 的关系为：

$$N = \frac{\theta}{540'z}$$

式中的齿坯基本回转角 θ 可通过查表9-12得出。

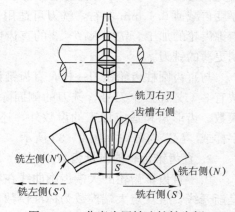

图 9-35　分度头回转法扩铣齿侧

刀号	比值 R/b									
	$2\frac{1}{2}$	$2\frac{3}{4}$	3	$3\frac{1}{3}$	$3\frac{2}{3}$	4	$4\frac{1}{2}$	5	6	8
1	1 950	1 885	1 835	1 770	1 725	1 695	1 650	1 610	1 560	1 500
2	2 005	1 955	1 915	1 860	1 820	1 795	1 755	1 725	1 680	1 625
3	2 060	2 020	1 990	1 950	1 920	1 900	1 865	1 840	1 805	1 765
4	2 125	2 095	2 070	2 035	2 010	1 995	1 970	1 950	1 920	1 880
5	2 170	2 145	2 125	2 095	2 075	2 065	2 045	2 030	2 010	1 980
6	2 220	2 205	2 190	2 175	2 160	2 150	2 130	2 115	2 100	2 080
7	2 285	2 270	2 260	2 250	2 240	2 235	2 225	2 220	2 200	2 180
8	2 340	2 335	2 330	2 320	2 315	2 310	2 305	2 300	2 280	2 260

（2）以工作台横向偏移量为基准扩铣齿侧

先将工作台按其横向偏移量 S 进行调整，然后转动分度头（使铣刀切削刃刚好擦到齿槽小端的一个侧面，而不会伤到另一侧面）进行扩铣。工作台横向偏移量 S（mm）与齿轮模数 m（mm）、齿宽 b（mm）和外锥距 R（mm）的关系为：

$$S = \frac{mb}{2R}$$

2. 分度头偏转法扩铣齿侧

采用分度头偏转法扩铣齿侧（见图 9 - 36），是在底座有回转机构的分度头上进行的。采用这种方法铣削的锥齿轮啮合的接触精度较高，但铣削后要用锉刀对小端齿形进行修整，使小端齿形弯曲并趋于准确。

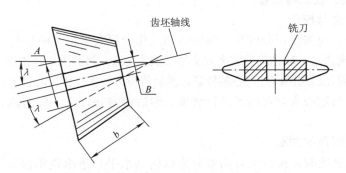

图 9 - 36   分度头偏转法扩铣齿侧

采用分度头偏转法扩铣齿侧，先将分度头在水平面内偏转角度 λ，然后横向调整工作台，依次扩铣齿槽的同一侧面，再完成齿槽另一侧面的扩铣。分度头在水平面的偏转角 λ 与齿轮的模数 m、外锥距 R 或大端齿槽宽 A、小端齿槽宽 B、齿宽 b 的计算式为：

$$\tan\lambda = \frac{\pi m}{4R} \quad \text{或} \quad \sin\lambda = \frac{A-B}{2b}$$

◎ 工艺过程

1. 齿坯的检查

用游标卡尺分别检查齿坯的内径、外径和齿宽，再用游标万能角度尺检查齿坯的顶锥角和背锥角等，如图 9-37 所示。检查合格后方可装夹、校正工件。

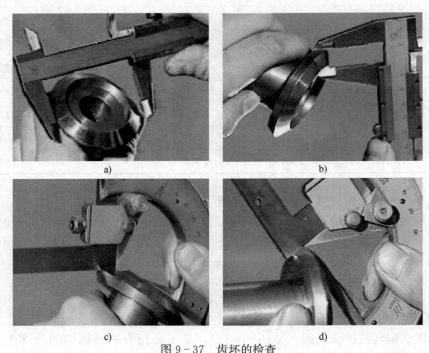

图 9-37　齿坯的检查

a) 检查齿坯的外径　b) 检查齿宽　c) 检查齿坯的顶锥角　d) 检查齿坯的背锥角

2. 工件的装夹、校正与调整

（1）工件的装夹与校正

装夹齿坯之前，应先校正分度头主轴轴线与工作台纵向进给方向平行。

在分度头上装夹齿坯，较精确的装夹方法是心轴装夹法。将莫氏 4 号锥度心轴插入分度头主轴锥孔中，在主轴锥孔后端用拉杆将心轴拉紧，然后将齿坯装夹在锥度心轴上，如图 9-38 所示。

现直接用三爪自定心卡盘对齿坯进行装夹，然后检测并校正工件的跳动量，如图 9-39 所示。

（2）分度头起度角的调整

在卧式铣床上铣削时，按进给方向可分为纵向（水平）进给铣削法和垂直进给铣削法。采用纵向进给铣削法时（见图 9-40），先调整分度头主轴与工作台面和铣刀回转平面平行，齿坯装夹后检查大端和小端的径向圆跳动；然后使分度头主轴仰起一个角度，起度角应等于被加工锥齿轮的根圆锥角 δ_f（使齿槽底面与工作台面平行）。当锥齿轮的根圆锥角 δ_f 较大，且长度和直径也较大时，有可能工作台即使处于最低位置（升降台降至将与底座碰到），锥齿轮的齿槽底仍不能在铣刀下面通过，这时可采用垂直进给铣削法，此时分度头主轴仰起的角度等于 $90° - \delta_f$，如图 9-41 所示。

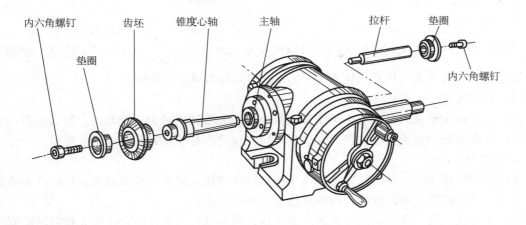

图 9-38 齿坯的装夹（心轴装夹法）

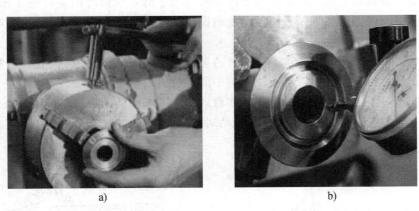

a)   b)

图 9-39 齿坯的装夹（三爪自定心卡盘装夹法）和校正

a）用三爪自定心卡盘装夹工件 b）用百分表检测工件跳动量

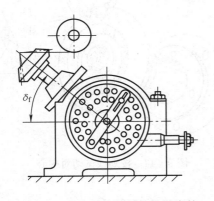

图 9-40 纵向进给铣削法铣锥齿轮

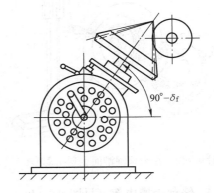

图 9-41 垂直进给铣削法铣锥齿轮

由于图 9-30 所示锥齿轮外形尺寸较小，因此采用纵向进给铣削法铣削齿槽，故应将分度头主轴从水平位置仰起一个根圆锥角 $\delta_f = 51°15'$。

3. 铣刀选择、安装

（1）铣刀选择

因为本任务中所加工直齿锥齿轮的当量齿数为 $z_v=\dfrac{z}{\cos\delta}=\dfrac{30}{\cos55°}\approx52.3$，所以，参照标准盘形齿轮铣刀刀号表，应选用模数 $m=2$ mm 的 6 号盘形锥齿轮铣刀。

（2）铣刀安装

安装盘形锥齿轮铣刀时，应保证使铣刀由小端向大端铣削时为逆铣方式。如有必要，应先对机床精度进行检测或校正。铣刀安装后，要注意检查并校正其圆跳动符合要求。

4. 铣刀对中心

铣削直齿锥齿轮时，铣刀对中心通常采用划线试切法。以在工件圆锥面上划线产生的菱形框为参照进行试切，可以准确、有效地将铣刀对准中心。

划线的方法：第一步，在齿坯锥面上涂色后，将游标高度卡尺的划线头大致对准锥面中部的中心位置，先在齿坯齿顶圆锥面的两侧各划一条线段，然后将分度头转过 180° 后，再在其两侧各划一条线段；第二步，将高度尺下降（或上升，视情况而定）约 3 mm，按上述方法依次在圆锥面两侧再各划两条线段，此时圆锥面两侧将划出相对的两个对称的菱形框，如图 9-42 所示。

划好线后，将分度头转过 90°，使划出的菱形框转至圆周的最高位置，进行试切。方法：调整工作台，目测使铣刀对准菱形框的中间部位；启动铣床主轴，逐渐升高工作台，在圆锥表面试切出一条较浅的刀痕；降下工作台观察，若切出的刀痕在菱形中间（切痕对称于菱形框的一条对角线），则表明铣刀已经成功对中心，如图 9-43 所示。如有偏差，再适当调整工作台横向位置。

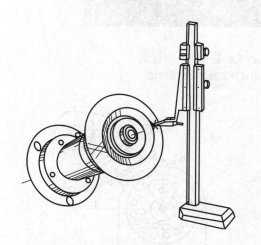

图 9-42　在齿顶圆锥面上划出菱形框

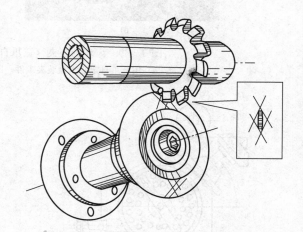

图 9-43　按划线试切对中心

5. 铣削齿槽中部（见图 9-44）

对中后，锁紧工作台横向进给机构，调整工作台，使刀尖与齿坯大端刚刚接触，纵向退出铣刀。因大端齿全高为 $h=2.2m=2.2\times2$ mm $=4.4$ mm，所以先将工作台升起 4.0 mm 进行粗铣。粗铣时选用主轴转速 $n=150$ r/min，进给速度 $v_f=75$ mm/min，以逆铣的方式依次完成所有齿槽的粗铣。然后检测工件齿槽深度，重新调整工作台进行精铣，完成大端槽深 4.4 mm 的铣削要求。分度时，分度手柄每齿转过转数为 $n=\dfrac{40}{z}=\dfrac{40}{30}=1\dfrac{10}{30}$。

6. 扩铣大端齿侧（见图 9 - 45）

现采用分度头回转法扩铣大端齿侧。若以主轴回转量为基准扩铣齿槽时，因 $R/b=36.6/10=3.66$，查表 9 - 12 得 $\theta=2\,160'$，则分度头回转量 N（单位为转）为：

$$N=\frac{\theta}{540'z}=\frac{2\,160'}{540'\times 30}=\frac{4}{30}$$

图 9 - 44　铣削齿槽中部

图 9 - 45　扩铣大端齿侧

若以工作台偏移量为基准扩铣齿槽时，则工作台横向偏移量 S 为：

$$S=\frac{mb}{2R}=\frac{2\times 10}{2\times 36.6}\ \text{mm}\approx 0.273\ \text{mm}$$

现以主轴回转量为基准进行扩铣。调整分度头回转量，按 $N=\dfrac{4}{30}$ 转动分度手柄；调整横向工作台位置，使铣刀侧刃刚好擦到小端齿槽的一侧齿面，但不能铣伤小端侧面；分度完成所有齿槽同一侧面的扩铣。

一侧齿槽扩铣好后，按铣削第一个侧面时横移量的 2 倍反方向调整铣削位置；再按 $N=\dfrac{8}{30}$ 反向转动分度手柄，并微调使铣刀侧刃刚好擦到小端齿槽的另一侧齿面，分度完成另一侧大端齿侧的扩铣。

7. 直齿锥齿轮的检测

在铣床上用盘形锥齿轮铣刀铣制直齿锥齿轮，生产现场一般只检查齿厚以保证要求的齿侧间隙，有时还要检查齿圈径向跳动量。

（1）齿厚检测

直齿锥齿轮齿厚的测量，一般在背锥处测量其大端分度圆弦齿厚 $\bar{s}$ 和弦齿高 $\bar{h}$，如图 9 - 46 所示。

弦齿厚 $\bar{s}$ 和弦齿高 $\bar{h}$ 可根据其当量齿数 z_v，在分度圆弦齿厚系数与弦齿高系数表中查得 $\bar{s}^*$ 和 $\bar{h}^*$ 后，乘以其实际模数 m 求得。

（2）齿圈径向圆跳动量的检测

如图 9 - 47 所示，当工件仍装夹时，在其齿槽中放入一根圆棒（圆棒与齿槽面相切，并高出齿顶圆锥面)。转动工件,记下百分表测头在圆棒最高点的读数。将圆棒在每个齿槽上检测读数的最大值和最小值的差值作为锥齿轮齿圈的径向圆跳动量。

图9-46 用齿厚游标卡尺检测齿厚

图9-47 齿圈径向圆跳动量的检测

操作提示

1. 启动主轴之前,应注意观察主轴转向是否正确,刀具安装是否正确。
2. 完成对刀纵向退出工件后,应将横向和垂向的进给机构锁紧。
3. 扩铣大端齿侧时,两侧切削量要一致,以保证齿形与中心对称。
4. 工件加工完毕,应去除毛刺,再进行检测。检测结果符合要求再卸下工件。

◎ **作业测评**

完成铣削操作后,结合直齿锥齿轮作业评分表(见表9-13),对自己的作业进行评价,对出现的质量问题分析原因,提出改进措施。

表9-13 直齿锥齿轮作业评分表

测评内容		测评标准	测评结果与得分	总分	100分
序号	09—L4				
根圆锥角 51°15′		15分		总得分	
分度圆弦齿厚 $3.14_{-0.245}^{-0.095}$ mm		20分			
齿数 30		10分		说明:各项检测每超差 0.01 mm 扣 1分;齿面有振纹每处扣 2 分;深啃、碰伤每处扣 2 分;工时定额为 4.5 h,每超时 1 min 扣 1 分。操作中有不文明生产行为,酌情扣5~10分	
齿形形态		15分			
齿圈径向圆跳动量 0.018 mm		20分			
齿面表面粗糙度 $Ra3.2$ μm		10分			
小端齿顶修整		10分			

课题十 刀具齿槽的铣削

切削加工所用的钻头、铰刀及铣刀等，其制造工艺已经高效化、专业化。将铣刀在铣床上的加工成形作为铣削加工专业课题学习，使铣削技能得到提高和拓展，具有一定的实际意义。刀具齿槽按照在圆柱表面上的分布情况主要分为圆柱面直齿刀具齿槽和圆柱面螺旋齿刀具齿槽两类。下面分别介绍这两种刀具齿槽的铣削方法。

§10-1 圆柱面直齿刀具齿槽的铣削

◎ **工作任务——铣直齿三面刃铣刀齿槽**

1. 掌握圆柱面直齿刀具齿槽铣削的相关知识。

2. 掌握用单角铣刀和双角铣刀铣削圆柱面直齿刀具齿槽的工艺方法和加工步骤。

本任务要求完成图10-1所示铣刀齿槽的铣削。

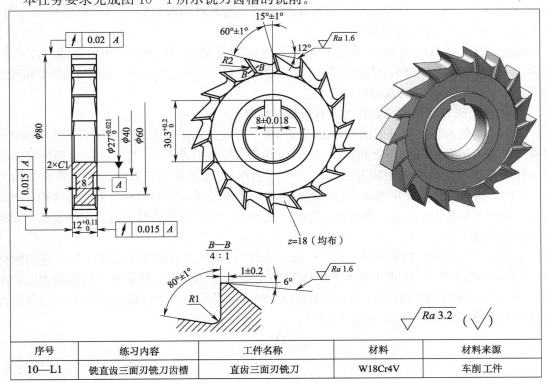

序号	练习内容	工件名称	材料	材料来源
10—L1	铣直齿三面刃铣刀齿槽	直齿三面刃铣刀	W18Cr4V	车削工件

图10-1 直齿三面刃铣刀

◎ 工艺分析

图 10-1 所示为 80 mm×12 mm×27 mm 的 18 齿直齿三面刃铣刀。刀齿均布于圆周，圆周上齿刃的前角为 15°，后角为 12°，齿根圆弧半径为 2 mm，齿槽角为 60°；端面上齿刃的前角为 0°，后角为 6°，齿根圆弧半径为 1 mm，齿槽角为 80°；铣刀刃带宽度为 1 mm；圆周与端面相对内孔轴线均有较高的跳动量要求。铣削之前已由车工工序完成刀坯的加工。本任务将在卧式铣床上分别对其圆柱面齿槽、齿背、端面齿槽三个主要部分进行加工。就直齿三面刃铣刀的齿槽特点而言，其圆周刃与端面刃的开齿过程与圆柱齿轮和锯齿形牙嵌式离合器的铣削有许多相似之处，但三面刃铣刀的齿槽形状、几何关系更为复杂，因此在装夹、对刀及调整等操作环节上也更加烦琐。铣削直齿三面刃铣刀齿槽的基本工艺过程为：

装夹与校正工件 → 划线对刀 → 铣圆柱面齿槽 → 铣齿背 → 铣端面齿槽

◎ 相关工艺知识

一、圆柱面直齿刀具齿槽的铣削

常见的圆柱面直齿刀具有锯片铣刀、直齿三面刃铣刀、铲齿成形铣刀、铰刀等，其齿槽通常可在铣床上用单角铣刀或不对称双角铣刀铣削。通过单角铣刀的端面齿刃或不对称双角铣刀的小角度锥面齿刃的铣削，形成工件（被加工铣刀）的前面。也就是说，圆柱面直齿刀具齿槽的铣削是围绕着两个问题展开的，一个是选择廓形角与齿槽槽形角相同的角度铣刀，另一个是使单角铣刀的端面齿刃（或不对称双角铣刀的小角度锥面齿刃）所在的平面与工件的前面吻合。

圆柱面直齿刀具的前角 γ_o 有正前角（$\gamma_o > 0°$）、零前角（$\gamma_o = 0°$）和负前角（$\gamma_o < 0°$）三种，其铣削方法基本相同，只是对刀时工作台横向调整的方法有所不同。下面对采用单角铣刀和不对称双角铣刀的铣削方法分别进行介绍。

1. 用单角铣刀铣削圆柱面直齿刀具齿槽与齿背

采用单角铣刀铣削刀具齿槽的方法较为简单。首先是按图样上被加工刀具的齿槽角度 θ 选择工作铣刀的廓形角 θ_1，使 $\theta_1 = \theta$；同时要注意刀尖圆弧半径 r_ε 与工件齿槽槽底圆弧半径 r 相同。然后在分度头上装夹并校正刀坯（工件）。安装并校正好铣刀后，若铣削前角 $\gamma_o = 0°$ 的齿槽时，直接使单角铣刀端面齿刃所在的平面经过刀坯的中心平面，按齿槽深度 h 通过升降台调整切深 $a_e = h$，即可铣出齿槽（见图 10-2），再按齿数通过简单分度就可完成全部齿槽的加工。

若被加工刀具的前角不为零（$\gamma_o > 0°$ 或 $\gamma_o < 0°$），则铣刀对中后还要使工作台横向偏移 S，升降台调整的距离 H 也不再等于齿槽深度 h。铣削正前角时工作台横向的移动方向如图 10-3 所示，铣削负前角时工作台横向朝相反方向移动即可。工作台横向偏移量 S 与升降台升高量 H 计算公式如下（D 为铣刀直径）：

$$S = \frac{D}{2} \sin\gamma_o$$

$$H = \frac{D}{2} (1 - \cos\gamma_o) + h$$

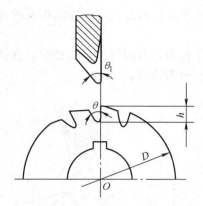

图 10 - 2 铣零前角的刀具开齿

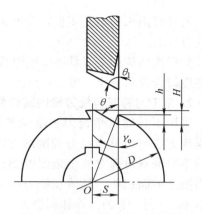

图 10 - 3 铣正前角的刀具开齿

另外,横向偏移量 S 与升降台升高量 H 也可从表 10 - 1 中直接查得。

表 10 - 1 用单角铣刀铣圆柱面直齿槽时的 S 和 H 值 mm

调 整 值	被开齿刀具前角 γ_0				
	0°	5°	10°	15°	20°
S	0	0.043 6D	0.086 8D	0.129D	0.171D
H	h	0.001 9D+h	0.007 6D+h	0.017D+h	0.03D+h

若圆柱面直齿槽的齿背是由折线构成的,在完成其齿槽的铣削后,将工件转过角度 φ,重新调整工作台,再用同一把单角铣刀的锥面齿刃,按其齿背后角 α_0 的角度铣出齿背,如图 10 - 4 所示。铣削前工件转过角度 φ 的计算公式如下:

$$\varphi = 90° - \theta_1 - \alpha_0 - \gamma_0$$

当前角 $\gamma_0 = 0°$ 时,上式可变为:

$$\varphi = 90° - \theta_1 - \alpha_0$$

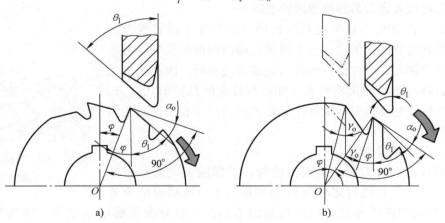

图 10 - 4 用单角铣刀铣齿背
a) 用单角铣刀铣削 $\gamma_0 = 0°$ 刀齿齿背 b) 用单角铣刀铣削 $\gamma_0 > 0°$ 刀齿齿背

若计算出来的 φ 是正值，分度头转动方向如图 10-4 所示；若是负值，应向相反的方向转动分度头。

然后按照被加工刀具刃口棱边的宽度要求重新调整工作台，对齿背进行试铣削，直到棱边宽度符合要求为止。再通过分度，依次对每一齿背进行分齿铣削。

2. 用不对称双角铣刀铣削圆柱面直齿刀具的齿槽

采用不对称双角铣刀铣削圆柱面直齿刀具齿槽，其操作方法与用单角铣刀铣削的方法基本相同，主要是使不对称双角铣刀的小角度锥面齿刃所在平面与被铣齿槽的前面相切，具体在铣刀相对工作台横向偏移量 S 和升高量 H 的计算和调整上有一定的区别。如图 10-5 所示，用不对称双角铣刀铣削刀具齿槽时，工作台横向偏移量 S 与双角铣刀小角度 δ、被加工刀具的前角 $\gamma_\circ$、齿槽深度 h 以及直径 D 之间的计算公式为：

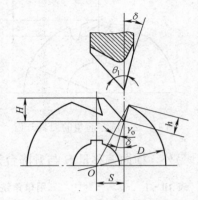

图 10-5 用不对称双角铣刀铣削刀具齿槽时工作台的调整

$$S=\frac{D}{2}\sin（\delta+\gamma_\circ）-h\sin\delta$$

工作台垂向升高量 H 与双角铣刀小角度 δ、被加工刀具的前角 $\gamma_\circ$、齿槽深度 h 以及直径 D 之间的计算公式为：

$$H=\frac{D}{2}\left[1-\cos（\delta+\gamma_\circ）\right]+h\cos\delta$$

若采用不对称双角铣刀铣削零前角的圆柱面齿槽，则在铣刀刀尖对准中心后，工作台横向偏移量 S 和垂向升高量 H 计算公式分别转化为：

$$S=\left(\frac{D}{2}-h\right)\sin\delta$$

$$H=\frac{D}{2}-\left(\frac{D}{2}-h\right)\cos\delta$$

二、圆柱面直齿刀具端面齿槽的铣削

许多圆柱面直齿刀具带有端面齿槽（如直齿三面刃铣刀），在完成齿槽和齿背的铣削后，还需要进行端面齿槽的铣削。由于端面齿槽的铣削是在圆柱面齿槽铣削完成后进行的，因此要求工件的端面齿槽与圆柱面齿槽对齐，并达到规定的几何形状要求。此外，还应保证端面齿刃口棱边的宽度 f 在刃口全长上保持均匀一致，如图 10-6 所示。

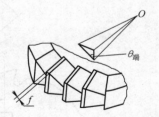

图 10-6 三面刃铣刀的端面齿槽

1. 工作铣刀的选择

铣削圆柱面直齿刀具的端面齿槽时，工作铣刀应选择直径较小的单角铣刀，且铣刀廓形角 θ_1 应与被加工刀具端面齿槽角 $\theta_{端}$ 相等。若铣削两端面均有端面齿槽的刀具时，最好准备廓形角相等、切向相反的左切和右切单角铣刀各一把。

铣刀切向的区分

从不对称双角铣刀的小锥面齿刃或单角铣刀的端面齿刃一侧看，若铣刀刀齿是顺时针方向回转的称为左切铣刀；反之，若刀齿是逆时针方向回转的，就称为右切铣刀，如图 10-7 所示。

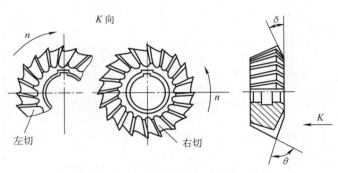

图 10-7　左切铣刀与右切铣刀的辨别

2. 工件装夹与校正

为了能够铣出宽度一致的端面刃口棱边 f，端面齿槽必须被铣削成外深内浅、外宽内窄的形状。这就需要将被加工刀具的端面倾斜角度 α（调整分度头仰角）进行铣削，如图 10-8 所示。通过对铣削位置的调整进行试铣削，使其端面刃口的棱边宽度 f 满足铣削要求。分度头仰角 α 与所加工刀具的刀齿数 z 及其端面齿槽角 $\theta_{端}$ 的计算公式为：

$$\cos\alpha = \tan\frac{360^{\circ}}{z}\cot\theta_{端}$$

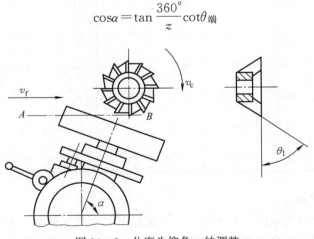

图 10-8　分度头仰角 α 的调整

为了方便操作，分度头仰角 α 也可以查表 10-2 得到。

表 10 - 2　　　　　　　　　　　　　　铣端面齿槽时分度头仰角 α 值

工件齿数	工作铣刀廓形角 θ_1							
	85°	80°	75°	70°	65°	60°	55°	50°
5	74°23′	57°08′	34°27′	—	—	—	—	—
6	81°17′	72°13′	62°21′	50°55′	36°08′	—	—	—
8	84°59′	79°51′	74°27′	68°39′	62°12′	54°44′	45°33′	32°57′
10	86°21′	82°38′	78°46′	74°40′	70°12′	65°12′	59°25′	52°26′
12	87°06′	84°09′	81°06′	77°52′	74°23′	70°32′	66°09′	61°01′
14	87°35′	85°08′	82°35′	79°54′	77°01′	73°51′	70°18′	66°10′
16	87°55′	85°49′	83°38′	81°20′	78°52′	76°10′	73°08′	69°40′
18	88°10′	86°19′	84°24′	82°23′	80°14′	77°52′	75°14′	72°13′
20	88°22′	86°43′	85°00′	83°12′	81°17′	79°11′	76°51′	74°11′
22	88°32′	87°02′	85°30′	83°52′	82°08′	80°14′	78°08′	75°44′
24	88°39′	87°18′	85°53′	84°24′	82°49′	81°06′	79°11′	77°00′
26	88°46′	87°30′	86°13′	84°51′	83°24′	81°49′	80°04′	78°04′
28	88°51′	87°42′	86°30′	85°14′	83°53′	82°26′	80°48′	78°58′
30	88°56′	87°51′	86°44′	85°34′	84°19′	82°57′	81°26′	79°44′
32	89°00′	87°59′	86°56′	85°51′	84°41′	83°24′	82°00′	80°24′
34	89°04′	88°07′	87°08′	86°06′	85°00′	83°48′	82°29′	80°59′
36	89°07′	88°13′	87°18′	86°19′	85°17′	84°10′	82°54′	81°29′
38	89°10′	88°19′	87°26′	86°31′	85°32′	84°28′	83°17′	81°57′
40	89°12′	88°24′	87°34′	86°42′	85°46′	85°45′	83°38′	82°22′

3. 端面齿槽的铣削

由于端面齿槽与圆柱面齿槽必须对齐，因此铣削时要根据被加工刀具齿槽前角进行铣削位置的调整。由于圆柱面直齿槽有不同的前角变化，因此端面齿槽的铣削也随之做相应的位置调整（圆柱直齿槽端面刃自身的前角为零）。

当铣削前角等于零的端面齿槽时，应将单角铣刀的端面齿刃对准工件中心，然后转动分度头，使工件刀齿的前面与进给方向平行即可（此时工作铣刀的端面齿刃与工件齿槽前面处于同一平面）。

当铣削前角不等于零的端面齿槽时，则应将单角铣刀的端面齿刃对准工件中心后，按工作台横向偏移量 S 调整工作台，工作台横向偏移方向与铣削圆周刃时一致，偏移量 S 也与用单角铣刀铣削圆周刃齿槽时相同，即：

$$S = \frac{D}{2}\sin\gamma。$$

然后转动分度头，使工件刀齿的前面与进给方向平行，如图 10-9 所示。

调整好工作台的横向位置后，紧固横向进给机构。通过上升工作台试铣，保证端面刃口的棱边宽度 f 符合图样要求后，即可开始依次铣完同侧的端面齿槽。完成工件一侧端面齿槽的铣削后，将工件翻转重新安装并换装切向相反的铣刀，完成另一侧端面齿槽的铣削。

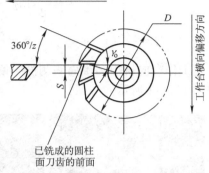

图 10-9　铣削端面齿槽时工作台横移量的调整

◎ **工艺过程**

1. 确定加工工艺

看清图样，了解加工要求，选择 X6132 型卧式铣床，安排加工工艺。

2. 装夹与校正工件

安装并校正分度头；检测刀坯各尺寸合格后，以内孔定位，用心轴将工件（刀坯）装夹在分度头上，并校正刀坯径向圆跳动量和轴向圆跳动量分别小于 0.02 mm 和 0.015 mm。

检查刀坯装夹合格后，为其表面涂色并划出轴向中心线。然后将划线转到最高位置。

安装廓形角 $\theta_1 = 60°$，刀尖圆弧半径 $r_\varepsilon = 2$ mm 的单角铣刀。用扳手转动主轴，检测并校正其径向圆跳动量和轴向圆跳动量，使之不超过 0.08 mm，如图 10-10 所示。

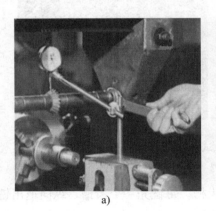

a)

b)

图 10-10　单角铣刀安装后的检测
a）铣刀径向圆跳动量的检测　b）铣刀轴向圆跳动量的检测

3. 铣削圆柱面齿槽

调整工件的铣削位置，启动机床，使主轴旋转；将铣刀的端面齿刃对准在工件最高位置的中心线上，齿刃轻轻划到工件中心上素线后，纵向退出铣刀；分别按照公式计算出工作台横向偏移量 S 和升高量 H：

$$S = \frac{D}{2}\sin\gamma_o = \frac{80\ mm}{2}\sin15° \approx 10.35\ mm$$

$$H = \frac{D}{2}(1-\cos\gamma_o) + h = \frac{80\ mm}{2}(1-\cos15°) + 5.5\ mm \approx 6.86\ mm$$

使工作台向铣刀圆锥面一侧横向偏移 $10.35\ mm$，再上升 $6.86\ mm$。对刀时工作台的调整如图 $10-11$ 所示。

图 $10-11$　对刀时工作台的调整
a) 铣刀刀尖对准中心　b) 工作台横向偏移量 S　c) 工作台上升 H

调整主轴转速为 $150\ r/min$，进给速度 $75\ mm/min$，将工件试铣出一个齿槽，检查齿槽深度是否符合要求，如图 $10-12$ 所示。

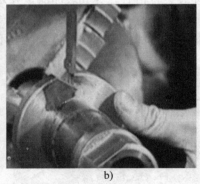

图 $10-12$　试铣齿槽
a) 将工件试铣出一个齿槽　b) 用游标卡尺检查齿槽深度

试铣的齿槽检查合格后，则开始正式铣削齿槽。每铣完一个齿槽，纵向退出铣刀后，根据简单分度计算 $n = \dfrac{40}{z} = \dfrac{40}{18} = 2\dfrac{12}{54}$，每铣一齿，将分度手柄在 54 孔圈上转过 2 周又 12 个孔距，依次完成各个齿槽的铣削，如图 $10-13$ 所示。

4. 铣削齿背

根据公式计算铣削齿背时工件的偏转角度：

$$\varphi = 90° - \theta_1 - \alpha_。 - \gamma_。 = 90° - 60° - 12° - 15° = 3°$$

应将分度头手柄转过的转数 $n_。$ 为：

$$n_。 = \frac{\varphi}{9°} = \frac{3°}{9°} = \frac{18}{54}$$

按照铣削齿槽时分度头的转向，将分度手柄在 54 孔圈上转过 18 个孔距。重新调整工作台横向位置，进行齿背的试铣削。铣削时，应逐渐上升工作台，直到工件刃口棱边宽度符合 (1±0.2) mm 的要求后，紧固工作台垂向进给机构。每铣完一齿，纵向退刀，将分度手柄转过 2 周又 12 个孔距分齿，然后铣削下一齿的齿背，依次完成各齿齿背的铣削，如图 10-14 所示。

图 10-13　铣削圆柱面齿槽　　　　　　图 10-14　铣削齿背

5. 铣削端面齿槽

由于在铣削端面齿槽时长心轴会阻碍进刀，因此为了不致铣到心轴，需要更换短的锥柄弹性心轴，重新装夹工件。安装过程如图 10-15 所示。

由于端面齿槽的廓形角为 80°，因此现换装廓形角 $\theta_2 = 80°$、刀尖圆弧半径为 1 mm 的单角铣刀（见图 10-16），并按分度头仰角公式计算出起度角：

$$\cos\alpha = \tan\frac{360°}{z}\cot\theta_{端} = \tan\frac{360°}{18}\cot80° \approx 0.064\ 2$$

$$\alpha \approx 86°19'$$

按照计算好的 α 值，将分度头主轴从水平位置仰起 86°19'，如图 10-17 所示。

调整好分度头起度角，将回转体紧固后，横向调整工作台，将工作铣刀从工件中心向铣刀圆锥面一侧偏移 10.35 mm。然后转动分度手柄，使工作铣刀端面齿刃与工件圆柱面齿槽的前面对齐，如图 10-18 所示。纵向退出铣刀，逐渐上升工作台，试铣削端面齿槽，直到工件刃口棱边宽度达到 (1±0.2) mm 要求。然后依次完成同一侧端面齿槽的铣削，如图 10-19 所示。

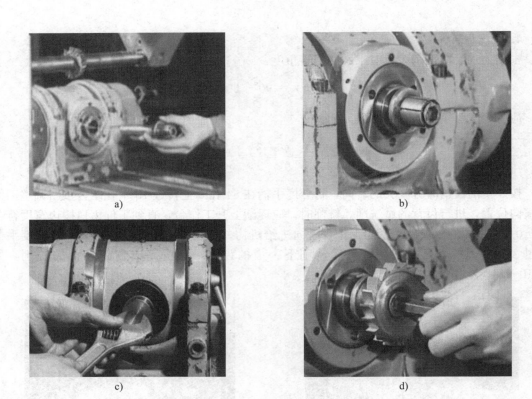

图 10-15　铣削端面齿槽时刀坯的安装

a) 将锥柄弹性心轴安装在分度头上　b) 安装好的弹性心轴　c) 用拉杆将心轴拉紧　d) 旋紧内六角螺钉将工件装夹牢固

图 10-16　换装廓形角为 80°的单角铣刀

图 10-17　将分度头主轴从水平位置仰起 86°19′

图 10-18　铣端面齿槽时的对刀

图 10-19　铣削端面齿槽

完成同一侧端面齿槽的铣削后，将工件翻转，重新安装并校正。然后换装并校正另一切向的廓形角 $\theta_2 = \theta_{端} = 80°$ 的单角铣刀，按照相同的方法铣削工件另一侧端面的所有齿槽。若只用同一种切向的铣刀，则需重新调整铣削位置。

6. 检验

按照图样要求，对被加工刀具进行检测，合格后卸下工件。

操作提示

1. 启动主轴之前，应注意观察主轴转向是否正确，刀具齿向安装是否正确。
2. 完成对刀纵向退出工件后，应将横向和垂向的进给机构锁紧。
3. 分齿时应先拧松尾座顶尖，松开分度头主轴紧固螺钉；分齿后要重新拧紧尾座顶尖和锁紧分度头主轴。顶尖的松紧度要一致。
4. 工件加工完毕，应去除毛刺，再进行检测。检查结果符合要求后再卸下工件。

◎ 作业测评

完成铣削操作后，结合铣直齿三面刃铣刀齿槽作业评分表（见表 10 - 3），对自己的作业进行评价，对出现的质量问题分析原因，提出改进措施。

表 10 - 3　　　　　　　　　　直齿三面刃铣刀齿槽作业评分表

测评内容		测评标准	测评结果与得分	总分	100 分
图号	10—L1				
15°±1°		10 分		总得分	
60°±1°		5 分			
80°±1°		5 分			
12°		10 分			说明：表面啃刀、碰伤，每处扣 2 分；每处角度误差大于 30′扣 2 分，大于 1°该项不得分；棱边宽度明显不均匀，相应测评不得分；端面刃与圆周刃前面未接平，每处扣 2 分；工时定额为 4.5 h，每超时 1 min 扣 1 分。操作中有不文明生产行为，酌情扣 5~10 分
6°		10 分			
(1±0.2) mm		20 分			
齿数 18		5 分			
圆跳动量 0.02 mm、0.015 mm		15 分			
齿面表面粗糙度 Ra 1.6 μm		20 分			

§10-2 圆柱面螺旋齿刀具齿槽的铣削

◎ **工作任务——铣圆柱面螺旋齿铣刀齿槽**

  1. 掌握圆柱面螺旋齿刀具齿槽铣削的相关知识。

  2. 掌握用单角铣刀和双角铣刀铣削圆柱面螺旋齿刀具齿槽的工艺方法和加工步骤。

本任务要求完成图 10-20 所示铣刀齿槽的铣削。

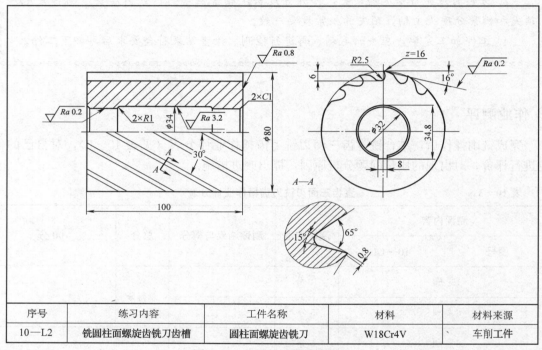

序号	练习内容	工件名称	材料	材料来源
10—L2	铣圆柱面螺旋齿铣刀齿槽	圆柱面螺旋齿铣刀	W18Cr4V	车削工件

图 10-20　圆柱面螺旋齿铣刀

◎ **工艺分析**

由图 10-20 可知，该铣刀为 16 齿的右旋圆柱面螺旋齿铣刀。铣削该铣刀齿槽时应保证齿刃的法向前角为 15°，齿高为 6 mm；槽底圆弧半径 2.5 mm 一般由刀尖干涉形成的圆弧修磨而成；16°后角及 0.8 mm 棱边宽度则由刃磨时保证；齿槽的法面廓形角为 65°。与铣削圆柱面直齿槽一样，铣削圆柱面螺旋齿槽通常在卧式铣床上进行，铣削的方法也基本相同。即先计算螺旋槽的导程和配置交换齿轮；铣刀对中心后，按照螺旋槽的旋向和螺旋角的大小偏转工作台，然后调整好铣刀的铣削位置，对工件进行试铣削；试切后，检查试铣齿槽符合要求后，开始正式进行螺旋齿槽的铣削。在铣刀选择和对刀调整中，除了考虑齿槽角 θ、前角 γ_o 等因素外，还应考虑到螺旋角 β 的影响。其铣削步骤：

$$\boxed{\text{安装、校正刀坯}} \rightarrow \boxed{\text{选择、安装铣刀}} \rightarrow \boxed{\text{对刀调整}} \rightarrow \boxed{\text{铣圆柱面螺旋齿槽}}$$

◎相关工艺知识

具有圆柱面螺旋齿槽的刀具很多，如麻花钻、立铣刀、圆柱形铣刀、错齿三面刃铣刀等。圆柱面螺旋齿刀具齿槽的铣削可在卧式万能铣床上进行，铣削方法与加工圆柱面直齿槽的方法基本相同。

一、工作铣刀的选择

在铣削圆柱面螺旋齿刀具齿槽时，通常以不对称双角铣刀的小角度锥面齿刃或单角铣刀的端面齿刃切削形成工件刀齿的前面。由于单角铣刀铣削容易发生"过切"现象，故采用直径较小的不对称双角铣刀进行铣削。选择工作铣刀的廓形角应与工件法向截面的齿槽角相同。另外，在条件许可的情况下，最好选择合适切向的铣刀，否则还需要对工作台的偏转角度进行进一步的调整。

为保证逆铣方式铣削螺旋齿槽，在正常情况下，宜采用左切铣刀铣削右旋螺旋齿槽，采用右切铣刀铣削左旋螺旋齿槽，如图 10-21 所示。若采用顺铣方式铣削螺旋齿槽，则与此情况正好相反。

在铣削条件不具备（如铣刀规格不全，或加工带柄的螺旋齿刀具不便从尾部开始吃刀等）时，也可用左切铣刀铣削左旋螺旋齿槽，或用右切铣刀铣削右旋螺旋齿槽。如此会使工件刀齿刃口出现"过切"现象，此时则需要相应地增大工作台的偏转角度加以弥补，偏转角度通常增大 2°～4°，如图 10-22 所示。

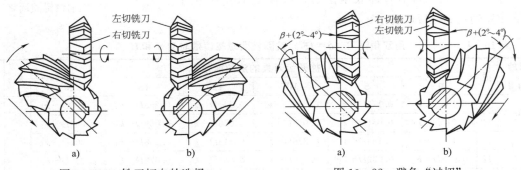

图 10-21　铣刀切向的选择　　　图 10-22　避免"过切"

二、铣削位置的调整

铣圆柱面螺旋齿刀具齿槽时，工作台偏转方法与铣削普通圆柱螺旋槽的偏转方法相同，都是在铣刀尖对中后进行的。在铣削左旋螺旋齿槽时，推动工作台左端，使工作台在水平面内按顺时针方向偏转；在铣削右旋螺旋齿槽时，推动工作台按逆时针方向偏转。即"左旋左推，右旋右推"。工作台具体的偏转量由以下因素确定。

1. 若采用左切双角铣刀铣削右旋齿槽（或用右切铣刀铣削左旋齿槽），则：当工件螺旋角 $\beta<20°$ 时，工作台偏转角度 $\beta_1=\beta$；当工件螺旋角 $\beta>20°$ 时，工作台偏转角度 $\beta_1<\beta$。

工作台偏转角度 β_1 可按下式求出：

$$\tan\beta_1=\tan\beta\cos(\delta+\gamma_n)$$

式中　β_1——工作台偏转角度，(°)；

　　　β　——工件螺旋角，(°)；

　　　δ　——工作铣刀的小角度，(°)；

γ_n——工件法向前角，（°）。

2. 当用左切双角铣刀铣削左旋齿槽（或用右切铣刀铣削右旋齿槽）时，一般要让工作台偏转角度 β_1 比工件螺旋角 β 大 $2°\sim4°$。

3. 采用单角铣刀铣削时，无论任何情形，工作台偏转角度 β_1 都应比工件螺旋角 β 大 $1°\sim4°$。

与铣削圆柱面直齿槽一样，若采用不对称双角铣刀铣削圆柱面螺旋齿槽，当铣刀刀尖在工件圆周最高位置刚擦着工件表面时，纵向退出工件，先按横向偏移量 S 调整工作台，然后按垂直升高量 H 将升降台升起，如图 10-23 所示。

在不考虑铣刀刀尖圆弧半径时，S 和 H 与被加工刀具的外径 D、螺旋角 β、法向前角 γ_n、刀具齿槽深度 h，以及工作铣刀小角度 δ 的计算式分别为：

$$S=\frac{D}{2\cos^2\beta}\sin\left(\delta+\gamma_n\right)-h\sin\delta$$

$$H=\frac{D}{2\cos^2\beta}\left[1-\cos\left(\delta+\gamma_n\right)\right]+h\cos\delta$$

若使用 $\delta=15°$ 的不对称双角铣刀，可查表 10-4 进行简单计算确定 S 和 H 值。

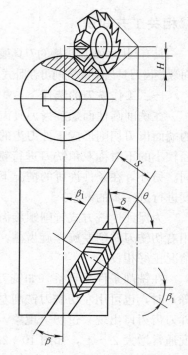

图 10-23　铣削位置的调整

表 10-4　　　　　用双角铣刀（$\delta=15°$）铣圆柱面螺旋齿槽时的 S 和 H 值

| 螺旋角 β | 值 | 被开齿刀具的法向前角 γ_n | | | | | | k_1 | k_2 |
		0°	5°	10°	12°	15°	20°		
10°	S	$0.133D-k_1$	$0.176D-k_1$	$0.218D-k_1$	$0.234D-k_1$	$0.258D-k_1$	$0.296D-k_1$		
	H	$0.018D+k_2$	$0.031D+k_2$	$0.048D+k_2$	$0.056D+k_2$	$0.069D+k_2$	$0.093D+k_2$		
15°	S	$0.139D-k_1$	$0.183D-k_1$	$0.226D-k_1$	$0.243D-k_1$	$0.268D-k_1$	$0.307D-k_1$		
	H	$0.018D+k_2$	$0.032D+k_2$	$0.050D+k_2$	$0.058D+k_2$	$0.072D+k_2$	$0.097D+k_2$		
20°	S	$0.147D-k_1$	$0.194D-k_1$	$0.239D-k_1$	$0.257D-k_1$	$0.283D-k_1$	$0.325D-k_1$		
	H	$0.019D+k_2$	$0.034D+k_2$	$0.053D+k_2$	$0.062D+k_2$	$0.076D+k_2$	$0.102D+k_2$		
25°	S	$0.158D-k_1$	$0.208D-k_1$	$0.257D-k_1$	$0.276D-k_1$	$0.304D-k_1$	$0.349D-k_1$	$k_1=0.26h+0.71r_\epsilon$	$k_2=0.97h-0.23r_\epsilon$
	H	$0.021D+k_2$	$0.037D+k_2$	$0.057D+k_2$	$0.066D+k_2$	$0.082D+k_2$	$0.110D+k_2$		
30°	S	$0.173D-k_1$	$0.228D-k_1$	$0.282D-k_1$	$0.303D-k_1$	$0.333D-k_1$	$0.382D-k_1$		
	H	$0.023D+k_2$	$0.040D+k_2$	$0.062D+k_2$	$0.073D+k_2$	$0.089D+k_2$	$0.121D+k_2$		
35°	S	$0.193D-k_1$	$0.255D-k_1$	$0.315D-k_1$	$0.338D-k_1$	$0.373D-k_1$	$0.427D-k_1$		
	H	$0.025D+k_2$	$0.045D+k_2$	$0.070D+k_2$	$0.081D+k_2$	$0.100D+k_2$	$0.135D+k_2$		
40°	S	$0.221D-k_1$	$0.291D-k_1$	$0.360D-k_1$	$0.387D-k_1$	$0.426D-k_1$	$0.489D-k_1$		
	H	$0.029D+k_2$	$0.051D+k_2$	$0.080D+k_2$	$0.093D+k_2$	$0.114D+k_2$	$0.154D+k_2$		
45°	S	$0.259D-k_1$	$0.342D-k_1$	$0.423D-k_1$	$0.454D-k_1$	$0.500D-k_1$	$0.574D-k_1$		
	H	$0.034D+k_2$	$0.060D+k_2$	$0.094D+k_2$	$0.109D+k_2$	$0.134D+k_2$	$0.181D+k_2$		

注：D——被开齿刀具外径，mm；

　　r_ϵ——工作铣刀刀尖圆弧半径，mm；

　　h——被开齿刀具齿槽深度，mm。

当采用单角铣刀铣削圆柱面螺旋齿槽时：

$$S = \frac{D}{2} \sin\gamma_n$$

$$H = \frac{D}{2} (1 - \cos\gamma_n) + h$$

◎ 工艺过程

1. 进行相关计算

（1）工作台偏转角度的计算

由于图 10-20 所示螺旋角 $\beta = 30°$，螺旋角 β 大于 $20°$，故工作台实际偏转角度 β_1 可由公式求得：

$$\tan\beta_1 = \tan\beta\cos(\delta + \gamma_n) = \tan30° \times \cos(15° + 15°) \approx 0.5$$
$$\beta_1 \approx 26°34'$$

即工作台应按逆时针方向转 $26°34'$。

（2）铣刀导程和分度头挂轮计算

计算方法与铣削螺旋槽时相同。

$$P = \pi D\cot\beta \approx 3.141\ 6 \times 80\ \text{mm} \times \cot30° \approx 435.31\ \text{mm}$$

根据交换齿轮计算公式可得：

$$\frac{z_1 \times z_3}{z_2 \times z_4} = \frac{240}{P} \approx \frac{240}{435.31} \approx 0.55 = \frac{55 \times 40}{50 \times 80}$$

即 $z_1 = 55$，$z_2 = 50$，$z_3 = 40$，$z_4 = 80$。

2. 刀坯的安装与校正

根据图 10-20 所示技术要求，检查刀坯各部分尺寸符合要求后，用心轴将刀坯安装在分度头上，并用百分表校正，使刀坯的径向圆跳动量控制在 0.05 mm 之内，上素线与工作台面平行，侧素线与工作台纵向进给方向平行，然后用游标高度卡尺划出其中心线，如图 10-24 所示。

a)   b)

图 10-24　刀坯的安装与校正

3. 选择安装铣刀

由于图 10-20 所示圆柱面螺旋齿铣刀为右旋铣刀，且法面齿槽角为 $65°$，法向前角为

15°，故按照铣削圆柱面螺旋齿槽的选刀原则，选取廓形角 θ 为 65°，小角度 δ 为 15°的一把左切不对称双角铣刀进行切削。由于对刀后工作台面还需要偏转角度，因此安装铣刀时不宜过于靠近主轴，以免对中后工作台扳角度时与床身相碰，如图 10-25 所示。安装好铣刀后，将分度头主轴转过 90°使划好的中心线处于与铣刀相对的位置，横向调整工作台将刀尖对准工件中心，上升工作台使铣刀刀尖与工件上素线轻轻相切，再纵向退出工件，如图 10-26 所示。

图 10-25　铣刀的选择与安装

图 10-26　铣刀对准工件中心

4. 对刀调整

（1）对好中心后，松开回转盘的紧固螺钉，将工作台逆时针方向偏转 26°34′，再将回转盘的紧固螺钉锁紧，如图 10-27 所示。

图 10-27　工作台偏转角度的调整

（2）工作台偏转后，将工作台横向向双角铣刀的大角度一侧移动一个偏移量 S。由于所安装的铣刀为双角铣刀，因此偏移量 S 可由相应计算公式求出：

$$S = \frac{D}{2\cos^2\beta}\sin(\delta+\gamma_n) - h\sin\delta = \frac{40\ mm}{\cos^2 30°}\sin 30° - 6\ mm \times \sin 15° \approx 25.11\ mm$$

即工作台应横向移动 25.11 mm。横移后将横向紧固手柄紧固，然后将工作台上升一个升高量 H。升高量 H 可由公式计算求得：

$$H = \frac{D}{2\cos^2\beta}\left[1-\cos(\delta+\gamma_n)\right] + h\cos\delta = \frac{40\ mm}{\cos^2 30°}\left[1-\cos(15°+15°)\right] +$$

$6\ mm \times \cos 15° \approx 12.94\ mm$

即将工作台上升 12.94 mm。

（3）工作台调整后，在分度头侧轴与工作台丝杠右端间安装交换齿轮。将 $z_1 = 55$ 齿轮安装在丝杠上，$z_4 = 80$ 齿轮安装在分度头侧轴上，将 $z_2 = 50$、$z_3 = 40$ 及中间轮通过挂轮架安装啮合。

5. 圆柱面螺旋齿槽的铣削

完成上述调整后，松开分度头主轴紧固手柄和分度盘紧固螺钉，将定位插销插入分度盘。启动主轴，先手摇分度手柄带动工件进给试铣一刀，然后退出工件。退刀时为避免擦伤刀齿，应先将工作台下降一些。退刀后用专用槽形样板检测（见图 10 - 28），合格后再上升至原高度。通过分度铣削出其余各齿（见图 10 - 29）。分齿时应记住，先锁紧分度盘，再拔出定位插销分度。因被加工铣刀齿数为 16，所以分度时分度手柄每次转过的转数为：

$$n = \frac{40}{16} = 2\frac{1}{2} = 2\frac{33}{66}$$

图 10 - 28　试铣后用样板检测　　　　图 10 - 29　铣削圆柱面螺旋齿槽

操作提示

1. 启动主轴之前，应注意观察主轴转向和进给是否正确，应使铣削力在逆铣状态下朝向分度头。

2. 铣削位置调整完毕，应将横向进给机构锁紧，并松开分度头主轴紧固手柄和分度盘紧固螺钉，将定位插销插入分度盘的孔中。

3. 每铣完一齿，分度时应先锁紧分度盘，再拔出定位插销分度；分度结束后，再松开分度盘紧固螺钉。

4. 工件加工完毕，应去除毛刺，再进行检测。检测结果符合要求后再卸下工件。

知识链接

错齿三面刃铣刀圆周螺旋齿槽的铣削

错齿三面刃铣刀是圆柱面螺旋齿刀具的一种，其圆周齿槽是螺旋形的。由于三面刃铣刀的厚度较薄（一般小于 25 mm），因此单件加工时其齿槽通常按照斜槽进行铣削。批量生产时，通常用带定位键的心轴多件串装（见图 10 - 30a），然后按照铣削圆柱面螺旋齿槽的方法进行铣削，铣刀的选择、工作台转角的确定、铣刀切削位置的调整等都与一般圆柱面螺旋齿刀具的计算调整方法相同。

错齿三面刃铣刀的圆周螺旋齿槽具有两个旋向，即一半刀齿为左旋，而另一半刀齿为右旋，且左旋刀齿与右旋刀齿交错排列在圆柱面上，刀齿的齿背是折线形的。因此，铣削错齿三面刃铣刀时，最好选择两把切削方向相反的不对称双角铣刀，分别铣削不同旋向的螺旋齿槽。铣削时按三面刃铣刀齿数的 1/2 进行分度（即 $n＝80/z$）。铣完同一旋向的齿槽后，再反向扳转工作台，更换铣刀，将工件依次从心轴上取下，再按相反的顺序逐个串装在心轴上（见图 10 - 30b），按要求依次分度铣削出另一旋向的螺旋齿槽。

应注意的是，工件前后两次在心轴上安装时都要用定位键定位，第二次重新串装时不许翻转工件。

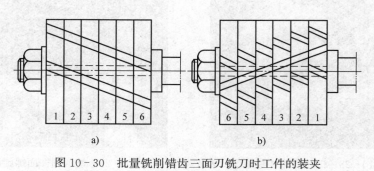

图 10 - 30 批量铣削错齿三面刃铣刀时工件的装夹

◎ **作业测评**

完成铣削操作后，结合铣圆柱面螺旋齿铣刀齿槽作业评分表（见表 10 - 5），对自己的作业进行评价，对出现的质量问题分析原因，提出改进措施。

表 10 - 5 铣圆柱面螺旋齿铣刀齿槽作业评分表

测评内容		测评标准	测评结果与得分	总分	100 分
图号	10—L2				
加工准备	铣刀的安装、校正	10 分		总得分	
	工件的装夹、校正	10 分			
	15°	15 分			说明：表面啃刀、碰伤每处扣 2 分。角度若用样板检测，光隙较大每处扣 2 分，光隙很大不得分；角度若用角度尺测量，超差大于 1°不得分。齿不等分或棱边宽度不均匀，相应测评不得分。工时定额为 4 h，每超时 1 min 扣 1 分。操作中有不文明生产行为，酌情扣 5～10 分
	65°	15 分			
	30°	15 分			
	6 mm	15 分			
	齿的等分性及棱边宽度的一致性	20 分			

课题十一　铣床的常规调整和一级保养

§11－1　铣床的常规调整

◎ **工作任务——铣床的常规调整**

1. 了解铣床主轴及工作台结构的相关知识。
2. 掌握铣床常规调整的内容和方法。

铣床的常规调整是指在日常使用过程中，由于铣床各运动部件的零件之间产生松动、位移以及磨损等，因此对铣床进行的调整。常规调整主要包括主轴轴承间隙的调整、纵向工作台丝杠轴向间隙的调整、纵向工作台丝杠螺母间隙的调整和铣床各导轨间隙的调整。若不能对这些内容做及时的调整，铣床在日常工作中就无法满足各种铣削方式的需要和零件加工精度的要求。

◎ **相关知识**

一、X6132 型铣床主轴变速箱的结构

X6132 型铣床主轴变速箱的结构示意图如图 11－1 所示。主电动机安装在床身的后面，通过弹性联轴器与轴Ⅰ相连。传动轴Ⅰ～Ⅴ均由滚动轴承支承。轴Ⅱ与轴Ⅳ上的滑移齿轮由相应的拨叉机构来拨动，使其与相应的齿轮啮合，从而实现主轴转速的变换。

1. 主轴

主轴即图 11－1 中的轴Ⅴ，它是变速箱内最重要的部件。主轴由三个滚动轴承支承，由于主轴的直径较大，且轴承之间的距离较短，因此主轴具有足够的刚度和抗振动能力。前轴承是决定主轴几何精度和运动精度的主要轴承，采用了精度等级较高的圆锥滚子轴承。中部的轴承决定主轴工作的平稳性，采用精度等级较前轴承低一级的圆锥滚子轴承。后轴承对铣削的加工精度影响较小，主要用来支承主轴尾端，采用深沟球轴承。

主轴后部，在中、后轴承间装有飞轮，用以在铣削过程中储存和释放能量，减小振动，使主轴回转均匀和铣削平稳。尤其是在用齿数较少的铣刀进行铣削时，飞轮的作用更为突出。有的厂家在制造 X6132 型铣床时，利用增加 $z = 71$ 大齿轮（靠近主轴前端）的质量来替代飞轮的作用，而不再另装飞轮。

2. 中间传动轴

中间传动轴即变速箱中的轴Ⅱ、轴Ⅲ、轴Ⅳ，它们都是花键轴。在轴Ⅱ上装有可沿轴向滑移的三联齿轮。轴Ⅲ上的各齿轮之间用套圈隔开，齿轮不能轴向滑移。轴Ⅲ的左端装有用

于制动主轴的转速控制继电器，轴Ⅲ的右端装有带动润滑油泵的偏心轮。轴Ⅳ上装有可滑移的三联齿轮和双联齿轮。轴Ⅱ、轴Ⅲ各用两个深沟球轴承支承。轴Ⅳ由于较长，为了增加轴的刚度和抗振性，采用了三个深沟球轴承支承。

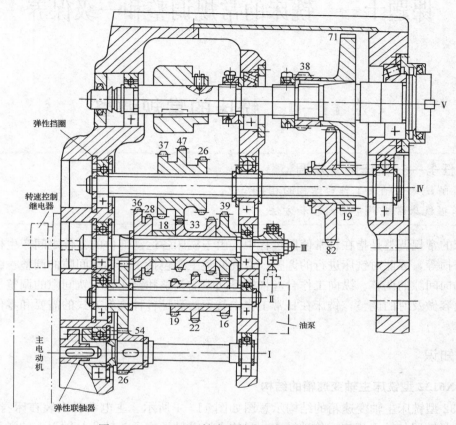

图 11-1　X6132 型铣床主轴变速箱的结构示意图

各中间传动轴上一端（图 11-1 中的左端）的深沟球轴承，其外圈都采用弹性挡圈固定在床身上，其内圈用弹性挡圈固定在轴上，即轴的一端相对床身不能做轴向移动。另一端的深沟球轴承，其外圈在床身的孔内不做轴向固定，只在轴端用弹性挡圈将轴承内圈固定，这样可使传动轴在发热和冷却时有沿轴向伸缩的余地，此外也便于制造和装配。

3. 弹性联轴器

主电动机轴与轴Ⅰ之间用弹性联轴器连接。弹性联轴器由两个半联轴器组成，两半联轴器分别安装在主电动机轴和轴Ⅰ上，两半联轴器之间用带有弹性圈（有弹性的橡胶圈或皮革圈）的柱销、垫圈和螺母连接并传递动力。利用弹性圈的弹性补偿两轴之间的少量相对位移（偏移和倾斜），并缓和冲击、吸收振动。联轴器上的弹性圈由于经常受到启动和停止的冲击而容易磨损，当磨损严重时应予以更换。

4. 主轴制动装置

X6132 型卧式铣床的主轴采用转速控制继电器实现制动，继电器装在轴Ⅲ的左端（见图 11-1），其作用是当按下主轴"停止"按钮时能使主轴迅速停止回转。

5. 主轴变速箱的润滑装置

润滑油泵装在轴Ⅲ右端下方（见图11-1），由轴Ⅲ右端的偏心轮带动。润滑油从油泵输出后，由分油器分送到各油管。一方面由油管把油送到主轴的三个轴承和油指示器（油标）；另一方面使油喷淋到各传动齿轮上，并靠齿轮溅入其他各个轴承，对齿轮和轴承等零件和机构进行润滑。

二、X6132 型铣床工作台的结构

X6132 型卧式铣床工作台的结构示意图如图11-2所示。运动由两锥齿轮副传至纵向传动丝杠时，由于丝杠上的锥齿轮与丝杠没有直接联系，因此必须通过离合器 M₁ 内的滑键带动丝杠转动。螺母是固定在工作台底座上的，丝杠转动时就带动工作台一起做纵向进给。工作台在工作台底座的燕尾槽做内做直线运动，燕尾导轨的间隙由镶条（塞铁）调整。回转盘鞍座由横向传动丝杠带动做横向进给。工作台可随其底座绕鞍座上的环形槽做±45°范围的偏转调整，调整后用四个螺钉和穿在鞍座环形 T 形槽内的销将工作台底座固定。纵向传动丝杠两端由深沟球轴承支承，同时两端均装有推力球轴承，以承受由铣削力等产生的轴向推力。丝杠左端的空套手轮用于工作台的手动移动。将手轮向右推使其与离合器嵌合，手轮带动丝杠旋转而使工作台纵向移动；松开手轮时，由于内置弹簧的作用把离合器脱开，以免在机动进给时手轮被带动一起旋转。纵向传动丝杠右端有带键的轴头，用来安装交换齿轮，以连接分度头等附件。

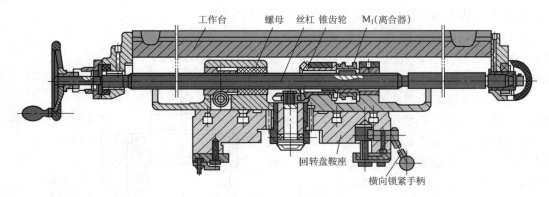

图11-2 工作台的结构示意图

当要求工作台纵向固定时，可旋紧紧固螺钉，通过轴销把镶条压紧在工作台的燕尾导轨面上，即可紧固工作台。扳紧横向紧固手柄，可紧固鞍座，使工作台横向固定。

◎ 调整过程

一、铣床主轴轴承间隙的调整

如果铣床的主轴轴承间隙调整不当，则铣床主轴在运转时就会出现径向圆跳动和轴向圆跳动超差，导致铣削时出现振动、拖刀、让刀等现象，严重时甚至出现烧坏轴承、卡死主轴的故障，故在工作中发现主轴温升过高、转动声音不正常或跳动过大时，应及时进行调整。

1. X6132 型卧式铣床主轴轴承间隙调整

X6132 型卧式铣床主轴轴承间隙调整（见图11-3）方法和步骤如下。

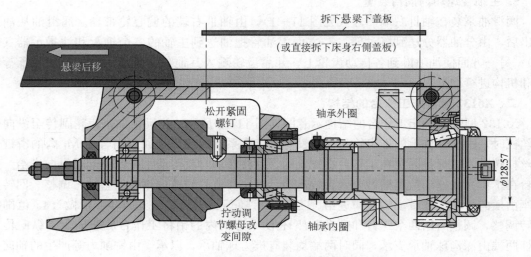

图 11 - 3　X6132 型卧式铣床主轴轴承间隙调整

（1）旋松悬梁的紧固螺栓，将悬梁移至床身后部，拆下悬梁下的盖板或直接拆下床身右侧的盖板。

（2）松开主轴中部轴承后调节螺母上的紧固螺钉，拧动调节螺母以改变两轴承内、外圈之间的距离，从而调整轴承内圈、滚柱和外圈之间的间隙。

（3）轴承间隙调整好后，重新锁紧调节螺母上的紧固螺钉，盖好盖板，并使悬梁复位或将床身右侧盖板盖好。

主轴轴承间隙大小取决于铣床的工作性质。通常，检测时以 200 N 的力推、拉主轴，主轴轴向圆跳动应在 0～0.015 mm 范围内变动；再使机床主轴在 1 500 r/min 的转速下空车运转 1 h，轴承温度不超过 60 ℃，则说明轴承间隙合适。

2. X5032 型铣床主轴轴承间隙调整

X5032 型立式铣床主轴轴承间隙调整可分为径向间隙调整和轴向间隙调整。其径向间隙调整较简单，轴向间隙调整必须拆卸主轴，须由多人配合完成。

X5032 型立式铣床主轴结构如图 11 - 4 所示，轴承径向间隙的调整方法和步骤如下。

（1）拆下铣头侧面的专用调整孔盖板，松开主轴上的锁紧螺钉，拧松调整螺母。拆下主轴头部下面的端盖，取下由两个半圆环构成的垫片。

（2）根据需要消除间隙的多少配磨垫片。由于轴颈与轴承内孔的锥度为 1∶12，即每消除

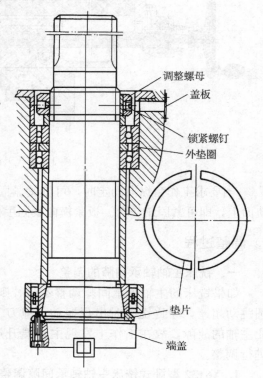

图 11 - 4　X5032 型立式铣床主轴结构

0.01 mm 径向间隙，需将垫片厚度磨去 0.12 mm。

（3）将磨后的垫片重新装回主轴，然后用较大的转矩拧紧螺母，使轴承内圈胀开，直到把垫片压紧为止。

（4）把锁紧螺钉拧紧，以防螺母松动，然后装上端盖和专用调整孔盖板。

主轴的轴向间隙是靠调整两个角接触球轴承间的垫圈尺寸来调节的。在两轴承内圈的距离不变时，只要减薄外垫圈，就能减小主轴轴承间隙。轴承间隙大小的测定方法与 X6132 型卧式铣床相同。

二、工作台纵向传动丝杠轴向间隙的调整

1. 工作台丝杠与螺母之间间隙的调整

随着使用时间的延长，因螺纹之间的磨损量逐渐增加，工作台丝杠与螺母之间的间隙增大，这样不但影响加工精度，还会在顺铣时由于铣削力带动工作台窜动而损坏刀具，以及引起进给不均匀、丝杠螺母运动副磨损加速等一系列问题。常用铣床（X6132、X5032）具有工作台丝杠与螺母间隙调整机构，如图 11-5 所示。

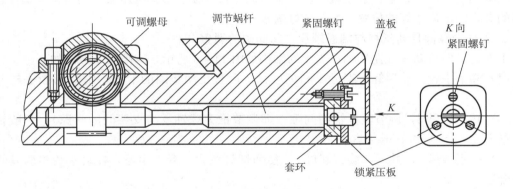

图 11-5　工作台丝杠与螺母间隙调整机构

工作台丝杠与螺母之间间隙调整方法如下。

卸下工作台前面的盖板

松开锁紧压板上的三个紧固螺钉，但无须取下或旋得过松

顺时针转动调节蜗杆，带动外圆部是蜗轮的可调螺母旋转，使可调螺母和主螺母的牙侧分别与丝杠齿牙的两个不同侧面靠紧时，丝杠与螺母之间的间隙即可消除

调整好的丝杠与螺母间隙应满足以下要求：摇动手轮，工作台移动时松紧适当，无卡住现象；反摇手轮时空转量小于刻度盘上的3小格(0.15 mm)，顺铣时空转量小于2小格(0.10 mm)

间隙调整好后，拧紧锁紧压板上的三个紧固螺钉，使锁紧压板压紧由销与调节蜗杆连为一体的套环固定调整好的位置，最后装好盖板。

2. 工作台纵向传动丝杠与端面轴承之间间隙的调整

工作台纵向传动丝杠左端轴承支承的结构如图 11－6 所示。间隙调整方法如下。

(1) 卸下手轮，然后卸下螺母 1 和刻度盘，扳直止动垫圈的卡爪，用 C 形扳手松开螺母 2。

(2) 转动螺母 3，调节丝杠轴向间隙（即调节推力球轴承与支架间的间隙），一般轴向间隙量以 0.01～0.03 mm 为宜。

(3) 拧紧螺母 2，并反向旋转螺母 3，使两螺母压紧，套上手轮，摇动手轮检验其间隙是否合适。

(4) 调整合适后，压下并扣紧止动垫圈上的卡爪，再装上刻度盘和螺母 1，最后装好手轮。

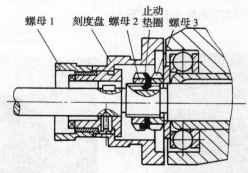

图 11－6　工作台纵向传动丝杠左端轴承支承的结构

三、铣床各导轨间隙的调整

1. 纵向导轨间隙的调整

如图 11－7 所示，首先松开螺母和锁紧螺母，拧动调整螺杆带动镶条推进或拉出（见图 11－8），达到减小或增大间隙的目的。间隙的大小以进给手轮用 147 N 力能摇动为宜。

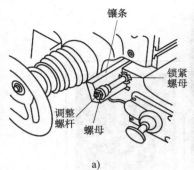
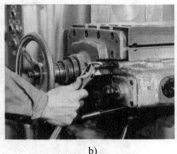

图 11-7 纵向导轨间隙的调整

图 11-8 拧动调整螺杆

2. 横向和升降导轨间隙的调整（见图 **11-9**、图 **11-10**）

对于横向和升降导轨，直接旋动调整螺杆就可带动镶条进、退来调整间隙。间隙大小仍用转动手轮的方法测试，横向以 147 N 力能摇动为宜，升降（上升）以 196～235 N 力能摇动为宜。

图 11-9 横向导轨镶条的调整

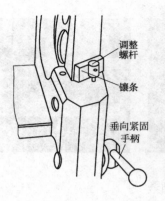

图 11 - 10　升降导轨镶条的调整

◎ **调整记录**

对铣床进行常规调整后，将调整情况填入表 11 - 1 中。

表 11 - 1　　　　　　　　　　　　　铣床常规调整记录表

调整内容	主轴轴承间隙/mm	工作台纵向间隙（格数）	工作台导轨间隙（测试力/N）			铣床型号
			纵向	横向	升降	
调整前情况						
调整后情况						

§11 - 2　铣床的一级保养

◎ **工作任务——铣床的一级保养**

1. 了解铣床一级保养的内容和要求。

2. 掌握铣床一级保养的方法与步骤。

一、铣床一级保养的内容和要求

一级保养是指以机床操作者为主，维修人员配合，对设备进行的较全面的维护和保养。铣床一般运转 500 h 左右应进行一次一级保养。铣床一级保养的内容和要求见表 11 - 2。

表 11 - 2　　　　　　　　　　　　　铣床一级保养的内容和要求

内容	要求
机床外观	擦洗铣床各表面、防护罩及死角，应清洁、无油垢；检查铣床外部应无缺件（如手柄胶木球、紧固螺钉等），缺损应及时修配
进给系统	清洗工作台纵、横向传动丝杠和升降丝杠、螺母；保证工作台各润滑表面无毛刺、无划伤，且表面清洁；调整导轨镶条、丝杠和螺母，使其间隙适当，丝杠与工作台两端轴承间隙适当
专用附件	清洗悬梁、刀杆支架、立铣头，使其表面清洁、无油垢，并对立铣头内部清洁，更换润滑脂

内容	要　　求
润滑系统	清洗并检查各油孔、油杯、油线、油毡、油路、油标等，均应齐全、清洁，油路畅通，油标醒目，油质、油量符合要求
冷却系统	清洗并检查冷却泵、过滤网、切削液槽（箱）等，要求清洁，无铁屑及沉淀的杂物，冷却管路应牢固、畅通、清洁、无泄漏
电气系统	断电清扫，使电动机、电气箱内外无积尘、油垢；检查蛇皮管，应无脱落，接地牢固、可靠，照明设备齐全、清洁
其他	清洗平口钳、分度头等附件，并进行润滑，涂防锈油；清理工具箱内外及机床周围环境，做到合理、整洁、有序

二、铣床一级保养的方法和步骤

1. 首先要切断铣床外接电源，以防触电或造成人身及设备事故。

2. 用棉纱或软布擦洗床身各部，包括悬梁、刀杆支架、各导轨、主轴锥孔、主轴端面、拨块、后尾等，并修光毛刺。

3. 拆卸工作台部分。

卸去工作台前面T形槽中的左撞块，并将工作台向右摇至极限位置

先将工作台左端手轮拆下，然后将紧固螺母、刻度盘拆下，再将离合器拆下

拆下止退垫圈和推力球轴承组件，卸下左端轴承支架

拆卸纵向导轨镶条，再拆下右端端盖

拆下螺钉，最后拆去支架上的紧固螺钉和定位销，卸下右端支架

拆下右撞块，转动丝杠至最右端，取下丝杠。注意：取下丝杠时应将丝杠的键槽向下，以防卡在离合器中的平键脱落；取下的丝杠应垂直悬挂，以免放置不当而造成变形、弯曲

将工作台推至右端，调整升降台并利用滚杠、垫木将工作台小心取下，置于事先设置的专用架板之上

4. 清洗卸下的各个零件，并修光毛刺。

5. 清洗工作台鞍座内部零件、油槽、油路、油管，并检查手拉油泵、油管等是否畅通。

6. 检查工作台各部无误后，按与拆卸时相反的步骤进行安装。工作台两端的组装顺序如图 11-11、图 11-12 所示。

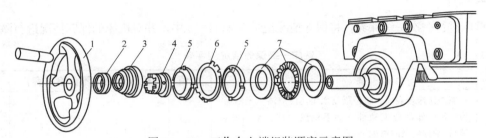

图 11-11　工作台左端组装顺序示意图

1—手轮　2—紧固螺母　3—刻度盘　4—离合器　5—螺母

6—止退垫圈　7—推力球轴承组件

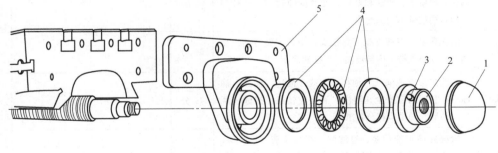

图 11-12　工作台右端组装顺序示意图

1—端盖　2—螺母　3—螺钉　4—推力球轴承组件　5—右端轴承支架

7. 调整镶条与导轨、推力球轴承与丝杠之间的间隙以及丝杠与螺母之间的间隙，使其运转正常。

8. 拆卸工作台鞍座上的油毡、横向导轨上的镶条、丝杠，并修光毛刺后涂油复位安装。调整镶条松紧使工作台横向移动时松紧适当、灵活正常。

9. 上下移动升降台，清洗升降丝杠、垂直导轨和镶条，修光毛刺并涂油调整，使其移动正常。

10. 拆下电动机防护罩，擦拭电动机，清洗冷却油泵过滤网，清扫电气箱、蛇皮管，并检查是否安全可靠。

11. 擦洗附件及整机外观，检查各传动部分、润滑系统、冷却系统确实无误后，先手动后机动试车，使机床正常运转。

特别提示

1. 进行一级保养时，要分组操作，组员之间应注意协调配合，分工协作，统一听从指挥。千万不要因配合不一致而造成人身及设备的伤害事故。

2. 在拆卸零件需要敲击时，不得用铁锤敲击或用旋具硬撬，应用木锤、橡胶锤或铜锤敲打，以防损伤机床、撬伤配合表面或产生毛刺。

3. 在调整工作台丝杠与螺母之间的间隙时，若机床服役期较长，往往丝杠中部较两端磨损严重，应注意在调整间隙时以两端为准，否则间隙过小，工作台无法在全程顺畅移动。

◎ **作业测评**

对铣床进行一次一级保养，将保养情况记录在表 11-3 中，并对机床的保养情况进行测评。

表 11-3　　　　　　　　　　　铣床一级保养情况测评表

内容	要　求	分值	检查记录（不合格内容）	得分
机床外观	擦洗铣床各表面、防护罩及死角，应清洁、无油垢；检查铣床外部应无缺件（如手柄胶木球、紧固螺钉等），缺损应及时修配	10 分		
进给系统	清洗工作台纵、横向传动丝杠和升降丝杠、螺母；保证工作台各润滑表面无毛刺、无划伤，且表面清洁；调整导轨镶条、丝杠和螺母，使其间隙适当，丝杠与工作台两端轴承间隙适当	30 分		
专用附件	清洗悬梁、刀杆支架、立铣头，使其表面清洁、无油垢，并对立铣头内部清洁，更换润滑脂	15 分		
润滑系统	清洗并检查各油孔、油杯、油线、油毡、油路、油标等，它们均应齐全、清洁，油路应畅通，油标应醒目，油质、油量应符合要求	10 分		
冷却系统	清洗并检查冷却泵、过滤网、切削液槽（箱）等，要求清洁，无铁屑及沉淀的杂物，冷却管路应牢固、畅通、清洁、无泄漏	15 分		
电气系统	断电清扫，使电动机、电气箱内外无积尘、油垢；检查蛇皮管，应无脱落，接地牢固、可靠，照明设备齐全、清洁	10 分		
其他	清洗平口钳、分度头等附件，并进行润滑，涂防锈油；清理工具箱内外及机床周围环境，做到合理、整洁、有序	10 分		
说明：每发现一项不合格扣 3～5 分；组员间不能很好地分工协作，每人扣 10 分		总得分		

附表1   速比、导程、交换齿轮表（节选）

速比 i	导程 P_h /mm	交换齿轮 z_1	z_2	z_3	z_4	速比 i	导程 P_h /mm	交换齿轮 z_1	z_2	z_3	z_4
0.534 72	448.83	70	80	55	90	0.436 36	550.00	80	55	30	100
0.533 33	450.00	80	90	60	100	0.429 69	558.55	55	40	25	80
0.530 30	452.57	70	55	25	60	0.428 57	560.00	100	70	30	100
0.525 00	457.14	90	60	35	100	0.427 78	561.04	70	90	55	100
0.523 81	458.18	60	70	55	90	0.424 24	565.72	70	55	30	90
0.520 83	460.80	100	60	25	80	0.420 00	571.43	70	50	30	100
0.519 48	462.00	80	55	25	70	0.416 67	576.00	100	80	30	90
0.518 52	462.86	80	60	35	90	0.412 50	581.82	60	80	55	100
0.409 09	586.67	90	55	25	100	0.320 83	748.05	55	60	35	100
0.408 33	587.76	70	60	35	100	0.318 18	754.29	70	55	25	100
0.408 16	588.00	40	35	25	70	0.317 46	756.00	80	70	25	90
0.407 41	589.00	55	60	40	90	0.314 29	763.64	55	70	40	100
0.404 04	594.00	80	55	25	90	0.312 50	768.00	100	80	25	100
0.401 79	597.33	90	70	25	80	0.311 69	770.00	40	55	30	70
0.401 04	598.44	55	60	35	80	0.311 11	771.43	80	90	35	100
0.400 00	600.00	90	90	40	100	0.306 25	783.67	70	80	35	100
0.397 73	603.43	70	55	25	80	0.306 12	784.00	30	35	25	70
0.396 83	604.80	100	70	25	90	0.305 56	785.45	55	90	50	100
0.393 75	609.52	90	80	34	100	0.303 03	792.00	60	55	25	90
0.392 86	610.91	55	70	50	100	0.300 00	800.00	90	90	30	100
0.390 63	614.40	50	40	25	80	0.297 62	806.40	50	60	25	70
0.389 61	616.00	60	55	25	70	0.294 64	814.55	55	70	30	80
0.388 89	617.14	100	90	35	100	0.291 67	822.86	70	80	30	90
0.385 71	622.22	90	70	30	100	0.286 46	837.82	55	60	25	80
0.385 00	623.38	55	50	35	100	0.285 71	840.00	80	70	25	100
0.381 94	628.36	55	80	50	90	0.284 09	844.80	50	55	25	80
0.381 82	628.57	70	55	30	100	0.282 83	848.57	40	55	35	90
0.380 95	630.00	80	70	30	90	0.281 25	853.33	90	80	25	100
0.378 79	633.60	50	55	25	60	0.280 00	857.14	40	50	35	100
0.375 00	640.00	100	80	30	100	0.277 78	864.00	100	90	25	100
0.370 37	648.00	80	60	25	90	0.275 00	872.73	55	80	40	100
0.366 67	654.55	60	90	55	100	0.273 44	877.71	35	40	25	80
0.364 58	658.29	70	60	25	80	0.272 73	880.00	60	55	25	100
0.363 64	660.00	80	55	25	100	0.272 22	881.63	70	90	35	100
0.360 00	666.67	60	50	30	100	0.267 86	896.00	60	70	25	80
0.357 14	672.00	100	70	25	100	0.267 36	897.66	55	80	35	90
0.356 48	673.25	55	60	35	90	0.266 67	900.00	80	90	30	100
0.355 56	675.00	80	90	40	100	0.265 15	905.14	35	55	25	60
0.353 54	678.86	70	55	25	90	0.262 50	914.29	70	80	30	100
0.350 00	685.71	90	90	35	100	0.261 90	916.36	55	70	30	90
0.349 21	687.27	55	70	40	90	0.260 42	921.60	50	60	25	80
0.347 22	691.20	100	80	25	90	0.259 74	924.00	40	55	25	70
0.343 75	698.18	55	80	50	100	0.259 26	925.71	40	60	35	90

注：1. 若表中的交换齿轮 z_1 与 z_2、z_3 与 z_4、z_1 与 z_4 或 z_2 与 z_3 两者齿数相同时（即两者速比等于1），则可将齿数相同的一对交换齿轮删去。

2. 此表只适用于分度头定数为40、铣床纵向传动丝杠螺距为 6 mm 的情况。

　　　　　　　分度圆弦齿厚系数与弦齿高系数（$m=1$ mm）

齿数 z	弦齿厚系数 $\bar{s}^*$ /mm	弦齿高系数 $\bar{h}_a^*$ /mm	齿数 z	弦齿厚系数 $\bar{s}^*$ /mm	弦齿高系数 $\bar{h}_a^*$ /mm	齿数 z	弦齿厚系数 $\bar{s}^*$ /mm	弦齿高系数 $\bar{h}_a^*$ /mm
12	1.566 3	1.051 3	46		1.013 4	80		1.007 7
13	1.567 0	1.047 4	47		1.013 1	81		1.007 6
14	1.567 5	1.044 0	48	1.570 5	1.012 8	82		1.007 5
15	1.567 9	1.041 1	49		1.012 6	83		1.007 4
16	1.568 3	1.038 5	50		1.012 3	84		1.007 3
17	1.568 6	1.036 3	51		1.012 1	85		
18	1.568 8	1.034 2	52		1.011 9	86		1.007 2
19	1.569 0	1.032 4	53		1.011 6	87		1.007 1
20	1.569 2	1.030 8	54		1.011 4	88		1.007 0
21	1.569 3	1.029 4	55		1.011 2	89		1.006 9
22	1.569 5	1.028 0	56		1.011 0	90		
23	1.569 6	1.026 8	57		1.010 8	91	1.570 7	1.006 8
24	1.569 7	1.025 7	58		1.010 6	92		1.006 7
25	1.569 8	1.024 7	59	1.570 6	1.010 5	93		1.006 6
26		1.023 7	60		1.010 3	94		
27	1.569 9	1.022 8	61		1.010 1	95		1.006 5
28	1.570 0	1.022 0	62		1.010 0	96		1.006 4
29		1.021 3	63		1.009 8	97		
30	1.570 1	1.020 6	64		1.009 6	98		1.006 3
31		1.019 9	65		1.009 5	99		1.006 2
32		1.019 3	66		1.009 3	100		1.006 0
33	1.570 2	1.018 7	67		1.009 2	105		1.005 9
34		1.018 1	68		1.009 1	110		1.005 6
35		1.017 6	69		1.008 9	115		1.005 4
36	1.570 3	1.017 1	70		1.008 8	120		1.005 1
37		1.016 7	71		1.008 7	125		1.004 9
38		1.016 2	72		1.008 6	127		
39		1.015 8	73	1.570 7	1.008 4	130		1.004 7
40		1.015 4	74		1.008 3	135		1.004 6
41	1.570 4	1.015 0	75		1.008 2	140	1.570 8	1.004 4
42		1.014 7	76		1.008 1	145		1.004 3
43		1.014 3	77		1.008 0	150		1.004 1
44	1.570 5	1.014 0	78		1.007 9	齿条		1.000 0
45		1.013 7	79		1.007 8			

注：本表也适用于斜齿轮和锥齿轮，但应按当量齿数查表；如当量齿数为非整数，则需用线性插补法，把小数部分考虑进去。

固定弦齿厚与弦齿高（$\alpha=20°$）　　　　　　　　mm

模数 m	固定弦齿厚 $\bar{s}_c$	固定弦齿高 $\bar{h}_c$	模数 m	固定弦齿厚 $\bar{s}_c$	固定弦齿高 $\bar{h}_c$
1	1.387 0	0.747 6	7	9.079 3	5.233 0
1.25	1.733 8	0.934 5	8	11.096 4	5.980 6
1.5	2.080 6	1.121 4	9	12.483 4	6.728 2
1.75	2.427 3	1.308 3	10	13.870 5	7.475 7
2	2.774 1	1.495 2	11	15.257 5	8.223 4
2.25	3.120 9	1.682 1	12	16.644 6	8.970 9
2.5	3.467 6	1.868 9	14	19.418 7	10.466 1
2.75	3.814 4	2.055 8	16	22.192 8	11.961 2
3	4.161 1	2.242 7	18	24.966 9	13.456 4
3.25	4.507 9	2.429 6	20	27.741 0	14.951 6
3.5	4.854 7	2.616 5	22	30.515 1	16.446 7
3.75	5.201 4	2.803 4	25	34.676 2	18.689 4
4	5.548 2	2.990 3	28	38.837 3	20.932 2
4.5	6.241 7	3.364 1	32	44.385 5	23.922 5
5	6.935 2	3.737 9	36	49.933 7	26.912 8
5.5	7.628 8	4.111 7	40	55.481 9	29.903 1
6	8.322 3	4.485 5	45	62.417 2	33.641 0
6.5	9.015 8	4.859 3	50	69.352 4	37.378 9

注：测量斜齿轮时，应按法向模数查表；测量锥齿轮时，应按大端模数查表。

附表 4　　　　　　　　标准直齿圆柱齿轮公法线长度（$m=1$ mm，$\alpha=20°$）

齿数 z	跨测齿数 k	公法线长度 W_k^* /mm	齿数 z	跨测齿数 k	公法线长度 W_k^* /mm	齿数 z	跨测齿数 k	公法线长度 W_k^* /mm	齿数 z	跨测齿数 k	公法线长度 W_k^* /mm	齿数 z	跨测齿数 k	公法线长度 W_k^* /mm
9		4.554 2	57		19.987 2	105		35.420 1	153		53.805 1
10		4.568 3	58		20.001 2	106	12	35.434 1	154		53.819 1
11		4.582 3	59	7	20.015 2	107		35.448 1	155		53.833 1
12		4.596 3	60		20.029 2				156		53.847 1
13	2	4.610 3	61		20.043 2	108		38.414 2	157	18	53.861 1
14		4.624 3	62		20.057 2	109		38.428 2	158		53.875 1
15		4.638 3				110		38.442 2	159		53.889 1
16		4.652 3	63		23.023 3	111		38.456 2	160		53.903 1
17		4.666 3	64		23.037 3	112	13	38.470 2	161		53.917 1
			65		23.051 3	113		38.484 2			
18		7.632 4	66		23.065 3	114		38.498 2	162		56.883 3
19		7.646 4	67	8	23.079 3	115		38.512 2	163		56.897 3
20		7.660 4	68		23.093 3	116		38.526 2	164		56.911 3
21		7.674 4	69		23.107 3				165		56.925 3
22	3	7.688 4	70		23.121 4	117		41.492 4	166	19	56.939 3
23		7.702 5	71		23.135 4	118		41.506 4	167		56.953 3
24		7.716 5				119		41.520 4	168		56.967 3
25		7.730 5	72		26.101 5	120		41.534 4	169		56.981 3
26		7.744 5	73		26.115 5	121	14	41.548 4	170		56.995 3
			74		26.129 5	122		41.562 4			
27		10.710 6	75		26.143 5	123		41.576 4	171		59.961 5
28		10.724 6	76	9	26.157 5	124		41.590 4	172		59.975 5
29		10.738 6	77		26.171 5	125		41.604 4	173		59.989 5
30		10.752 6	78		26.185 5				174		60.003 5
31	4	10.766 6	79		26.199 5	126		44.570 6	175	20	60.017 5
32		10.780 6	80		26.213 5	127		44.584 6	176		60.031 5
33		10.794 6				128		44.598 6	177		60.045 5
34		10.808 6	81		29.179 7	129		44.612 6	178		60.059 5
35		10.822 6	82		29.193 7	130	15	44.626 6	179		60.073 5
			83		29.207 7	131		44.640 6			
36		13.788 8	84		29.221 7	132		44.654 6	180		63.039 6
37		13.802 8	85	10	29.235 7	133		44.668 6	181		63.053 6
38		13.816 8	86		29.249 7	134		44.682 6	182		63.067 6
39		13.830 8	87		29.263 7				183		63.081 6
40	5	13.844 8	88		29.277 7	135		47.648 7	184	21	63.095 7
41		13.858 8	89		29.291 7	136		47.662 7	185		63.109 7
42		13.872 8				137		47.676 8	186		63.123 7
43		13.886 8	90		32.257 9	138		47.690 8	187		63.137 7
44		13.900 8	91		32.271 9	139	16	47.704 8	188		63.151 7
			92		32.285 9	140		47.718 8			
45		16.867 0	93		32.299 9	141		47.732 8	189		66.117 8
46		16.881 0	94	11	32.313 9	142		47.746 8	190		66.131 8
47		16.895 0	95		32.327 9	143		47.760 8	191		66.145 8
48		16.909 0	96		32.341 9				192		66.159 8
49	6	16.923 0	97		32.355 9	144		50.726 9	193	22	66.173 8
50		16.937 0	98		32.369 9	145		50.740 9	194		66.187 8
51		16.951 0				146		50.754 9	195		66.201 8
52		16.965 0	99		35.336 0	147		50.768 9	196		66.215 8
53		16.979 0	100		35.350 0	148	17	50.782 9	197		66.229 9
			101	12	35.364 0	149		50.796 9			
54		19.945 1	102		35.378 0	150		50.811 0	198		69.196 0
55	7	19.959 1	103		35.392 0	151		50.825 0	199	23	69.210 0
56		19.973 1	104		35.406 1	152		50.839 0	200		69.224 0

斜齿轮当量齿数系数 *K* 值

β	K	β	K	β	K	β	K	β	K
5°	1.012	18°	1.162	31°	1.588	44°	2.687	57°	6.190
5°30′	1.014	18°30′	1.173	31°30′	1.613	44°30′	2.756	57°30′	6.447
6°	1.017	19°	1.183	32°	1.640	45°	2.828	58°	6.720
6°30′	1.020	19°30′	1.194	32°30′	1.667	45°30′	2.904	58°30′	7.010
7°	1.023	20°	1.205	33°	1.695	46°	2.983	59°	7.320
7°30′	1.026	20°30′	1.217	33°30′	1.725	46°30′	3.066	59°30′	7.649
8°	1.030	21°	1.229	34°	1.755	47°	3.152	60°	8.000
8°30′	1.034	21°30′	1.242	34°30′	1.787	47°30′	3.243	60°30′	8.375
9°	1.038	22°	1.255	35°	1.819	48°	3.338	61°	8.776
9°30′	1.042	22°30′	1.268	35°30′	1.853	48°30′	3.437	61°30′	9.205
10°	1.047	23°	1.282	36°	1.889	49°	3.541	62°	9.664
10°30′	1.052	23°30′	1.297	36°30′	1.925	49°30′	3.651	62°30′	10.157
11°	1.057	24°	1.312	37°	1.963	50°	3.765	63°	10.687
11°30′	1.063	24°30′	1.327	37°30′	2.003	50°30′	3.886	63°30′	11.257
12°	1.069	25°	1.343	38°	2.044	51°	4.012	64°	11.871
12°30′	1.075	25°30′	1.360	38°30′	2.086	51°30′	4.145	64°30′	12.533
13°	1.081	26°	1.377	39°	2.131	52°	4.285	65°	13.248
13°30′	1.088	26°30′	1.395	39°30′	2.177	52°30′	4.433	65°30′	14.022
14°	1.095	27°	1.414	40°	2.225	53°	4.588	66°	14.861
14°30′	1.102	27°30′	1.433	40°30′	2.274	53°30′	4.752	66°30′	15.773
15°	1.110	28°	1.453	41°	2.326	54°	4.924	67°	16.764
15°30′	1.118	28°30′	1.473	41°30′	2.380	54°30′	5.107	67°30′	17.844
16°	1.126	29°	1.495	42°	2.437	55°	5.299	68°	19.023
16°30′	1.134	29°30′	1.517	42°30′	2.495	55°30′	5.503	68°30′	20.313
17°	1.143	30°	1.540	43°	2.556	56°	5.719	69°	21.728
17°30′	1.153	30°30′	1.563	43°30′	2.620	56°30′	5.947	69°30′	23.282

附表6 　　　　　　　　　斜齿轮公法线长度测量跨测齿数 k

z	k								
	$\beta=10°$	$\beta=15°$	$\beta=20°$	$\beta=25°$	$\beta=30°$	$\beta=35°$	$\beta=40°$	$\beta=45°$	$\beta=50°$
10	1.66	1.73	1.84	1.99	2.21	2.52	2.97	3.64	4.68
20	2.83	2.97	3.18	3.48	3.92	4.54	5.44	6.78	8.87
30	3.99	4.20	4.52	4.98	5.63	6.56	7.92	9.93	13.05
40	5.15	5.43	5.86	6.47	7.34	8.58	10.39	13.07	17.23
50	6.32	6.67	7.19	7.96	9.06	10.61	12.86	16.21	21.42
60	7.48	7.90	8.53	9.45	10.77	12.63	15.33	19.35	25.60
70	8.64	9.13	9.87	10.95	12.48	14.65	17.81	22.50	29.78
80	9.81	10.37	11.21	12.44	14.19	16.67	20.28	25.64	33.97
90	10.97	11.60	12.55	13.93	15.90	18.69	22.75	28.78	38.15
100	12.13	12.83	13.89	15.42	17.61	20.71	25.22	31.92	42.33
110	13.30	14.07	15.23	16.91	19.32	22.73	27.69	35.06	46.52
120	14.46	15.30	16.57	18.41	21.03	24.75	30.17	38.21	50.70
130	15.62	16.53	17.91	19.90	22.74	26.77	32.64	41.35	54.88
140	16.79	17.77	19.24	21.39	24.46	28.80	35.11	44.49	59.07
150	17.95	19.00	20.58	22.88	26.17	30.82	37.58	47.63	63.25
160	19.11	20.23	21.92	24.38	27.88	32.84	40.06	50.78	67.43
170	20.28	21.47	23.26	25.87	29.59	34.86	42.53	53.92	71.62
180	21.44	22.70	24.60	27.36	31.30	36.88	45.00	57.06	75.80
190	22.60	23.93	25.94	28.85	33.01	38.90	47.47	60.20	79.98
200	23.77	25.17	27.28	30.34	34.72	40.92	49.94	63.34	84.17

注：1. 表列区间内的其余实际齿数 z 所对应的跨测齿数 k 值可用线性插补法计算。

2. 表列或插补计算所得的 k 值，用四舍五入圆整。

附表7 　　　　　　　　　斜齿轮公法线长度计算系数 A 值（$\alpha_n=20°$）

k	A	k	A	k	A	k	A	k	A
1	1.476 1	9	25.093 1	17	48.710 2	25	72.327 2	33	95.944 3
2	4.428 2	10	28.045 2	18	51.662 3	26	75.279 4	34	98.896 4
3	7.380 3	11	30.997 4	19	54.614 4	27	78.231 5	35	101.848 5
4	10.332 5	12	33.949 5	20	57.566 6	28	81.183 6	36	104.800 7
5	13.284 6	13	36.901 6	21	60.518 7	29	84.135 7	37	107.752 8
6	16.236 7	14	39.853 8	22	63.470 8	30	87.087 9	38	110.704 9
7	19.188 9	15	42.805 9	23	66.423 0	31	90.040 0	39	113.657 1
8	22.141 0	16	45.758 0	24	69.375 1	32	92.992 1	40	116.609 2

β	B	β	B	β	B	β	B
0°	0.014 006	11°30′	0.014 840	23°	0.017 728	34°30′	0.024 207
0°30′	0.014 007	12°	0.014 917	23°30′	0.017 917	35°	0.024 620
1°	0.014 012	12°30′	0.014 998	24°	0.018 113	35°30′	0.025 049
1°30′	0.014 019	13°	0.015 082	24°30′	0.018 316	36°	0.025 492
2°	0.014 030	13°30′	0.015 171	25°	0.018 526	36°30′	0.025 951
2°30′	0.014 044	14°	0.015 264	25°30′	0.018 743	37°	0.026 427
3°	0.014 061	14°30′	0.015 360	26°	0.018 967	37°30′	0.026 920
3°30′	0.014 080	15°	0.015 461	26°30′	0.019 199	38°	0.027 431
4°	0.014 103	15°30′	0.015 566	27°	0.019 439	38°30′	0.027 961
4°30′	0.014 130	16°	0.015 676	27°30′	0.019 687	39°	0.028 510
5°	0.014 159	16°30′	0.015 790	28°	0.019 944	39°30′	0.029 080
5°30′	0.014 191	17°	0.015 908	28°30′	0.020 210	40°	0.029 671
6°	0.014 227	17°30′	0.016 031	29°	0.020 484	40°30′	0.030 285
6°30′	0.014 266	18°	0.016 159	29°30′	0.020 768	41°	0.030 921
7°	0.014 308	18°30′	0.016 292	30°	0.021 062	41°30′	0.031 582
7°30′	0.014 353	19°	0.016 429	30°30′	0.021 366	42°	0.032 269
8°	0.014 402	19°30′	0.016 572	31°	0.021 680	42°30′	0.032 982
8°30′	0.014 454	20°	0.016 720	31°30′	0.022 005	43°	0.033 723
9°	0.014 510	20°30′	0.016 874	32°	0.022 341	43°30′	0.034 493
9°30′	0.014 569	21°	0.017 033	32°30′	0.022 689	44°	0.035 294
10°	0.014 631	21°30′	0.017 198	33°	0.023 049	44°30′	0.036 127
10°30′	0.014 697	22°	0.018 368	33°30′	0.023 422	45°	0.036 994
11°	0.014 767	22°30′	0.017 545	34°	0.023 808	45°30′	0.037 896